GERALD KLAMER

Der Wald-
wanderer

GERALD KLAMER

Der Wald-
wanderer

6000 Kilometer durch Deutschland –
was wir jetzt für unsere Wälder tun können

Mit 39 farbigen Abbildungen
und einer farbigen Karte

 MALIK

Mehr über unsere Autorinnen, Autoren und Bücher:
www.malik.de

Wenn Ihnen dieses Buch gefallen hat, schreiben Sie uns unter Nennung des
Titels »Der Waldwanderer« an *empfehlungen@piper.de*, und wir empfehlen
Ihnen gerne vergleichbare Bücher.

Erstmals im Taschenbuch
ISBN 978-3-492-40670-3
Mai 2024
© Piper Verlag GmbH, München 2022
erschienen im Verlagsprogramm Malik
Redaktion: Margret Trebbe-Plath, Berlin
Umschlaggestaltung: Petra Dorkenwald (nach einem Entwurf von Birgit Kohlhaas)
Umschlagabbildungen: Nora Börding (vorne), Gerald Klamer (hinten)
Fotos im Bildteil und in der hinteren Innenklappe: Gerald Klamer, mit Ausnahme
der Fotos auf Seite 6: Jannis Große, S. 10: Christian Bock und S. 14: Pay Numrich
Illustrationen: Designed by brgfx / Freepik (Baum); Angelika Tröger (Strecken-
länge, Monatsleiste)
Karte: Peter Palm, Berlin
Satz: Tobias Wantzen, Bremen
Gesetzt aus der Arno Pro und der Have Heart Two
Litho: Lorenz & Zeller, Inning am Ammersee
Druck und Bindung: CPI books GmbH, Leck
Printed in the EU

Dieses Buch ist Dr. Georg Sperber gewidmet,
der sich schon früh für eine kahlschlagfreie,
naturnahe Waldwirtschaft eingesetzt hat und
heute einer der wichtigsten Fürsprecher
eines Nationalparks im Steigerwald ist,
sowie Dr. Lutz Fähser, der mit dem Lübecker Modell
das naturnächste und in der Klimakrise
am besten geeignete Forstwirtschaftskonzept Deutschlands
entwickelt und umgesetzt hat.

INHALT

PROLOG

Es herrscht stockfinstere Nacht. Blitze zucken in rascher Folge am Himmel über dem Thüringer Wald, und tiefes Donnergrollen versetzt meinen Körper in Alarmstimmung. Als ich mein Lager vor wenigen Stunden in dem alten Fichtenwald hier aufschlug, deutete nichts auf ein Unwetter hin. Im Gegenteil: Auch meine Wetter-App sagte lediglich fünf Prozent Regenwahrscheinlichkeit voraus. Noch hoffe ich, dass das Gewitter an mir vorüberzieht …

Es gibt wenig, wovor man im deutschen Wald Angst haben muss, doch Sturm und Gewitter gehören definitiv dazu. Dabei besteht die Gefahr weniger darin, vom Blitz getroffen zu werden – umstürzende Bäume und herabfallende Äste sind eine weitaus größere Bedrohung, vor allem in einem Fichtenwald, der erfahrungsgemäß nicht besonders stabil steht.

Leichter Regen setzt ein, gefolgt von heftigen Windstößen, die mein nur unzureichend befestigtes Tarp anheben und die Wassertropfen unter die Plane treiben. Das ist unangenehm, ich werde nasser und nasser, aber gefährlich ist es nicht. Schlimm wird es einige Minuten später, als die Sturmböen einen Zahn zulegen und sintflutartiger Regen in Vorhängen durch den düsteren Wald getrieben wird. Im gleißenden Licht der Blitze sehe ich, dass die Baumkronen über mir bedrohlich schwanken, und die ohrenbetäubenden Donnerschläge lassen den Boden erzittern.

Jedes Mal, wenn irgendwo ein Blitz einschlägt, bin ich froh, dass ich noch einmal verschont wurde. Am liebsten wäre ich jetzt unter einem schützenden Dach, aber ich weiß, dass es keinen Sinn hat, auf der Suche danach ziellos durch die finstere Nacht zu rennen, und so harre ich unter meiner Plane aus und hoffe einfach inständig, dass das Unwetter bald vorüberzieht. Das Wort »ausgeliefert« beschreibt meine Situation sehr treffend. Obwohl mir bewusst ist, dass ich jetzt besser nicht hier sein sollte, gibt es keine Möglichkeit, der Gefahr zu entgehen. Mir bleibt nichts anderes übrig, als mich in mein Schicksal zu ergeben ...

Dann kommt eine Sturmböe und zieht die beiden Heringe aus dem Boden, mit denen mein Tarp befestigt ist. Jetzt flattert die Plane mit einem knatternden Geräusch im Wind, und der strömende Regen trifft mich mit voller Wucht. Bevor ich klatschnass bin, gelingt es mir, das Tarp zu greifen und notdürftig über meinen Kopf zu halten, sodass mein Rucksack und ich halbwegs geschützt sind. Allerdings ist es sehr anstrengend, die schwere Plane festzuhalten; ich weiß nicht, wie lange mir das noch gelingen wird.

Ich könnte jetzt gemütlich zu Hause im Trockenen und Warmen sitzen, wo einem die Naturgewalten in der Regel nichts anhaben. Stattdessen hocke ich im klatschnassen Wald, in diesem krassen Gewitter, und hoffe, dass meine unbehagliche Lage bald ein Ende findet. Dabei geht mir nur eine Frage durch den Kopf: Warum tue ich mir das bloß an?

HESSEN UND NORDRHEIN-WESTFALEN

Von Marburg durch Sauerland und Siebengebirge in die Eifel

Bisher zurückgelegte Strecke

0 km

Zeitraum

Jan	Feb	Mrz	Apr	Mai	Jun	Jul	Aug	Sep	Okt	Nov	Dez

Waldanteil

42 %   27 %

Hessen   Nordrhein-Westfalen

EIN FULMINANTER START

Am Morgen des 26. Februar 2021 schaue ich um kurz vor neun Uhr aus dem Fenster meiner Wohnung in Marburg und traue meinen Augen kaum: Vor der Tür stehen acht Medienvertreter von Fernsehen, Radio und Presse. Gleich kommt der Hausmeister zur Schlüsselübergabe, denn heute ziehe ich aus der Wohnung aus, die lange Jahre mein Zuhause war. Ich habe meinen sicheren Job gekündigt, mein Auto verkauft, den Großteil meiner Habseligkeiten verschenkt und den überschaubaren Rest bei einem Freund verstaut. Ich bin bereit für meinen Neustart.

Eigentlich war mein bisheriges Leben ziemlich perfekt: Ich hatte meine Begeisterung für Wald und Natur zum Beruf gemacht und arbeitete seit nunmehr 25 Jahren als Förster. Dabei war ich viel draußen, was sehr wichtig für mich ist, erledigte meine Aufgaben weitgehend selbstständig und hatte durchaus kreativ etwas bewegt. Als Beamter konnte ich mich zudem relativ problemlos freistellen lassen und unbezahlte Auszeiten nehmen, um meiner zweiten großen Leidenschaft nachzugehen: dem Wandern. Auf fast allen Kontinenten bin ich schon in Wanderschuhen unterwegs gewesen – sei es in den großen Gebirgen wie dem Himalaja, den Anden und den Rocky Mountains, sei es in den heißen Wüsten des amerikanischen Südwestens oder den dampfenden Regenwäldern Borneos und des Kongo. Tausende von Kilometern zu Fuß lagen bereits hinter mir.

Allerdings gab es viele Dinge in meinem beruflichen Alltag, die mich mit den Jahren immer mehr störten, insbesondere, dass bei vielen Entscheidungen wirtschaftliche Argumente den Ausschlag gaben – egal, ob die Walderschließung sich stärker an den Anforderungen der Großmaschinen als an der Schonung der Böden orientierte oder in den alten Laubwaldbeständen viel zu viele Bäume gefällt wurden. Oft konnte ich abends nicht mehr guten Gewissens in den Spiegel schauen.

2018 begann dann eine schwere Krise für den Wald in Deutschland. Drei aufeinanderfolgende Trockenjahre zogen alle Baumarten stark in Mitleidenschaft und führten dazu, dass Fichten in gigantischem Umfang abstarben. Bundesweit sind so Kahlflächen entstanden, die größer als das Saarland sind! Nach dem Waldbericht der Bundesregierung weist nur noch einer von fünf Bäumen keine erkennbaren Schäden in seiner Krone auf. Natürlich ist der menschengemachte Klimawandel die Ursache für diese Krise, aber mir war auch klar, dass die Bewirtschaftung des Waldes in dieser Situation entweder für eine weitere Destabilisierung sorgen oder die Effekte der Dürre abmildern kann.

Irgendwann hatte ich genug. Während einer viermonatigen Wanderung durch die Alpen im Sommer 2020 fasste ich den Entschluss, meinen Beruf an den Nagel zu hängen und etwas zu unternehmen, um auf die Bedrohung des Waldes aufmerksam zu machen: Ich würde durch Deutschlands Wälder wandern und berichten, wie es um sie bestellt ist. Ich würde Menschen und Initiativen besuchen, die sich für die Rettung der Natur einsetzen, denn nur so könnte ich ein umfassendes Bild vom Zustand unserer Wälder liefern und zeigen, dass wir alle etwas zu ihrem Erhalt beitragen können. Ich dachte an eine Mischung aus naturnah arbeitenden Forstbetrieben, Wissenschaftlern, die zum Thema Wald und Klimawandel forschen, Bürgerinitiativen und Naturschützern. Vor allem positive Beispiele dafür, wie ein Umdenken gelingen kann, haben die Kraft, zum Handeln zu motivieren. Denn darum ging es mir: die Menschen für den Schutz des Waldes zu gewinnen.

Schnell wurde aus der groben Idee meines Projekts »Waldbegeisterung«, wie ich es getauft hatte, ein konkreter Plan: Meine Tour würde etwa 6000 Kilometer umfassen und circa achteinhalb Monate dauern. Das war schon nötig, denn ich hatte vor, (fast) alle Bundesländer und die wichtigsten Waldgebiete Deutschlands abzuwandern. Mehr als 50 Stationen plante ich ein, an denen ich interessante Menschen treffen würde – etwas Spielraum blieb natürlich, denn ich wollte auch für spontane Aktionen offen sein. Außerdem machte ich mein Projekt bekannt und richtete einen Blog ein, über den man meine Ideen, Ziele und Erlebnisse auf der Wanderung quasi live mitverfolgen konnte, damit ich auch wirklich viele Menschen erreichen würde.

Jetzt, im Februar 2021, sind all diese Vorbereitungen abgeschlossen, es kann endlich losgehen. Ohne die sichere Beamtenstelle lebe ich von nun an zwar in völlig ungewissen finanziellen Verhältnissen, kann mich dafür aber frei äußern und muss auf niemanden Rücksicht nehmen. Zumindest meine Fixkosten sind auf ein Minimum heruntergefahren, alles andere wird sich schon finden.

Die Temperatur beträgt gerade einmal zwei Grad, und es regnet, als ich meine Haustür ein letztes Mal hinter mir zuziehe. Dennoch trage ich lediglich das speziell für die Tour mit dem Logo »Waldbegeisterung« versehene T-Shirt über langärmliger Thermowäsche. Während ich loswandere, interviewt mich eine Radioreporterin, ich werde gefilmt und beantworte zwischendurch noch die Fragen der anderen Journalisten. Das ist alles ziemlich anstrengend und vor allem ungewohnt, aber gerade zu Beginn des Projekts ist diese Medienaufmerksamkeit natürlich extrem wichtig. Nach einer halben Stunde erreichen wir den ersten Wald, wo das Filmteam des Hessischen Rundfunks noch einige Einstellungen dreht.

Als wir mit den Aufnahmen fertig sind, zittere ich bereits vor Kälte und bin froh, dass ich mir endlich eine Jacke überziehen kann. Während der Regen mich trotzdem langsam, aber sicher durchnässt, laufe ich auf den Rimberg zu, einen 497 Meter hohen Berg mit Aussichtsturm in etwa 13 Kilometern Entfernung. Als ich den Turm erreiche, hört es auf zu regnen. Aus den Baumkronen steigt fast herbstlich anmutender Dunst auf, und schüchtern durchbricht die Sonne die Wolkendecke. Magische Momente.

Oberhalb von Buchenau schlage ich schließlich mein erstes Nachtlager auf. Da das Zelten in Deutschlands Wäldern fast überall verboten ist, habe ich bloß eine Plane als leichten Wetterschutz dabei, ein Tarp, das ich jetzt an zwei Bäumen festknote und mit Heringen abspanne.

Mein Kopf ist noch voll von den Ereignissen dieses spannenden ersten Tages, als ich mich in meinen Schlafsack einkuschele, der mich in der frischen Februarnacht warm halten soll. Als Unterlage verwende ich nur eine dünne Kunststoffplane und eine alte, verknautschte Isomatte, aber das ist ausreichend, denn nicht zuletzt habe ich auch noch die weiche Blattschicht dieses Eichenwaldes unter meinem Körper. Es ist für mich nichts Neues, im Wald zu schlafen, ich fühle mich dort stets geborgen und empfinde keine Angst, auch wenn ich dann und wann ein Tier über das Laub trappeln höre. Nach Monaten der Vorbereitung hat die Wanderung jetzt wirklich begonnen, und ich bin gespannt, was mich erwartet. Es dauert einige Zeit, bis ich die Gedanken in meinem Kopf loslassen kann und einschlafe.

INS LAND DER TOTEN FICHTEN

Früh am nächsten Morgen bin ich wieder unterwegs und durchstreife die weiten, einsamen Wälder des Lützelgebirges, die ich beruflich so gut kenne. Ich überschreite die Sackpfeife – dieser 674 Meter hohe Berg heißt tatsächlich so! – und gelange an die Grenze zu Nordrhein-Westfalen, wo für mich Neuland beginnt. Jetzt, gegen Mittag, ist die Sonne da und wärmt mich, als ich auf einer Wiese an der Landesgrenze Pause mache und, auf meiner Plane sitzend, Schokolade esse.

Während auf der hessischen Seite Mischwald vorherrschend ist, dominiert hier ganz klar die Fichte. Im Regenschatten des Rothaargebirgskamms ist in den letzten Jahren viel weniger Niederschlag gefallen als sonst, und das hat die Fichten stark geschwächt. Sie brauchen ausreichend Wasser, um Harz zu produzieren, mit dem sie sich gegen Borkenkäfer wehren, die sich unter ihrer Rinde einnisten wollen. Außerdem werden Borkenkäfer, wie alle Insekten, durch warmes, trockenes Wetter begünstigt. In riesigen Mengen bohren sie sich durch die Rinde und legen ihre Eier ab. Die Larven, die daraus schlüpfen, fühlen sich in der zuckerhaltigen Wachstumsschicht des Baums wie im Schlaraffenland. Durch ihre Fraßgänge unterbrechen sie dann irgendwann den Stofftransport zwischen Baumkrone und Wurzeln, und die Fichte stirbt ab.

Es gibt kein wirksames Mittel gegen Borkenkäfer. Fällen und Abtransportieren des befallenen Holzes, bevor die nächsten Bäume angegriffen werden, funktioniert in der Regel nicht, denn häufig stehen gerade dann, wenn sich die Käfer in Massen vermehren, zu wenig Erntemaschinen zur Verfügung. Ganze Berghänge mit Fichten sind hier im Wittgensteiner Land abgestorben. Teilweise stehen die trockenen, graustämmigen Baumleichen noch, oft erstrecken sich aber dort, wo bisher ein grüner Wald wuchs, weite, offene Flächen. Als ich durch diese stark geschädigten Wälder wandere, beschleicht mich ein beklemmendes Gefühl. Sieht der Wald mittlerweile überall so aus? Ist das der Wald der Zukunft?

Als es Abend wird, suche ich mir in einem noch intakten, relativ jungen Fichtenbestand abseits des Wegs einen Platz, wo ich mein Tarp aufspanne. Anschließend rolle ich Unterlage und Isomatte aus, lege alles bereit, was ich noch brauchen werde, ziehe mein Schlafzeug, bestehend aus Socken, langer Hose und Sweatshirt, an und schlüpfe in den Schlafsack.

Zum ersten Mal gehe ich jetzt meinen abendlichen Pflichten nach, einer Routine, die ich für die nächsten Monate beibehalten werde: Zunächst schreibe ich Tagebuch in meine kleine Kladde. Dann esse ich erst einmal etwas. Ich habe keinen Kocher dabei, um Gewicht zu sparen, daher bleibt die Küche kalt. Wenn man jeden Tag um die 30 Kilometer zu Fuß zurücklegt, verbraucht man eine Menge Kalorien. Es ist also sehr wichtig, energiereiches Essen zu sich zu nehmen. Meine Standardabendmahlzeit besteht aus einer Mischung aus Haferflocken, Erdnüssen, Babypulver und Wasser, angereichert mit Honig, Schokocreme oder Erdnussbutter. Nach dem Essen putze ich Zähne, schließe dann meine Kamera an den Laptop an und übertrage die Bilder des Tages. Anschließend schreibe ich digital quasi ein zweites Mal Tagebuch, das ich auf meinem Blog »Waldbegeisterung« veröffentliche. Das ist alles noch ziemliches Neuland für mich, funktioniert aber ganz gut.

Mit dem Bloggen ist noch nicht alles erledigt, Posts auf Instagram und Facebook müssen erstellt, Zuschriften beantwortet und die Termine der nächsten Tage organisiert werden. Viele der Förster, Wissenschaftler und Naturschützer, die ich in den nächsten Monaten besuchen will, habe ich schon lange vor meiner Tour angeschrieben, nun muss ich die Termine konkretisieren. Allerhand zu tun im Waldbüro!

Am nächsten Tag wandere ich durch die lang gestreckten Wiesentäler hinter Bad Laasphe in Richtung des Rothaargebirgskamms. Einige der Waldflächen hier sind gerade erst von toten Fichten geräumt worden, die durch Borkenkäferbefall abgestorben waren. Das erledigt eine große Holzerntemaschine, der Harvester, der auf Rückegassen im 20-Meter-Abstand bergab fährt, sodass die Berghänge wie mit einem Streifenmuster überzogen aussehen. Rückegassen sind unbefestigte Fahrspuren, die in der Regel mit Sprühfarbe an den Randbäumen markiert werden. Die Harvester können nur etwa zehn Meter weit greifen, und so benötigt man ein dichtes Netz, damit die Maschinen alle Bäume erreichen. In einem Arbeitsgang werden die Bäume gefällt, entastet, auf Längen zwischen zwei und zwölf Metern eingeschnitten und am Rand der Rückegassen abgelegt. Dieses Holz wird dann von einer weiteren Maschine, dem Rückezug, aufgeladen und an einen befestigten Waldweg gebracht, wo es schließlich auf einen Lkw geladen und abtransportiert werden kann. Bei einer Breite von vier Metern, die die riesigen Maschinen benötigen, werden rein rechnerisch mindestens 20 Prozent der Waldfläche befahren. In der Praxis ist es oft viel mehr, da die Berghänge meist die Form von Tortenstücken haben, wodurch die Rückegassen stellenweise sehr dicht nebeneinanderliegen.

Die feinen Bodenporen, in denen der Großteil des Bodenwassers gespeichert wird, werden schon bei einer einzigen Befahrung wie ein Schwamm zusammengedrückt, können sich aber im Gegensatz zu diesem nicht wieder ausdehnen. In den befahrenen Arealen büßt der Boden so bis zu 80 Prozent seiner Wasserspeicherkapazität ein, was natürlich gerade in diesen trockenen Zeiten das Letzte ist, was der Wald braucht. Außerdem werden die für die Baumernährung so wichtigen Pilzgeflechte unterbrochen. Die sogenannten Mykorrhizapilze umgeben die Wurzeln der Bäume mit ihren feinen Geflechten und verbessern dadurch ganz erheblich die Fähigkeit der Bäume zur Nährstoff- und Wasseraufnahme. Im Gegenzug erhalten die Pilze Zuckerverbindungen von den Bäumen, die sie nicht selbst herstellen können, weil ihnen die Blätter zur Fotosynthese fehlen. Beide Partner profitieren von dieser Symbiose genannten Zusammenarbeit, die durch die starke Befahrung der Waldböden empfindlich gestört werden kann.

Der Waldspaziergänger nimmt die Bodenschäden meist nur wahr, wenn bei Nässe tiefe Fahrspuren entstehen. Aber auch bei trockener Witterung sind die Auswirkungen der Befahrung gigantisch. Leider ist es unrealistisch zu erwarten, dass alles Holz mit Pferden oder Krananlagen aus dem Wald an die festen Wege gelangen kann, aber eine Vergrößerung des Rückegassenabstands von 20 auf 40 Meter wäre arbeitstechnisch durchaus möglich und wird in vielen naturnah arbeitenden Forstbetrieben bereits praktiziert, wie ich auf meiner Wanderung noch erleben werde. Möglichkeiten dazu liegen beispielsweise in der Kombination von Waldarbeitern und Maschinen. Die Holzernte wird so zwar etwas teurer, doch das sollte uns der Wald wert sein!

Schließlich erreiche ich den Hauptkamm des Rothaargebirges, wo sogar noch etwas Schnee liegt. Am späten Nachmittag will ich mir im Buchenwald am Hang einen Übernachtungsplatz suchen. Leider ist es hier ziemlich steil, aber dann stoße ich auf eine kreisrunde ebene Fläche. Ich vermute, dass sie ein alter Köhlerplatz ist. Vor Beginn des Steinkohleabbaus im 19. Jahrhundert war Holzkohle aus dem Wald der wichtigste Energieträger. In aufgeschichteten runden Meilern wurde vor allem Buchenholz verkohlt und so ein Brennstoff gewonnen, der viel leichter als das ursprüngliche Material war. Die hohe Nachfrage nach Holz führte zu einer starken Übernutzung der Wälder. Nicht zuletzt, um der Holzknappheit entgegenzuwirken, wurden dann auf großen Flächen Fichten angepflanzt, die robust sind und schnell wachsen. So kam diese Baumart in Gegenden, wo sie ursprünglich gar nicht heimisch war. Die runde ebene Fläche im Hang, auf der ich jetzt mein Lager aufschlage, muss einst der Standort eines solchen Meilers gewesen sein.

In der Nacht ist es so windig und kalt, dass sich der erhebliche Nachteil des Tarps gegenüber einem Zelt deutlich zeigt: Es bietet viel weniger Schutz. Ich bekomme nur wenig Schlaf, diese Nacht wird ziemlich ungemütlich ... Nachdem ich wie an jedem Morgen einen Brei aus Müsli mit Babypulver gegessen habe, packe ich meine Sachen zusammen und breche auf. Ich folge einem mit Laubwald bestandenen Tal nach Latrop. Die Wiesen sind von weißem Raureif überzogen, und mein Atem bildet Wölkchen in der klaren Luft.

In Latrop treffe ich mich mit Hans von der Goltz, mit dem ich mich schon lange vor Beginn meiner Wanderung verabredet habe. Der sympathische Endsechziger strahlt gute Laune aus und hat ganz offensichtlich Humor. Er war hier 30 Jahre lang Forstamtsleiter und ist seit drei Jahren pensioniert. Nichtsdestotrotz ist er in der Arbeitsgemeinschaft Naturgemäße Waldwirtschaft (ANW) schwer aktiv, der er seit 18 Jahren als Bundesvorsitzender vorsteht. Die ANW wurde bereits 1950 gegründet und schrieb sich für die damalige Zeit revolutionäre Bewirtschaftungsgrundsätze auf die Fahnen wie das Arbeiten ohne Kahlschlag, Naturverjüngung statt Pflanzung, Mischwald statt Monokulturen sowie Wertholz- statt Massenproduktion. An einigen Beispielen im Wald erläutert mir Hans von der Goltz diese Prinzipien. So sehen wir, wie sich in eintönigen Fichtenbeständen durch behutsame Auflichtungen Buchen und Bergahorne von selbst angesamt haben, wodurch ein Mischwald aus älteren Fichten und jungen Laubbäumen entstanden ist. Ich werde auf meiner Wanderung eine ganze Reihe von Forstbetrieben besuchen, die nach den Grundsätzen der ANW arbeiten, daher ist diese Begegnung wichtig für mich.

Wir verabschieden uns erst am späten Nachmittag. Allein setze ich meinen Weg durch das große Waldgebiet am Rothaarkamm fort, während die sonnenüberfluteten Hänge langsam von den Schatten des aufziehenden Abends erobert werden. Ich wähle die Schutzhütte an der Millionenbank direkt am Rothaarsteig für mein Nachtlager aus und entrolle meine Matte auf dem nackten Hüttenboden. Der Rothaarsteig ist ein 156 Kilometer langer Fernwanderweg, der das Mittelgebirge von Norden nach Süden durchquert.

Als es schon fast dunkel ist, kommt eine ältere Frau vorbei. Erstaunt frage ich sie: »Was machen Sie denn hier zu dieser späten Stunde?«

»Och, das ist meine übliche Spazierrunde, die ich im Schlaf kenne«, antwortet sie lachend. »Und immer, wenn ich dabei irgendwo Müll herumliegen sehe, lese ich ihn auf und entsorge ihn zu Hause. Auch wenn ich nicht viel für den Wald tun kann, ist dies doch mein Beitrag, unsere Heimat sauber zu erhalten.«

Ich bin beeindruckt. Das Beispiel der Frau zeigt wieder einmal, dass sich jeder für den Wald einsetzen kann.

DIE RÜCKKEHR DER WISENTE

Nach einer frostigen Nacht, in der der Waldkauz in der Nähe der Hütte seine lang gezogenen Rufe erschallen ließ, bin ich bereits um sieben Uhr unterwegs. Es ist noch bitterkalt, aber die schon bald hinter den Hügeln hervorlugende Sonne verspricht einen schönen Tag, und so wandere ich mit guter Laune drauflos. Wenige Kilometer später komme ich an der Wisent-Welt vorbei, dem in Westeuropa einzigartigen Projekt zur Wiederansiedlung von Wisenten.

Der Wisent ist ein großes Wildrind und war lange Zeit in weiten Teilen Europas verbreitet. 1793 gab es noch einige der Tiere in Sachsen, aber nach dem Ersten Weltkrieg wurden die letzten frei lebenden Wildrinder im Białowieża-Urwald an der polnisch-weißrussischen Grenze und im Kaukasus ausgerottet. Glücklicherweise überlebten einige Exemplare in zoologischen Gärten und wurden Jahre später im Freiland ausgewildert, sodass es in Białowieża heute wieder über 1400 Wisente gibt.

Einen davon habe ich sogar einmal selbst bei einem Besuch in Polen gesehen, als ich den Urwald durchstreifte. Ich wusste, dass die Wildrinder dort leben, und hatte auch schon ihre Spuren bemerkt, war dann aber doch sehr überrascht, als sich aus einem Dickicht nur wenige Meter vor mir eines dieser mächtigen braunen Tiere erhob und dann gleich das Weite suchte. Da die Begegnung so plötzlich und kurz war, konnte ich gar keine Angst entwickeln, obwohl so große Tiere potenziell natürlich nicht ungefährlich sind.

Der Białowieża-Urwald ähnelt einem alten Laubwald bei uns, man kann sich daher nur schwer vorstellen, dass so riesige Tiere – mit bis zu zwei Meter Schulterhöhe und einer Tonne Gewicht – dort leben. Umso stärker hat mich diese Begegnung beeindruckt – wie eine Erinnerung an eine ferne Zeit, als auch der größte Teil Deutschlands noch wilder Urwald war.

Hier in Westfalen hatte es sich Richard Prinz zu Sayn-Wittgenstein-Berleburg in den Kopf gesetzt, die erste frei lebende Population in Deutschland zu begründen, er stellte seinen Wald zur Verfügung, und engagierte Bürger gründeten den Verein »Wisent-Welt-Wittgenstein«. Im Jahr 2013 wurde die Idee dann tatsächlich Realität. Inzwischen streift eine Herde von 25 Exemplaren frei durch die Wälder des Rothaargebirges.

Allerdings hat ihre Wiederansiedlung aus wirtschaftlicher Sicht auch negative Folgen und ist daher nicht unumstritten. Die großen Tiere schälen oft die Rinde von Bäumen ab und schaffen damit Eintrittspforten für Fäulnispilze. Sogar ziemlich dicke Buchen werden so geschädigt, wie ich auf meinem Weg hierher beobachten konnte. Allerdings werden den Waldbesitzern die wirtschaftlichen Einbußen durch den Verein erstattet, der die Wiederansiedlung betreibt. Und nicht zuletzt frage ich mich: Welches Recht haben wir, einer ursprünglich heimischen Tierart die Rückkehr zu verweigern?

Zum Glück scheinen das die meisten Menschen in der Umgebung auch so zu sehen. Sie wirken durchaus stolz auf »ihre« Wisente, wie eine Plastik am Ortseingang von Bad Berleburg mir gezeigt hat. Repräsentative Umfragen haben ergeben, dass über 80 Prozent der örtlichen Bevölkerung die Rückkehr der großen Rinder befürworten.

Als Nächstes komme ich durch das Sauer- und Siegerland und stelle fest, dass der Wald hier regelrecht durchlöchert wirkt. Alte und neue Kahlflächen werden von noch lebenden Fichtenbeständen unterbrochen. 2007 hat der Orkan Kyrill riesige Freiflächen geschaffen, auf denen jetzt überwiegend dichter junger Fichtenwald wächst.

In der Regel wird so ein Wald nicht gepflanzt, sondern ist durch Naturverjüngung entstanden. Andernorts werden solche »Katastrophenflächen« in der Regel als Erstes von sogenannten Pionierbaumarten wie Birke und Aspe besiedelt. Diese sind auf die Bewaldung von Kahlflächen spezialisiert, indem sie reichlich Samen produzieren, die äußerst flugfähig sind. Zudem kommen sie mit den extremen Witterungsbedingungen auf Freiflächen gut klar und wachsen sehr schnell, sodass sie der Konkurrenz von Gräsern und Brombeeren rasch entkommen können. In ihrem Schutz siedeln sich dann in der natürlichen Waldentwicklung einige Jahre später empfindlichere Baumarten wie die Buche an, sodass ein Mischwald entsteht. Leider funktioniert das hier aber kaum noch, weil Birken und Aspen über Jahrzehnte als »Unkraut« gezielt bekämpft wurden und daher kaum noch Samenbäume vorhanden sind. Stattdessen entstehen eben junge Fichtenwälder wie auch hier.

Kurz bevor ich Freudenberg erreiche, komme ich durch ein richtiges Katastrophengebiet, in dem das Abräumen der Hänge in vollem Gang ist. Es regnet, und der Himmel ist grau, passend zu dem, was sich vor meinen Augen abspielt. Die Wege sind total verschlammt und teilweise völlig zerfahren, sodass die Lastwagen die Massen von Holz, die hier gelagert sind, erst holen können, wenn teure Instandsetzungsarbeiten an den Wegen durchgeführt worden sind. Dabei ist das Holz kaum noch etwas wert, zum einen weil die Preise seit 2018 um etwa 75 Prozent eingebrochen sind, zum anderen weil das Holz der toten Bäume bereits durch Verfärbungen und beginnende Fäule stark an Qualität eingebüßt hat. Die auf wenige Meter Länge zurechtgeschnittenen Stammstücke tragen alle keine Rinde mehr, die Borkenkäferbrut ist längst ausgeflogen, daher geht von diesem Holz auch keine Infektionsgefahr mehr für angrenzende, noch halbwegs intakte Bestände aus.

Die Rückegassen verlaufen in Falllinie hangabwärts bis zu einem von Lastwagen befahrbaren Weg unmittelbar neben einem Bach. Obwohl es gar nicht so stark regnet, ist dieser bereits schlammbraun. Das ist Bodenerosion: Von den Kahlflächen abgespültes Erdreich trübt das normalerweise klare Gewässer stark ein und gefährdet sämtliche kleinen Wasserorganismen, vom Bachflohkrebs bis zur Feuersalamanderlarve. Natürlich kann ich mit bloßem Auge nicht erkennen, wie gravierend die Beeinträchtigung ist, aber dass sämtliche Ökosysteme in diesem Kahlschlagbereich in Mitleidenschaft gezogen werden, liegt auf der Hand.

Irgendwann gelange ich an einen Platz, auf dem mehrere Lkw mit osteuropäischem Kennzeichen stehen. Sie verladen das Holz in Container und transportieren es dann zu einem Hafen, von wo aus es nach Asien exportiert wird. In normalen Zeiten kann die deutsche Forstwirtschaft den Bedarf der inländischen Holzindustrie nicht decken, aber seit Beginn der Dürre 2018 ist so viel Fichtenholz auf den Markt gekommen, dass die heimische Industrie diese Mengen nicht mehr aufnehmen kann. Aufgrund des stark gesunkenen Holzpreises ergeben sich nun so widersinnige Dinge wie das Verramschen von Billigholz nach Asien.

Wenn man sich den ganzen Energieaufwand dafür anschaut, von den ungeheuren Dieselmengen, die die Harvester benötigen, über den Kraftstoff für die Lastwagen bis hin zum Schwerölverbrauch der Containerschiffe, scheint das Holz absurderweise wohl doch nicht ganz der nachhaltige Rohstoff zu sein, als der es stets propagiert wird.

Warum werden solche Abräumaktionen durchgeführt, die offensichtlich sowohl ökologisch als auch ökonomisch völlig unsinnig sind? Ich fürchte, hier spielt die deutsche Ordnungsliebe eine große Rolle: Ganze Hänge mit toten Bäumen – solch einen Anblick wollen wir doch niemandem zumuten! Da sind saubere Freiflächen, die noch dazu schöne Ausblicke gewähren, doch viel besser – oder?

Genau das Gegenteil ist der Fall! Auch die abgestorbenen Bäume sorgen noch in gewissem Umfang für Schatten und Windruhe, speichern Wasser und bilden natürliche Wildschutzzäune, wenn sie dann irgendwann umfallen. Das alles sind Faktoren, die der neuen Waldgeneration viel bessere Startbedingungen ermöglichen. Weitere Argumente gegen das Abräumen der Schadflächen sind, dass die der Sonne ausgesetzten Kahlflächen leicht mit Brombeeren, Ginster oder Gräsern zuwuchern, der wertvolle Humus im vollen Sonnenlicht schnell abgebaut wird und unter Umständen trinkwasserschädigende Stoffe freigesetzt werden.

Auch aus Klimaschutzgründen ist es besser, die toten Wälder nicht abzuräumen. Bei der natürlichen Vermoderung der abgestorbenen Baumstämme wird das gebundene Kohlendioxid nur sehr langsam über Jahrzehnte freigesetzt. Der im Boden gespeicherte Kohlenstoff bleibt erhalten, da dieser vor allem unter dem direkten Sonneneinfluss auf Kahlflächen als klimaschädliches Kohlendioxid in die Atmosphäre entweicht. Dagegen wird ein Großteil des auf den Borkenkäferflächen geernteten Holzes lediglich für kurzlebige Produkte wie Verpackungsmaterial verwendet. Schon allzu bald landen solche Wegwerfprodukte im Müll und werden zur Entsorgung verbrannt. Damit ist das ursprünglich im Holz gebundene Kohlendioxid wieder in der Luft gelandet …

Als am Abend die Sonne in einen noch intakten alten Fichtenwald scheint und helle Lichtflecke auf den schattigen, mit saftig grünem Moos bewachsenen Boden wirft, bin ich fast wieder versöhnt mit der Welt, trotz all der traurigen Bilder, die ich in den letzten Tagen gesehen habe. Und auch wenn die Nächte nach wie vor sehr kalt sind, zeigen die gelb blühenden Kätzchen des Haselstrauchs mir am nächsten Tag, dass der Vorfrühling Einzug hält. Außerdem werden die Wegränder von den gelb leuchtenden Blüten des Huflattichs geschmückt. Endlich Farbe nach dem Grau des Winters. Ich freue mich schon sehr auf das weitere Erwachen der Natur!

Nach den durchlöcherten Wäldern, die ich zuletzt durchquert habe, ist der Wald der Hatzfeldt-Wildenburgschen Forstverwaltung eine wahre Wohltat: Unter den hohen Altfichten wachsen hier überall in bunter Mischung junge Buchen, Weißtannen und andere Bäume. Nachdem bei den Stürmen Vivian und Wiebke im Jahr 1990 große Schäden in dem 7000 Hektar umfassenden Gebiet entstanden waren, entschloss man sich zu einer kompletten Umstellung der Bewirtschaftung im Sinne der ANW-Prinzipien, die ich ja schon bei Hans von der Goltz kennengelernt habe. Und nach nur 30 Jahren ist das Ziel, einen Mischwald entstehen zu lassen, bereits auf großer Fläche verwirklicht! Dr. Franz Straubinger, der jung gebliebene und dynamische Betriebsleiter, mit dem ich mich treffe, fasst es sehr schön zusammen: »Vielfalt Mischwald statt Eintracht Fichte ist unser Ziel!«

Ich wandere weiter durch eine hügelige Landschaft aus Wäldern und ausgedehnten Wiesenflächen. Leider sind viele Wege asphaltiert, was nicht gerade angenehm zum Laufen ist, aber in Deutschland sehr häufig vorkommt. Und obwohl die Sonne scheint, ist es ziemlich kalt, sodass ich fast den ganzen Tag mit Daunenjacke wandere und zügig laufe, um warm zu bleiben. Auch die Nacht kommt wieder mit klirrendem Frost daher, am Morgen ist sogar das Wasser in meiner Flasche gefroren. Natürlich hätte ich meine Wanderung auch später starten können, aber ich wollte ganz bewusst den Übergang vom Winter in den Frühling erleben, daher akzeptiere ich die unangenehm kalten Bedingungen, obwohl ich mich, wenn ich ehrlich bin, auch danach sehne, dass es wärmer wird.

Am Nachmittag gelange ich nach etwa 20 Kilometern in den Nutscheid, ein großes, zusammenhängendes Waldgebiet im Bergischen Land, das schwer von den Borkenkäfern in Mitleidenschaft gezogen wurde. Unglaublich, wie radikal sich die Landschaft in wenigen Jahren verändert hat. Immerhin ist hier auch die Wiederbewaldung schon in vollem Gang. Dabei werden keine kompletten Flächen bepflanzt, wie sonst meist üblich, sondern man setzt überall punktförmig Trupps von verschiedenen Laubbaumarten auf die Kahlflächen. Ein, wie ich finde, sinnvolles Vorgehen, da so einerseits die Weichen für einen zukünftig vielfältigeren Wald gestellt werden, andererseits aber auch genügend Raum für die natürliche Entwicklung gelassen wird. Noch besser wäre es allerdings gewesen, wenn man die Altbestände nicht komplett abgeräumt hätte.

DURCH DEN STURM IN DIE EIFEL

Während ich bisher meist durch Regionen gelaufen bin, die überwiegend von Nadelwald geprägt waren, erreiche ich mit dem Siebengebirge bei Bonn nach elf Tagen Wanderung endlich ein großes Laubwaldgebiet. Die Bergkuppen sind vulkanischen Ursprungs und werden von schönen alten Mischwäldern aus Buchen, Eichen, Ahornen, Eschen und anderen Baumarten bedeckt. Das Siebengebirge ist eines der ältesten deutschen Naturschutzgebiete und wurde schon 1923 als solches ausgewiesen; mittlerweile hat es eine Größe von fast 5000 Hektar.

Endlich mal keine Katastrophenflächen! Die alten, artenreichen Laubwälder mit ihren knorrigen Baumgestalten sind eine Augenweide, und so laufe ich beschwingt dahin. Dazu kommen das erste zarte Frühlingsgrün, das sich am Waldboden zeigt, und eine abwechslungsreiche Topografie aus Tälern und felsigen Kuppen. Einfach nur herrlich!

Das Siebengebirge gefällt mir sehr gut, und so bedauere ich, dass ich es schon nach wenigen Stunden durchquert habe. Bei Königswinter setze ich mit einer Fähre über den Rhein und erreiche dann den Kottenforst. Dieser ist mit 2500 Hektar zwar kleiner als das Siebengebirge und sieht als Flachlandwald ganz anders aus, ist aber ebenfalls sehr eindrucksvoll. Vor allem begeistern mich die ausgedehnten alten Eichenwälder. Der Kottenforst ist ebenfalls Naturschutzgebiet, wird aber noch bewirtschaftet. Doch man hat die Eichenbestände hier offenbar stets behutsam behandelt, denn sie wirken keineswegs ausgeplündert.

Während ich im Regen am Rand von Rheinbach ein Radiointerview gebe und die Terminplanung für die nächste Zeit vornehme, wird mir klar, dass das nasskalte Wetter eine gute Gelegenheit für eine Hotelübernachtung ist. Dabei geht es mir in erster Linie darum, an eine Steckdose zu gelangen, um Laptop, Powerbank und Fotoakkus aufzuladen. Etwa alle sieben bis zehn Tage ist das notwendig. Kurzerhand rufe ich im Hotel Nord an und erläutere mein Projekt, da touristische Übernachtungen momentan wegen der Coronapandemie nicht erlaubt sind.

Als ich eine halbe Stunde später an der Rezeption stehe, werde ich noch einmal nach meinem beruflichen Hintergrund gefragt und verweise auf meinen Blog, der auch gleich gefunden wird. Danach ist das Einchecken kein Problem mehr, ich kann meine Geräte laden, und sogar meine Wäsche wird gewaschen!

Während ich unter der heißen Dusche stehe, sinniere ich über die Annehmlichkeiten unserer Zivilisation. Im normalen Alltag ist so etwas wie eine Dusche ja nichts Besonderes, jetzt aber ruft sie regelrechte Glücksgefühle hervor! Erstaunlich, wie man durch einen minimalistischen Lebensstil die einfachen Dinge wieder richtig zu schätzen lernt.

Nach einem guten Frühstück laufe ich weiter in Richtung Eifel. Heute ist es viel milder, und mittags entdecke ich schon die ersten

Ameisen, die auf ihrem Haufen in der Sonne Wärme tanken. Als krabbelnde Heizkörper wecken sie dann ihre Kollegen im Inneren der Burg. Erst hinter der A1 schlage ich in einem Kiefernwald mein Tarp auf. Es gibt eine ganze Reihe von Möglichkeiten, wie ich die Plastikplane mit ihren diversen Laschen und Ösen verwenden kann. Manchmal spanne ich sie mit Schnüren zwischen vier Bäume; besseren Schutz bietet aber eine zeltartige Konstruktion, bei der ich die Plane mit meinen beiden Wanderstöcken aufrichte und dann mit einigen Heringen abspanne.

In der Nacht wird es ziemlich windig, sodass ich aus dem warmen Schlafsack kriechen muss, um meine Wanderstöcke ein ums andere Mal neu aufzustellen. Am Morgen tobt dann ein richtiger Sturm, die Kronen der Bäume schwingen hin und her, und es klingt, als würde ein Düsenflugzeug abheben. Kein schöner Start in den neuen Tag und im Wald auch nicht gerade ungefährlich.

Ich wandere trotzdem los. Immer wieder gehen kurze Schauer nieder, dazwischen scheint aber auch die Sonne und zaubert einen kompletten Regenbogen an den dunklen Himmel. Bereits gegen Mittag, als der Sturm etwas nachgelassen hat, erreiche ich den Nationalpark Eifel. Ich durchquere relativ jungen, dichten Buchenwald und gelange dann in große Bereiche, wo die Fichten schon seit Langem abgestorben sind und lediglich ihre nackten grauen Stämme noch stehen.

Hier zeigt sich ein Dilemma vieler deutscher Nationalparks: Von Natur aus würde es in der Eifel keine einzige Fichte geben, im Nationalpark Eifel beträgt ihr Anteil an der Waldvegetation aber 50 Prozent. Nun sollen Nationalparks eine Mindestgröße von 10 000 Hektar aufweisen und gleichzeitig naturnah sein. Da es in Nordrhein-Westfalen kein Gebiet gibt, das beide Kriterien erfüllen kann, ist man mit der Ausweisung des Nationalparks Eifel im Jahr 2004 eben einen Kompromiss eingegangen und hofft, dass er sich irgendwann naturnah entwickeln wird. Das bedeutet in diesem Fall: Buchen und Eichen statt Fichten. Ich finde es sehr wichtig, der Natur Raum zu geben, wo sie sich nach ihren eigenen Regeln entfalten kann, und das ist die Zielsetzung von Nationalparks. Deren Motto lautet: »Natur Natur sein lassen«. Dabei sollten vor allem Laubwaldgebiete berücksichtigt werden, denn die sind unser eigentliches Naturerbe. Von Natur aus gäbe es in den meisten Gebieten Deutschlands gar keine Nadelbäume! Doch heute ist die Fichte mit 25 Prozent unser häufigster Waldbaum, die Buche, die ursprünglich etwa 70 Prozent der Landesfläche bedeckte, hat dagegen nur noch einen Anteil von 15 Prozent.

Ich wandere durch die steilen Hänge des Kermeters hoch über der Urft-Talsperre. Auf diesem trockenen, nährstoffarmen Standort wächst ein ausgedehnter Eichen-Buchen-Wald, in dem die Bäume aufgrund der schwierigen Verhältnisse nicht sehr dick werden, dafür aber oft ziemlich knorrig sind. Später finde ich dann einen mir halbwegs windgeschützt erscheinenden Platz für mein Tarp.

Mitten in der Nacht wache ich plötzlich auf, weil mir der Regen ins Gesicht fällt. Was ist passiert, wo ist mein Tarp? Hat der zurückgekehrte Sturm etwa meine Plane davongeweht? Meine Gedanken wirbeln umher, und ich fürchte schon, dass mir jetzt eine extrem unangenehme restliche Nacht bevorsteht. Dann merke ich aber, dass sich nur ein Hering gelöst hat, sodass die Plane zurückgeschlagen wurde. Rasch schäle ich mich aus dem Schlafsack, befestige den Hering wieder und kehre dann unter das Tarp zurück, jetzt wieder vor den Regentropfen geschützt. Noch mal Glück gehabt!

RHEINLAND-PFALZ UND SAARLAND

Durch Eifel, Hunsrück und den Pfälzerwald

Bisher zurückgelegte Strecke

410 km

Zeitraum

Jan	Feb	Mrz	Apr	Mai	Jun	Jul	Aug	Sep	Okt	Nov	Dez

Waldanteil

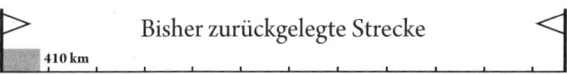

42 %   40 %

Rheinland-Pfalz   Saarland

WILDKATZE UND WILDBÄCHE

Nachdem ich mir den Nationalpark Eifel angeschaut habe, setze ich meinen Weg vom beschaulichen Gemünd aus fort, das am südöstlichen Rand des Parks liegt. Immer wieder gehen kleinere Schauer nieder, bald regnet es dann aber intensiv, und ich bin glücklich, für die Nacht Unterschlupf in einer Schutzhütte zu finden, während der Regen in Schnee übergeht. Auch am nächsten Morgen ist es noch kalt, nass und extrem ungemütlich, daher schäle ich mich erst gegen elf Uhr aus meinem Schlafsack, als der Himmel langsam aufzuklaren scheint.

Ich bin jetzt auf dem Eifelsteig unterwegs und kann den Markierungen dieses 313 Kilometer langen Fernwanderwegs folgen, ohne ständig auf die Karten-App in meinem Smartphone starren zu müssen, mit der ich mich normalerweise orientiere. Schon vor Beginn meiner Wanderung hatte ich meine Route in einem digitalen Programm eingezeichnet, aber fast jeden Tag nehme ich Änderungen vor, beispielsweise wenn ich einen attraktiveren Weg sehe, der mir eine unschöne Straße erspart.

Doch plötzlich ist der Eifelsteig gesperrt, Durchgang strengstens verboten: Man hat etliche uralte, knorrige Buchen aus »Verkehrssicherungsgründen« gefällt, die nun quer auf dem Wanderweg liegen. Eine Schande, dass so wenig Respekt vor alten Baumgiganten besteht! Dabei ist die Rechtslage klar: Das Betreten des Waldes geschieht auf eigene Gefahr, und das schließt auch mögliche Unfälle im Zusammenhang mit alten, langsam zerfallenden Bäumen ein.

Als ich in der Dämmerung durch das Tal der Urft laufe, sehe ich einen ersten Frühlingsboten: Die rosa Blüten des etwa einen halben Meter hohen Seidelbaststrauchs wachsen unmittelbar an seinem Stämmchen, wie bei Kakaopflanzen in den Tropen. Ein toller Farbtupfer im Grau des Abends.

Am nächsten Morgen entdecke ich in einem Tümpel schwarzen Laich, die Eier von Amphibien. Wahrscheinlich stammt er von den hartgesottenen Grasfröschen, denn Erdkröten wandern eigentlich erst, wenn es mehrere Nächte nicht unter zehn Grad kalt war – und das war hier bestimmt noch nicht der Fall. Die Eifellandschaft mit grünlandbedeckten Plateaus und viel Wald ist weitläufig und abwechslungsreich. Damit mir auch ja nicht langweilig wird, geht immer mal wieder ein Schauer nieder, und da ich nie weiß, wie lange und heftig es regnen wird, ziehe ich ständig die Regenjacke an und dann bald wieder aus …

Im Wald vor Wershofen entdecke ich, dass die älteren Fichtenwälder auf großer Fläche mit kleinen Trupps aus Buchen unterpflanzt wurden. Dadurch ergibt sich eine ganze Reihe von Vorteilen: Zum einen ist das Laub der Buchen für die Bodenlebewesen viel besser bekömmlich als Fichtennadeln, sodass es erheblich zur Bodenfruchtbarkeit beiträgt; zum anderen sind Buchen irgendwann auch besser verwurzelt als Fichten und machen den Bestand insgesamt stabiler gegen Stürme. Darüber hinaus findet sich in älteren Fichtenbeständen oft schon dichte Naturverjüngung. Pflanzt man hier keine anderen Arten, besteht die nächste Generation wahrscheinlich wieder ausschließlich aus der instabilen Fichte. Und für den Fall, dass die alten Fichten vom Borkenkäfer vernichtet werden, ergeben sich keine Kahlflächen, die man nur schwierig wiederbewalden kann, sondern die nächste Waldgeneration aus jungen Buchen steht bereits in den Startlöchern. Im besten Fall hat man mit der Schatten ertragenden Buche bereits eine weitere Baumschicht, in der Holz produziert und Kohlenstoff gespeichert wird. Außerdem ist so ein Nadel-Laub-Mischwald natürlich ein besserer, weil vielseitigerer Lebensraum für viele Organismen als ein reiner Fichtenbestand – und *last but not least* ist er einfach schön!

Am nächsten Tag gelange ich hinter Ulmen in das Tal der Wilden Endert. Nach den Regenfällen der letzten Wochen ist sie zu einem ansehnlichen Bach angeschwollen, der sich durch ein enges Waldtal schlängelt. So ein naturnaher Waldbach ist etwas ganz Besonderes. Felsrippen, die vom Ufer in das Gewässer greifen, bilden kleine Stromschnellen. Umgefallene, bemooste Baumstämme werden zu natürlichen Brücken, und die Vielfalt der Baumarten ist bemerkenswert. Üppig mit Moos bewachsene Hainbuchen stehen neben Eschen und Ahornen. Über 20 Kilometer führt der Weg durchs Tal von Ulmen nach Cochem an der Mosel.

Nach der Hälfte der Strecke unterbreche ich meine Wanderung und treffe mich am Forsthaus Hochpochten mit Michael Fohl, der hier seit 30 Jahren Revierförster ist und seitdem den 600 Hektar großen Staatswald konsequent naturnah bewirtschaftet, wie mir Michael gleich ausführlich zeigen wird. Eine große Besonderheit des Reviers sind etwa 200 Hektar zusammenhängende, 120 bis 180 Jahre alte Buchenwälder mit Eichen und anderen Mischbaumarten. Wie kann das funktionieren, in so einem tollen Mischwald Forstwirtschaft zu betreiben und ihn gleichzeitig zu erhalten?

Michael verrät mir das Geheimnis: »Der Schlüssel ist, nicht zu viele der alten Bäume zu ernten. In naturgemäß arbeitenden Betrieben gilt das Prinzip der Zielstärkennutzung: Die Bäume werden frühestens gefällt, wenn sie einen bestimmten Durchmesser überschritten haben. Der liegt bei der Buche je nach den Wuchsbedingungen meist zwischen 60 und 70 Zentimetern. Das ist allerdings nur das Minimum, gesunde wertvolle Bäume können auch wesentlich dicker werden, bevor sie geerntet werden. Das Ziel der naturgemäßen Waldwirtschaft besteht darin, dass ständig starkes, wertvolles Holz geerntet werden kann, und das funktioniert nur, wenn nicht zu viele Bäume auf einmal gefällt werden. Allerdings muss auch genügend Licht an den Boden gelangen, damit die jungen Bäume aus der Naturverjüngung hochwachsen können und die Dimension ihrer Eltern erreichen, bevor die letzten alten Riesen geerntet werden. Selbstverständlich werden aus Naturschutzgründen einige Altbäume nie gefällt und dürfen ihr natürliches Alter erreichen. Auf diese Art ergibt sich ein schonend bewirtschafteter Dauerwald, aus dem ständig wertvolles Holz genommen werden kann und der gleichzeitig als Altwald erhalten bleibt.«

Michael verrät dann auch, warum das nicht überall so gemacht wird: »Sehr oft gibt es in der Forstplanung viel zu hohe Vorgaben, was die zu erntende Holzmenge angeht. Dahinter steht oft die Vorstellung vom Wald als Holzacker, wo es einen Zyklus aus Verjüngung, Pflege und Ernte gibt, bevor das Ganze wieder von vorn losgeht. Dieses Denken passt zur Landwirtschaft, aber nicht zum Wald. Der ist ein Ökosystem, das man am erfolgreichsten bewirtschaftet, wenn man sich an seinen natürlichen Abläufen orientiert.«

»Was hat es denn für Folgen, wenn in alten Buchenwäldern zu viele Bäume gefällt werden?«

»Unter den Bedingungen der letzten drei Trockenjahre haben aufgelichtete Buchenbestände ganz besonders gelitten. Die Buche ist eine Baumart, die den Schatten ihrer Nachbarn braucht. Bei zu starker Freistellung kann sie sogar Sonnenbrand entwickeln, und sie reagiert empfindlich auf Hitze und starke Sonneneinstrahlung. Häufig sind die Schäden in den Buchenwäldern eine Folge falscher Bewirtschaftung.«

»Und wie sieht es mit der Eiche aus? Oft heißt es ja, dass sie als lichtbedürftige Mischbaumart in von Buchen dominierten Beständen langfristig verschwinden würde.«

»Komm, ich zeige dir mal an einigen Beispielen, dass das keineswegs so sein muss!« Michael bedeutet mir, ihm zu folgen. Wir laufen zu einigen Stellen, an denen wir deutlich sehen können, dass die

Naturverjüngung der Eiche schon in kleinen Lichtkegeln mit nur zehn Meter Durchmesser gelingt. Um diese zu schaffen, werden in Richtung Südosten bis Südwesten jeweils zwei bis drei Buchen gefällt, sodass eine Fläche entsteht, auf die genug Licht für die aus den Eicheln gekeimten Jungbäume fallen kann.

Als die tief stehende Abendsonne die silbernen Stämme der alten Buchen in warmes Licht taucht, bevor sie dann verschwindet, wird mir noch einmal richtig klar, was für ein Naturschatz das hier ist, zu dessen Erhalt Michael maßgeblich beiträgt. Einst war Deutschland überwiegend von solchen alten Buchenwäldern bedeckt. Nur ein winziger Rest ist davon übrig geblieben!

Später sitzen wir noch im Forstgebäude beisammen und unterhalten uns, als ich durch das Fenster ein Tier auf der nahe gelegenen Wiese entdecke. Ich denke zunächst an einen Fuchs, aber Michael erkennt gleich, dass da draußen eine Wildkatze umherschleicht. Wir können sie eine Weile beobachten, und es gelingt mir sogar, sie zu fotografieren. Zwar habe ich Wildkatzen schon einige Male gesehen, aber es ist doch immer etwas Besonderes, diesen seltenen, scheuen Verwandten unserer Hauskatzen zu begegnen. Das Tier hält sich noch einige Zeit auf der Wiese auf, wo es wahrscheinlich auf der Jagd nach Mäusen ist, und zieht schließlich weiter in den Wald.

Schon gegen sieben Uhr trete ich am nächsten Tag in den frostigen Morgen. Ich habe gestern Abend noch in der Wärme des Forsthauses geschrieben und die Behaglichkeit des Kaminfeuers genossen. Bald folge ich wieder dem Tal der Wilden Endert abwärts. Es gefällt mir hier heute noch besser als gestern. Der Bach mäandert durch eine felsige Schlucht, an deren Hängen ein moosiger Wald aus Eschen und Ahornen zwischen den Felsblöcken wächst. An einer Stelle stürzt sogar ein Wasserfall sieben Meter in die Tiefe!

Zu meinem Erstaunen treffe ich auf diesem besonders schönen Wanderweg keinen einzigen Menschen. Dafür beleben Vögel die

Landschaft am Bach: Gelbe Gebirgsbachstelzen, die gerade erst aus Afrika zurückgekehrt sind, suchen am Ufer nach Insekten. Winzige braune Zaunkönige huschen durchs Geäst und lassen ihren lauten Gesang erschallen. Wasseramseln tauchen im Bach, um nach kleinen Wassertierchen zu suchen. Und auch die Pflanzenwelt hält einiges bereit: Das unscheinbare Milzkraut zeigt seine gelben Blüten, und stellenweise gedeihen Rippen- und Hirschzungenfarn mit tiefgrünen Blättern zwischen den moosigen Felsblöcken.

Immer wieder muss ich auf meiner Waldbegeisterungstour große Strecken über Straßen oder asphaltierte Radwege zurücklegen, was mir nicht besonders viel Spaß macht. Dagegen war die Wanderung auf den idyllischen Waldwegen im romantischen Enderttal ein echter Genuss!

TROCKENE EICHENWÄLDER AUF STEILEN HÄNGEN

Bei Cochem erreiche ich die Mosel und folge streckenweise dem Moselsteig, einem Fernwanderweg, der über 365 Kilometer entlang des Stroms verläuft. Es ist hier deutlich milder. Der Weißdorn entfaltet seine Knospen, Lerchensporn und Leberblümchen blühen bereits, überall wird fleißig an neuen Vogelnestern gearbeitet, und die Kraniche ziehen trompetend über mich hinweg. Der Frühling liegt in der Luft!

Kurz bevor es dunkel wird, schlage ich im Tal des Pommernbachs an einer winzigen Schutzhütte mein Lager auf. Nach Mitternacht beginnt es zu schneien. Zunächst glaube ich, dass das Dach gerade so ausreicht, um mich zu schützen, aber irgendwann wache ich auf, weil es von unten unangenehm nass wird. Offenbar ist der Schnee teilweise getaut und Schmelzwasser unter meine Matte geflossen. Schlafsack, Hose und Unterhose sind bereits leicht durchnässt. Da die Hütte sehr klein ist, bleibt mir nichts anderes übrig, als mich unter den Tisch zu legen, wo ich, halbwegs geschützt, auf den Morgen warte, ohne jedoch wieder einschlafen zu können. Als es hell wird, schneit es immer noch, und die Landschaft ist sanft überzuckert.

In Laufschuhen wandert es sich wesentlich angenehmer als in schweren Stiefeln. Doch heute sind die Wege so verschlammt und feucht, dass ich in meinen Trailrunningschuhen bald nasse Füße habe. Beim Wandern selbst ist das nicht weiter schlimm, da mich die Bewegung warm hält. Allerdings wird mir bei Pausen nun schnell kalt, weshalb ich immer nur kurz raste. Ein großer Vorteil meiner Sportschuhe ist übrigens auch, dass sie viel schneller trocknen als Lederstiefel.

Als sich im Wald ein Ausblick auf die Burg Eltz öffnet, komme ich mir fast wie im Mittelalter vor. Vor meinem inneren Auge male ich mir aus, wie einst die Ritter zu der einsam im Wald auf einem Bergsporn thronenden Burg geritten sind. Romantik pur, was offenbar auch viele andere Leute so sehen, denn etliche Besucher bemühen sich darum, schöne Selfies mit dem alten Gemäuer im Hintergrund zu schießen.

Auf dem Moselsteig setze ich schließlich meine Wanderung fort. Mit Mosel und Rhein verbindet man ja in erster Linie Weinberge, die es hier natürlich auch reichlich gibt. Weite Flächen sind allerdings auch bewaldet. Oft handelt es sich dabei um ehemalige Rebflächen, die in den steileren Lagen häufig seit Langem nicht mehr bewirtschaftet werden, weil dies immer schon sehr mühsam war. Es ist faszinierend zu beobachten, wie der Wald solche aufgegebenen Weinberge zurückerobert. Dabei entwickelt sich meist zunächst Gebüsch aus Schlehen und Weißdorn, deren Samen von Vögeln mit ihrem Kot abgesetzt werden. Irgendwann können dann Traubeneichen, Hainbuchen und Vogelkirschen im Schutz der Sträucher hochwachsen, bis nach vielen Jahrzehnten wieder ein geschlossener Wald entstanden ist. Stellenweise versucht man, diesen Prozess durch Fällen der Gehölze und anschließende Beweidung aufzuhalten, um die licht- und wärmebedürftige Lebewelt der ehemaligen Kulturlandschaft zu erhalten. Darunter sind beispielsweise farbenprächtige Schmetterlinge wie der Schwalbenschwanz, Zauneidechsen und Trockenpflanzen wie der Mauerpfeffer.

Ich finde es aber auch schön, die Entwicklung zum Wald zuzulassen. Die Landschaft an Mosel und Rhein gehörte schon immer zu den wärmsten und trockensten Gebieten Deutschlands. Dennoch war sie von Natur aus bis auf wenige Extremstandorte komplett bewaldet. Das macht auch für andere Regionen Deutschlands Hoffnung: Die zähen Eichen, Hainbuchen und auch andere Laubbaumarten werden wahrscheinlich selbst dann noch gedeihen, wenn das Klima irgendwann viel heißer und niederschlagsärmer sein wird als heute.

Als die Sonne von einem strahlend blauen Himmel intensiv auf mich herabscheint, wird es angenehm warm, und ich komme sogar manchmal ins Schwitzen. Die wärmenden Strahlen pünktlich zum Frühlingsanfang lassen die ersten Schmetterlinge, gelbe Zitronenfalter und bunte Tagpfauenaugen, munter von Blüte zu Blüte flattern. In der offenen Landschaft des Plateaus über den steilen Rheinhängen erreiche ich einen Aussichtspunkt gegenüber der Loreley, von dem ich den über einer Flusskurve steil aufragenden Felsen gut erkennen kann.

Irgendwann gelange ich zurück nach Hessen. Kaum zu glauben, dass es hier, nicht weit entfernt von der bedeutenden Verkehrsachse Rhein, das größte geschlossene Waldgebiet des Bundeslandes gibt, den Hinterlandswald. Die 22 000 Hektar Wald werden nur von wenigen Straßen durchschnitten.

An der Laukenmühle im Wispertal treffe ich mich mit Mark Harthun und Uwe Müller vom NABU Hessen, die mir das seit 2016 ausgewiesene, 1100 Hektar umfassende Wildnisgebiet Wispertaunus zeigen wollen. 2007 hat die Bundesregierung in ihrer Biodiversitätsstrategie beschlossen, auf zwei Prozent der Fläche Deutschlands eine natürliche Entwicklung ohne menschliche Eingriffe zuzulassen. Bis zum Jahr 2020 sollte dieses Ziel umgesetzt sein. Dabei muss, damit die Voraussetzungen für eine natürliche Entwicklung gegeben sind, jedes dieser Gebiete, zu denen auch der Wispertaunus gehört, mindestens 1000 Hektar groß sein. Doch das Ziel wurde deutlich verfehlt: Lediglich 0,6 Prozent der Landesfläche sind bislang der Wildnisentwicklung übergeben worden.

Wir unternehmen eine ausgedehnte Wanderung durch dieses außergewöhnliche Waldgebiet, bei der mir gleich auffällt, dass der Laubwald bei Weitem überwiegt. Viele der kargen, felsigen Hänge wurden seit jeher kaum bewirtschaftet, es gibt aber auch Täler mit alten, dicken Bäumen, die auch wirtschaftlich attraktiv wären. Durch den Wechsel von engen Tälern zu felsigen Hängen und flacheren Kämmen ist die Landschaft im Wispertaunus sehr abwechslungsreich.

Besonders auffallend sind das viele Totholz und die zahlreichen Mikrohabitate an den lebenden Bäumen. Das sind kleine Lebensraumstrukturen, von abblätternder Rinde über humusgefüllte Hohlräume bis zu Schwarzspechthöhlen. Im Wald bedeutet Totholz Leben, da unzählige Lebewesen, egal ob Pilze, Käfer oder andere Arten, auf vermoderndes Holz angewiesen sind. Wenn man die ganze Vielfalt des Lebens in unseren Wäldern erhalten will, muss man viel mehr Totholz als bisher zulassen.

An etlichen Stellen sehen wir Spuren des Rotwilds und haben dann ein ganz besonderes Erlebnis: Ein zehnköpfiges Rudel dieser großen Tiere zieht vor unseren Augen im Gänsemarsch durch den offenen Wald.

Nachdem wir uns am Nachmittag verabschiedet haben, laufe ich noch ein Stück weiter und schlage dann schließlich in einem Buchenwald mein Lager auf. Das Wetter ist schön und stabil, daher verzichte ich auf die Plane und bin so dem Wald noch näher. In der Nacht vernehme ich immer wieder ein Tapsen im Laub, und als ich mich dann gegen Morgen, noch in der Dunkelheit, aus dem Schlafsack wälze, höre ich ein kurzes Grunzen, und ein Wildschwein in der Nähe nimmt Reißaus! Viele Menschen glauben, Wildschweine seien gefährlich. Das ist aber keineswegs der Fall. Da sie intensiv bejagt werden, ergreifen sie stets die Flucht, wenn sie Menschen riechen. Sogar bei Wildschweinmüttern mit ihren Jungen, den Frischlingen, überwiegt der Fluchtinstinkt, daher sind solche Begegnungen keineswegs bedrohlich.

AUF MALERISCHEN PFADEN DURCH DEN HUNSRÜCK

Bei Lorch überquere ich den Rhein ein weiteres Mal und steige dann von nur 50 Metern über Meereshöhe auf zum Soonwald, der bis in eine Höhe von 650 Metern hinaufreicht. Ein ziemlich dickes Reptil liegt scheinbar leblos auf dem Weg, erst als ich es mit meinem Wanderstock anstupse, kommt Leben in das Tier. Die Blindschleiche sieht aus wie eine 30 Zentimeter lange Schlange, ist aber eine Eidechse ohne Beine. Wie alle Reptilien ist sie wechselwarm, sodass sie erst aktiv wird, wenn im Frühjahr die Temperaturen steigen.

Am Kandrich gelange ich auf den Soonwaldsteig, einen 85 Kilometer langen, wunderschönen Wanderweg, den ich bereits vor einigen Jahren auf einer anderen Tour kennengelernt habe. Die zahlreichen Windräder, die sich hier auf der Höhe drehen, gab es damals allerdings noch nicht. Die meisten stehen auf ehemaligen Sturmflächen, auf denen der Wald noch nicht wieder sehr hochgewachsen ist. Aber auch in unmittelbarer Nachbarschaft zu Naturwaldreservaten mit über 200-jährigen Bäumen ragen sie in den Himmel. Ein vom Drehen der Rotoren verursachter Lärm liegt beständig über dem Soonwald, und im Zusammenhang mit den stark verbreiterten Wegen drängt sich das Gefühl auf, eher in einem Industriegebiet als in einem Wald unterwegs zu sein.

Glücklicherweise liegt der Windpark am nächsten Morgen schon hinter mir, und der Soonwald ist wieder so schön, wie ich ihn in Erinnerung hatte. Überwiegend auf schmalen Pfaden wandere ich durch das große, einsame Waldgebiet, vorbei an mächtigen Stieleichen und Ahornen, durch ausgedehnte alte Buchenwälder und Reste von Fichtenbeständen. Es gibt aber auch moorige Quellen und weite Wiesen. In dieser Höhe zeigt sich der Frühling erst zaghaft, die Knospen der Bäume und Sträucher sind noch fest geschlossen. Kein Laut ist zu hören, außer dem Gesang der Vögel. Im Herzen des Soonwalds kann man sich wirklich ganz weit weg vom lauten, hektischen Leben fühlen, das einen sonst umgibt. Waldesstille mag zwar ein etwas altmodischer Begriff sein, im Soonwald aber kann man sie hören.

Nach drei Stunden bin ich bereits am Wanderparkplatz Ellerspring, wo ich mich mit Klaus Kaiser treffe, seit 30 Jahren Leiter des Reviers Altenburg mit 2000 Hektar Staatswald. Bis zu den großen Stürmen Vivian und Wiebke Anfang 1990 standen auf dem überwiegenden Teil der Fläche alte Fichtenbestände, heute dominieren die Laubbäume bei Weitem. Es wurden vor allem Eichen gepflanzt, aber den Großteil des Gebiets überließ man zunächst der natürlichen Entwicklung. Unter dem Schirm der Birken, die sich als Erste angesamt haben, wächst heute ein artenreicher Mischwald – und das alles weitgehend ohne menschliches Zutun! Ein schönes Beispiel dafür, dass sich der Wald nach einer Katastrophe erholen kann und hinterher sogar bunter und stabiler ist.

Mittags essen wir vor Klaus' Forsthaus leckere heiße Linsensuppe, das tut gut nach der überwiegend kalten Küche der letzten Zeit. Danach schauen wir uns noch weitere Waldbereiche an. Besonders gut gefällt mir, dass Klaus Rückegassen konsequent mit minimal 40 Meter Abstand anlegt. Bei älteren, dichteren Systemen lässt er einfach jede zweite unbefahren. Das ist vorbildlicher Bodenschutz!

Nach einem heftigen Schneeschauer verabschiede ich mich von Klaus und setze meinen Weg auf dem Soonwaldsteig fort. Obwohl heute Samstag ist, begegnet mir bis kurz vor Burg Koppenstein kein Mensch. An dieser Ruine treffe ich Olli mit seinen Kindern Luca und Yolanda, sieben und acht Jahre alt, die hier in der Hütte übernachten. Ein schönes Abenteuer für die beiden! Die nette Familie aus Mainz bietet mir sogar ein Würstchen vom Feuer an. In einer Nische des Treppenaufgangs zum Turm der ehemaligen Burg beziehe ich schließlich ein windgeschütztes Lager.

Am nächsten Morgen führt mich mein Weg auf den Rücken des Lützelsoons, eines fast 600 Meter hohen Teils des Hunsrücks. Das Quarzitgestein ist sehr hart und trotzt der Verwitterung. Moosbedeckte Felsblöcke und ein bizarrer, niedrigwüchsiger Wald ergeben einen ganz eigenen Landschaftscharakter. Obwohl die Eichen und Hainbuchen bestimmt schon sehr alt sind, konnten sie auf dem kargen Standort nur mit Mühe wachsen und sind relativ klein geblieben. Man könnte fast glauben, dass im nächsten Augenblick ein Wichtel aus seiner Mooshöhle schaut …

Es ist sehr schön, den Höhenzügen des Hunsrücks zu folgen, doch leider gibt es hier nur wenig Wasser, und ich habe es versäumt, meine Vorräte am Nachmittag an einem Bach ordentlich aufzufüllen. Daher verfüge ich nur noch über einen halben Liter Flüssigkeit, als ich am Abend mein Cowboycamp – wie man ein Freiluftlager auch nennt – in einem alten, offenen Wald aus Buchen und Fichten aufschlage. Als der riesige Frühlingsvollmond aufgeht, wirft er sein silbriges Licht zwischen die dunklen Bäume. In der Nacht wache ich vor Durst auf, muss mich aber damit abfinden, dass ich ihn nicht stillen kann, und schlafe irgendwann wieder ein.

Während ich in der Morgendämmerung aufbreche, verschwindet der gelbe Mond langsam, und ein herrlicher, wolkenloser Tag entfaltet sich. Ich wandere jetzt durch den erst 2015 ausgewiesenen 10 200 Hektar großen Nationalpark Hunsrück-Hochwald. Am Aussichtsturm der Wildenburg vorbei laufe ich durch abwechslungsreiche Waldbestände aus Buchen und Fichten. Borkenkäferschäden entdecke ich nur wenige.

Gegen Mittag erreiche ich den Gipfel des 816 Meter hohen Erbeskopfes, des höchsten Bergs auf der westlichen Rheinseite. Hier treffe ich mich mit Claus-Andreas Lessander, einem sympathischen, schlanken Endfünfziger, der stark in die Einrichtung des Nationalparks involviert war und jetzt das angrenzende Forstamt Birkenfeld leitet. Bereits lange vor meinem Aufbruch zu dieser Wanderung hatte ich zu Hause ein Paket von ihm vorgefunden, in dem er mir seine beiden Bücher sowie eine Einladung in den Hunsrück geschickt hatte, die ich natürlich gern annahm.

Nachdem wir den Blick vom Aussichtsturm über das Waldgebiet genossen haben, wandern wir durch den Nationalpark. Im Gegensatz zur Eifel beträgt der Fichtenanteil hier nur 30 Prozent, und weite Bereiche sind von naturnahen Laubwäldern bewachsen. Besonders beeindrucken mich die 400 Hektar alter Buchenbestände, die als Naturwaldreservate seit Langem nicht mehr bewirtschaftet werden und tolle Refugien für seltene Pilze und Insekten sind.

Obwohl der Nationalpark erst seit sechs Jahren besteht, wirkt der Wald bereits ziemlich urig mit seinen alten Baumgestalten und den großen Mengen an Totholz. Das ist wunderschön und ein Traum für jeden Waldläufer! Und tatsächlich erzählt mir Claus-Andreas: »Wir fördern den Wandertourismus und haben dazu auch sogenannte Trekkingplätze eingerichtet, auf denen im Nationalpark gezeltet werden darf.«

Natürlich möchte ich mir so einen Platz unbedingt mal anschauen. Als wir dort ankommen, bin ich überrascht, dass hier überall hölzerne Plattformen aufgebaut wurden. Nicht gerade ideal, um ein Zelt zu verankern. Nichtsdestotrotz sind die zwei Wanderer Tina und Kevin, die fast gleichzeitig mit uns eintreffen, sehr froh über das Angebot. Tina erklärt: »Wenn wir wandern, wollen wir die Natur richtig erleben, und das geht nur, wenn man draußen übernachten darf. Zelten ist ja normalerweise verboten, daher finden wir solche Plätze super!«

Dass Zelten im Wald generell verboten ist, ist für mich übrigens auch der Hauptgrund dafür, nur mit einer Plane unterwegs zu sein. Die Waldgesetze der Länder sprechen in der Regel explizit vom Zelten, von Übernachten im Wald hingegen ist nicht die Rede … Lediglich in Brandenburg und Mecklenburg-Vorpommern ist das freie Zelten im Wald für eine Nacht gestattet, aber auch dort nur außerhalb von Schutzgebieten.

OSTERN IM SAARLAND

Auf dem Saar-Hunsrück-Steig, einem weiteren tollen Fernwanderweg mit insgesamt 410 Kilometer Länge, gelange ich ins Saarland. Heute, am 30. März, ist der erste Tag mit richtig warmen Temperaturen, an dem ich in kurzer Hose und T-Shirt laufen kann.

In Reidelbach treffe ich mich mit Klaus Borger, einem Urgestein der saarländischen naturnahen Waldwirtschaft, mit dem ich den ganzen Tag zusammen wandere. Der sympathische 63-Jährige hat in Freiburg Forstwissenschaft studiert und seine dort erworbenen Kenntnisse dann in Slowenien und der Schweiz um Wissen zu einer besonders naturnahen Waldwirtschaft erweitert. Er war in herausgehobener Stellung in der saarländischen Forstverwaltung tätig und konnte schließlich in zweieinhalb Jahren als für den Wald zuständiger Staatssekretär viel bewegen. In der bereits 1989 gegründeten Forstbetriebsgemeinschaft Saar-Hochwald engagiert er sich für eine naturverträgliche Bewirtschaftung im Privatwald, die sie in ihrem verbindlichen Waldkodex vorschreibt. 340 Mitglieder wirtschaften in dieser Weise auf etwa 4000 Hektar.

Nachdem wir einige Stunden gewandert sind, zeigt mir Klaus den 140 Hektar großen Privatwald Jungenwald, den er besonders intensiv betreut. Vor 25 Jahren gab es dort fast nur dunkle und dichte Nadelwaldbestände aus Fichten und Douglasien, doch heute zeigt sich hier ein artenreicher Mischwald mit vielen Baumarten.

Klaus erklärt mir, wie es kommt, dass der Wald heute so anders aussieht. »In relativ kurzen Abständen haben wir alle Bestände durchforstet, wodurch mehr Licht an den Boden gelangt ist. Dadurch, dass wir glücklicherweise noch alte Laubbäume im Jungenwald haben, konnten diese sich in die Nadelbaumbestände natürlich versamen. Dabei hat am Anfang auch die Jagd eine große Rolle gespielt: Indem wir mehr Rehe geschossen haben, konnten wir sicherstellen, dass die jungen Bäume auch wirklich hochwuchsen. Außerdem haben wir die Naturverjüngung durch das Pflanzen weniger, ausschließlich einheimischer Bäume wie Ahorn, Hainbuche, Linde und Weißtanne in zwei zeitlich getrennten Staffeln mit insgesamt maximal 500 Bäumen pro Hektar ergänzt.«

»Spielt die Jagd jetzt denn keine wichtige Rolle mehr?«, hake ich nach.

»Seit sich der Waldboden überall mit Kräutern und Jungbäumen begrünt hat, ist der Verbiss durch das Wild stark zurückgegangen, wie unsere Weisergatter zeigen. Das sind sehr kleine, eingezäunte Flächen, die dem Wild nicht zugänglich sind. Wenn sich der Verbiss inner- und außerhalb des Gatters kaum unterscheidet, zeigt das, dass Wald und Wild im Einklang sind. Inzwischen haben wir alle Jagdeinrichtungen abgebaut und jagen tatsächlich kaum noch. Das hat wahrscheinlich ebenfalls einen positiven Einfluss auf die Verbissbelastung. Das Wild hat mehr Ruhe und äst verstärkt in offenen Bereichen, wo es sich vorher nicht hingetraut hat.«

Auch in Bezug auf die Borkenkäfer fährt Klaus eine ganz andere Strategie als allgemein üblich: »Die Borkenkäfer lieben besonnte Ränder, wie sie durch das Abräumen von Schadholz entstehen. So schafft man Angriffsflächen und kann dabei zusehen, wie sich neue Borkenkäferwellen immer weiter vorarbeiten. Da die abgestorbenen Fichten sowieso kaum noch etwas wert sind, lassen wir sie bewusst stehen und nutzen ihren Schatten zur Einbringung empfindlicher Baumarten wie Weißtanne und Buche.«

Schließlich zeigt mir Klaus einen im letzten Jahr fast komplett vertrockneten Bestand aus Großen Küstentannen, einer ursprünglich aus Nordamerika stammenden Art, und verrät mir seine Meinung zu dieser angeblich trockenheitsresistenten Baumart: »Sie ist noch wuchskräftiger als die Douglasie, erträgt Schatten relativ gut und verjüngt sich durch eigene Ansamung explosiv. Diese Eigenschaften machen sie zu einer invasiven Art, die das Potenzial hat, einheimische Baumarten zu verdrängen und die komplexe Lebensgemeinschaft des Waldes total zu verändern. Wir haben genug einheimische Baumarten, die sich an ein trockeneres Klima anpassen können, daher sollte man solche Experimente ganz lassen!«

Damit greift Klaus Themen auf, die in der Forstwirtschaft aktuell breit diskutiert werden. Welche Baumarten können dem Klimawandel standhalten – wie schlagen sich unsere einheimischen Arten, welche sollten wir neu bei uns ansiedeln? Und was hat das unter Umständen für Konsequenzen? Ich werde im Laufe meiner Wanderung noch häufiger darauf zu sprechen kommen. Jetzt hat Klaus aber noch eine ganz besondere Überraschung für mich: Bei einem »Schwenker«, wie das Grillen im Saarland genannt wird, lassen wir den Tag gemütlich ausklingen, und ich verbringe die Nacht dann ganz in der Nähe, mit lediglich dem Sternenzelt als Dach über mir.

Nach dem warmen Tag nimmt der Frühling richtig Fahrt auf. Der hohe Gesang der Mönchsgrasmücken, mit dem die Vögel ihr Revier markieren, erklingt aus den Gebüschen. Schlehen und Kirschen tragen weiße Blüten, und die ersten Ahornblätter sprengen ihre Knospen. Meine Stimmung ist blendend, was nicht nur am Frühlingserwachen liegt, sondern auch daran, dass ich über Ostern eine nette Begleitung haben werde: Als ich Nalbach erreiche, dauert es nicht lange, bis ein Bus hält und eine Frau mit rotblonden Locken und strahlend blauen Augen aussteigt. Ich kann es kaum erwarten, meine Freundin Anke in die Arme zu nehmen. Sie ist 36 und promovierte Agrarbiologin, hat ihre Karriere aber vor einigen Jahren aufgegeben, nachdem sie bei dem großen Erdbeben in Nepal nur knapp mit dem Leben davongekommen war. Seither widmet sie sich in erster Linie ihrer Leidenschaft fürs Wandern. Sie ist sehr inspirierend für mich! Zu unserem Wiedersehen passt das Wetter hervorragend, nach einer kurzen Bewölkungsphase am Morgen strahlt die Sonne von einem makellosen Himmel. Das Wanderleben kann so schön sein!

Im Gegensatz zu den Wäldern der meisten Bundesländer, in denen Nadelbäume überwiegen, besteht der saarländische Wald zu 70 Prozent aus Laubbäumen. Hinter jeder Wegbiegung entdecken wir etwas Neues: Kleine Gruppen von Vogelkirschen setzen mit ihren Blüten weiße Tupfer in den Wald. Aus den im Herbst von den Bäumen gefallenen Bucheckern wachsen zartgrüne Keimlinge, und der Spitzahorn blüht gelbgrün, bevor sein Laub austreibt.

Als wir abends unser Cowboycamp aufschlagen, hat Anke eine besondere Überraschung für mich: Sie hat Topf und Kocher mitgebracht, sodass wir ein leckeres Essen aus Nudeln mit frischen Zwiebeln und Paprika zubereiten können. Welch ein Kontrast zu meiner normalerweise einfachen kalten Küche! Anschließend genießen wir einen Schluck Rotwein, während es im Wald langsam dunkel wird und das Rotkehlchen sein Abendlied singt.

Am nächsten Morgen, dem Karsamstag, treffen wir uns mit Roland Wirtz, der seit 25 Jahren das Forstrevier Eppelborn-Quierschied leitet und Beauftragter für den Naturschutz beim Landesbe-

trieb SaarForst ist. Sein Revier hat einen besonders hohen Eichen-
und Buchenanteil und wird von Roland seit jeher unter starker
Berücksichtigung von Naturschutzkriterien bewirtschaftet. Zu einem guten Teil haben diese inzwischen auch in die Bewirtschaf-
tungsrichtlinien von SaarForst Eingang gefunden. Im Naturwaldreservat Hölzerbach, das in seinem Revier liegt und seit etwa 50 Jahren nicht mehr bewirtschaftet wird, gibt es einen beeindruckenden
Holzvorrat von etwa 800 Kubikmetern pro Hektar, der deutsche
Durchschnitt liegt nur bei etwa 350 Kubikmetern!

Roland erklärt uns, was es damit auf sich hat und warum ein großer Holzvorrat im Klimawandel sehr wichtig ist: »Unter dem Holzvorrat versteht man in der Forstwirtschaft die Menge an Holz, die
auf einem Hektar Waldfläche steht. Diese Kenngröße ist gerade
in der Klimakrise von großer Bedeutung, zum einen wird umso
mehr Kohlenstoff auf der Fläche gespeichert, je größer der Vorrat
ist. Zum anderen üben dichte Laubbaumbestände einen wichtigen
Kühlungseffekt für die Landschaft aus und sind widerstandsfähiger
gegen Dürreschäden, weil ihr kühl-feuchtes Waldinnenklima die
Temperaturen deutlich weniger steigen lässt. Außerdem sind in vorratsreichen Beständen mit geringerer Eingriffsintensität in der Regel auch mehr Mikrohabitate als Lebensraum für viele Lebewesen
vorhanden.«

Die Steigerung des Holzvorrats ist ein wichtiges Ziel in vielen
naturnah arbeitenden Forstbetrieben, die ich besuche. Allerdings
ist sie nur möglich, wenn deutlich weniger Holz geschlagen wird,
als nachwächst. So erntet auch Roland bereits seit Langem lediglich
die Hälfte des zuwachsenden Holzes, weshalb der Wald hier deutlich dichter wirkt als an den meisten anderen Orten.

Wie wir heute gesehen haben, können uns naturnahe Buchenwälder sehr bei der Bewältigung der Klimakrise unterstützen. Dazu
ist es aber notwendig, dass wir sie nicht durch zu starken Holzeinschlag weiter destabilisieren. Natürlich brauchen wir Holz als

Rohstoff, aber die vielen anderen Leistungen des Waldes müssen ebenso zum Tragen kommen, und das funktioniert nur, wenn weniger Bäume gefällt werden! Holz ist zwar ein nachwachsender Rohstoff, dennoch sollten wir uns in seinem Verbrauch einschränken. Dabei sind nicht zuletzt die ganz persönlichen Konsumentscheidungen von großer Bedeutung: Braucht man wirklich alle paar Jahre neue Möbel oder einen neuen Parkettboden? Muss wirklich jedes Dokument ausgedruckt werden? Ist es notwendig, sich neue Kleidung in drei verschiedenen Größen schicken zu lassen, von denen zwei dann gleich wieder zurückgesandt werden, alles mit viel Verpackung?

Am nächsten Morgen erwartet uns eine besondere Ehre: Der saarländische Umweltminister Reinhold Jost kommt mit seiner Frau Dunja Sauer zum Forsthaus Wolfgarten, in dem wir übernachten durften. Als nette Geste haben uns die beiden sogar ein Osterkörbchen mitgebracht. Als ich vor einigen Tagen hörte, dass der Minister mit mir einen Osterspaziergang unternehmen will, hatte ich eigentlich mit einem großen Medienauftrieb gerechnet und bin daher überrascht, dass wir nur im kleinen Kreis zu einer zehn Kilometer langen Runde aufbrechen. Winfried Lappel, der Förster, der hier zuständig ist, führt uns durch sein Revier und gibt uns einige Erklärungen zum Wald. Ich nutze die Gelegenheit aber vor allem, um den Minister zur Zukunft der Waldbewirtschaftung im Saarland zu befragen.

»Das Saarland hat bereits 1988 als erstes Bundesland eine naturnahe Waldbewirtschaftung im Staatswald eingeführt«, erläutert er mir. »Diese Tradition wurde dann über die Zeit hinweg fortgesetzt. So gilt bei SaarForst ein Mindestabstand von 40 Metern bei Rückegassen, der Laubwaldanteil wurde kontinuierlich gesteigert, und wir wollen den Holzvorrat auf durchschnittlich 400 Kubikmeter pro Hektar steigern, das ist einiges mehr als der deutsche Durchschnitt!«

»Kann es sich das Saarland denn erlauben, auf Einnahmen aus dem Staatswald zu verzichten?«

»Tatsächlich ist das Saarland ja kein reiches Bundesland. Nichtsdestotrotz nehmen wir Millionenverluste von SaarForst in Kauf, ohne zu versuchen, das Defizit durch höheren Holzeinschlag auszugleichen. Wir wollen sogar den Anteil von Wildnisgebieten und nutzungsfreien Wäldern im Saarland weiter steigern. Bereits jetzt werden zehn Prozent des Staatswaldes nicht mehr genutzt.«

Auch in anderen Bundesländern gibt es inzwischen Entwicklungen in dieser Richtung, dennoch besteht noch sehr viel Luft nach oben auf dem Weg zu einer wirklich naturnahen Waldbewirtschaftung! Die Zeit vergeht wie im Flug, und erst gegen 14 Uhr laufen Anke und ich weiter. Da ja heute Ostern ist, verstecken wir unterwegs gegenseitig einige Schokoladenostereier und haben viel Spaß beim Suchen. Neben dem, was der Osterhase verloren hat, entdecken wir an einigen Stellen aber auch frische Bärlauchpflanzen, deren Blätter ein willkommener Bestandteil unseres Abendessens werden.

Am nächsten Tag ist es kalt, regnerisch und grau. Passend zu meiner Stimmung, denn am Bahnhof von St. Ingbert muss ich mich von Anke verabschieden und allein weiterlaufen. Nach der schönen Zeit mit meiner Freundin ist es ziemlich merkwürdig, wieder für mich zu sein, erst recht bei Aprilwetter. Dennoch fühle ich mich nicht einsam, ganz im Gegenteil: Zurzeit jagt ein Termin den anderen, und ich kann kaum glauben, wie groß die Resonanz auf mein Projekt ist. Beim Wandern liebe ich eigentlich die Ruhe und das Gefühl, ein Bestandteil der Natur zu sein. Diese Tour ist ganz anders, aber ich habe ja auch ein Ziel. Wenn ich möglichst viele Menschen erreichen möchte, geht das eben nicht ohne Medienpräsenz.

Als ich am Abend mein Tarp aufschlage, weht der Wind doch tatsächlich ein paar Schneeflocken unter die Plane. Bei der Auswahl des Lagerplatzes gibt es einige Punkte, die ich stets beachte: Obwohl das Übernachten ohne Zelt nicht illegal ist, schlage ich mein Lager immer abseits der Wege auf, um ungesehen zu bleiben. Dass mein Schlafplatz möglichst eben sein sollte und frei von zu viel Astwerk und Bewuchs, leuchtet natürlich ein. Wichtig ist auch der Blick nach oben: Herabfallende Äste oder umstürzende Bäume sind eine nicht zu unterschätzende Gefahr. In Mulden sammelt sich nachts die kalte Luft, daher sind Lagerplätze am Hang normalerweise wärmer. Im Wald ist es meist nicht sehr windig, dennoch gibt es Flächen am Waldrand oder auf Bergkämmen, die ziemlich zugig sein können. *Last but not least* möchte ich mich in meinem Lager auch richtig wohlfühlen. Da ich alten Laubwald liebe, bevorzuge ich solche Bestände, wenn es halbwegs trocken ist. Bei Nässe bietet dagegen ein dichter Nadelwald mehr Schutz.

In der Nacht wird es bitterkalt und schneit leicht. Junge Ahornsämlinge mit frischen grünen Blättern ragen aus dem weiß überpuderten Laub, als ich am nächsten Morgen aufwache. Ein ungewohntes Bild.

Da ich an meinem Lagerplatz kein Netz hatte, packe ich meinen Laptop auf einer Bank am Waldrand aus, zu der ich bald nach meinem Aufbruch komme, und setze den Blogpost des gestrigen Tages ab. Es weht ein eiskalter Wind, und ich habe das Gefühl, dass mir bald die Finger abfrieren. Wo ist nur der Frühling geblieben? Den Großteil des Tages laufe ich im kalten Grau, unterbrochen von einigen zum Teil intensiven Schneeschauern, über triste Landstraßen Richtung Osten, wobei mir fast ständig kalt ist. Der bisherige Tiefpunkt meiner Wanderung. In einem schönen Wald kann ich Nässe und Kälte schon mal vergessen, aber das Wandern auf Asphalt macht mir überhaupt keinen Spaß, und so schleppe ich mich dahin. Immerhin kann ich mich damit trösten, dass auch diese Aprilwetterepisode bald vorübergehen wird – und tatsächlich scheint am nächsten Tag wieder die Sonne.

MISCHWÄLDER UND ROTE FELSEN
IM PFÄLZERWALD

Nachdem ich Kaiserslautern durchquert habe, geht es hoch zum Humberg, auf dem ein Aussichtsturm steht, von dem man eigentlich eine schöne Aussicht hat. Heute aber ist der Himmel bedeckt, und es regnet immer wieder. Schade! Sonst hätte ich einen einmaligen Blick über den Pfälzerwald gehabt, der hier beginnt. Dieses riesige Mischwaldgebiet kenne ich bereits seit meiner Kindheit und habe es auch danach noch einige Male besucht. Jetzt freue ich mich darauf, bisher noch unbekannte Facetten der Landschaft zu entdecken.

Stundenlang kann man hier durch einsame Wälder streifen und trifft kaum einmal auf eine Straße oder kleine Siedlung. Außerdem wird der Pfälzerwald von einem wunderbaren System an Wanderwegen durchzogen. Oft verlaufen sie auf schmalen Pfaden, jenseits der üblichen breiten Forstwege. Auf solchen Steigen ist man wirklich im Wald und läuft nicht einfach nur hindurch, wie das auf den üblichen Forststraßen der Fall ist. Man sieht viel mehr und fühlt sich durch den direkten Kontakt mit dem Erdboden viel stärker dem Wald verbunden.

Als die Schauer in Dauerregen übergehen, steuere ich eine Waldhütte an, die ich als Lagerplatz nutzen möchte. Sie gehört der staatlichen Forstverwaltung und ist leider verschlossen. Immerhin finde ich auf der Rückseite eine Überdachung, die mir genügend Regenschutz bietet. In Deutschland gibt es viele staatliche Waldhütten, die in der Regel nur für interne Veranstaltungen der Forstämter genutzt werden. Ich fände es toll, wenn sie auch Wanderern zur Verfügung stehen würden. Etwas Ähnliches habe ich in Finnland gesehen, dort war das ganz selbstverständlich – die Hütten werden sogar mit einem Brennholzvorrat ausgestattet!

Ohne etwas zu essen, wandere ich bei Tagesanbruch wieder los, denn ich habe noch einige Kilometer bis zu meinem nächsten Termin vor mir. Gegen 8:30 Uhr erreiche ich das Haus der Nachhaltigkeit in Johanniskreuz. Diese Einrichtung wird von den Landesforsten Rheinland-Pfalz betrieben und dient der Umweltbildung. Der Leiter, Michael Leschnig, hat mich eingeladen und den heutigen Tag organisiert.

Nach einem Frühstück mit den Mitarbeitern treffe ich mich mit Dr. Ulrich Matthes, dem Leiter des landeseigenen Kompetenzzentrums für Klimawandelfolgen, das seit etwa zehn Jahren Politik und Öffentlichkeit mit einschlägigen Informationen versorgt sowie eigene Forschungen durchführt. Er klärt mich darüber auf, welche Maßnahmen der Forstwirtschaft er für wichtig hält, um der Klimakrise zu begegnen – genau mein Thema!

»Da es auch in Zukunft immer wieder zu langen Dürreperioden kommen wird, ist es entscheidend, möglichst viel Niederschlagswasser im Wald zu halten. Dazu sollen die wegbegleitenden Gräben das Wasser nicht mehr wie bisher aus dem Wald abführen, sondern durch Ableitungen in die Waldbestände versickern lassen.«

Doch das ist nicht alles, Ulrich Matthes erklärt mir, dass es ganz besonders wichtig sei, die Böden möglichst gesund zu halten. »Dazu müssen wir zu starke Verdichtungen auf den Rückegassen vermeiden. In Rheinland-Pfalz streben wir daher einen Abstand zwischen den Fahrlinien von mindestens 40 Metern an. Wir denken außerdem, dass es wichtig ist, die alten Buchenbestände nicht zu stark aufzulichten, da das die Buchen empfindlicher gegen Hitze und Dürre macht. Derzeit gibt es sogar einen weitgehenden Einschlagsstopp in solchen Wäldern.«

Eine Frage, die mich besonders interessiert, darf natürlich im Gespräch mit dem Fachmann nicht fehlen: »Haben unsere einheimischen Baumarten unter den kommenden, wärmeren Bedingungen denn überhaupt noch eine Chance?«

Die Antwort des Experten spricht mir aus der Seele: »Wir gehen davon aus, dass unsere Baumarten über genügend Anpassungspotenzial verfügen. Gerade die Traubeneichen, aber auch Hainbuchen, Linden, Elsbeeren und andere Arten sind schon jetzt gut an trockene Verhältnisse angepasst. Die alten Buchen sind zwar stellenweise durchaus geschädigt, wir haben aber Hoffnung, dass die junge Generation, bei der durch Naturverjüngung ja oft 100 000 Pflanzen und mehr auf einem Hektar wachsen, durch genetische Anpassungsprozesse in der Lage sein wird, viel besser mit den künftigen Verhältnissen klarzukommen.«

Nach einer gemeinsamen Mittagspause habe ich die Gelegenheit, mit Stefan Asam zu sprechen, der seit zwei Jahren der Leiter des operativen Geschäfts der Landesforsten ist. Damit nimmt er eine Schlüsselfunktion ein, was die Entwicklung der Forstwirtschaft in Rheinland-Pfalz angeht. Natürlich strahlt ein Mann in einer solchen Position große Selbstsicherheit aus, dabei wirkt er dennoch nahbar und sympathisch. Mich interessiert, wie sich sein Denken in den Jahren der Dürre verändert hat, und bin sehr überrascht, was für klare Aussagen er trifft.

»Bisher stand die Erzeugung des wichtigen Rohstoffs Holz bei uns Forstleuten sehr stark im Fokus. Heute brauchen wir einen Paradigmenwechsel hin zu einer ganzheitlicheren Sicht auf den Wald. Die Leistungen des Waldes für Klima, Wasser, Biodiversität und Erholung müssen jetzt im Vordergrund stehen. Das ist natürlich ein Prozess, der Zeit braucht, noch ist dieses neue Denken nicht bei allen angekommen.«

Eines der zurzeit am heftigsten in der Forstwirtschaft diskutierten Themen ist der Anbau bisher nicht bei uns heimischer Baumarten, der sogenannten Gastbaumarten oder Fremdländer. Auch in dieser Frage überrascht mich die Meinung des Direktors: »Bis vor zehn Jahren haben wir der Douglasie noch große Bedeutung eingeräumt. Inzwischen ist deren Gesundheitszustand in Rheinland-

Pfalz aber an vielen Orten so schlecht, dass wir das mittlerweile anders sehen. Die Große Küstentanne, die ja teilweise als Fichtenersatz propagiert wird, soll bei uns überhaupt keine Rolle spielen.«

»Und wie beurteilen Sie den Umgang mit Borkenkäferflächen?«, spreche ich ein weiteres sehr aktuelles Thema an.

»Ich halte gar nichts davon, die abgestorbenen Fichtenbestände überall komplett abzuräumen. Das ist ökonomisch unsinnig und erschwert die Wiederbewaldung«, sagt Stefan Asam entschieden.

Insgesamt bin ich positiv überrascht von dem Termin, die Landesforsten Rheinland-Pfalz scheinen sich bereits auf dem Weg zu einer naturnahen Waldbewirtschaftung zu befinden. Davon beschwingt, setze ich am späten Nachmittag meine Tour fort. Doch kaum habe ich mein Tarp in einem jungen Eichenwald aufgebaut, schneit es heftig – und das Mitte April! Meine Plane ist am Morgen gefroren, und ich mache mich so schnell wie möglich auf den Weg, um warm zu werden. Ich wandere durch weite, einsame Wälder, an einer Stelle passiere ich eine mächtige, sicher zwischen 300 und 400 Jahre alte Eiche. Toll, dass sich hier noch einige solcher uralten vitalen Giganten halten konnten!

Schließlich komme ich in eine Kernzone des Biosphärenreservats Pfälzerwald namens Quellgebiet der Wieslauter. Biosphärenreservat ist eine internationale Schutzkategorie der UNESCO zur Förderung einer naturnahen Bewirtschaftung von Kulturlandschaften. Dabei sollen drei Prozent der Fläche aus der Nutzung herausgenommen und quasi sich selbst überlassen werden, auch um daraus Erkenntnisse für eine naturnahe Bewirtschaftung zu gewinnen. Sich etwas von der Natur abschauen, ist hierbei das Motto. Allein der Pfälzer Teil des Biosphärenreservats hat 180 000 Hektar mit 16 ausgewiesenen Kernzonen von insgesamt über 5000 Hektar. Der angrenzende französische Teil der Schutzzone ist fast noch mal so groß! Mit imposanten 73 Prozent Bewaldung ist dies wohl das größte geschlossene Waldgebiet Westeuropas.

Beim Quellgebiet der Wieslauter, das etwa 2400 Hektar umfasst, handelt es sich um die bei Weitem größte Kernzone. In einem ohnehin schon beeindruckenden Waldgebiet ein echtes Juwel mit besonders hohem Buchenanteil, viele der Bäume sind sehr alt. Aber auch Traubeneichen sind immer wieder eingemischt. Das Gebiet reicht kompakt über zwei Bachtäler mit dazwischenliegenden steilen Hängen, vielen Sandsteinfelsen und kleineren Plateaus. Ich bin schon jetzt begeistert und freue mich auf mein nächstes Treffen, denn am Luitpoldturm wartet bereits Bernd Herget, der hiesige Revierleiter. Von hier oben genießen wir zunächst einmal die Aussicht über das bergige Waldmeer. Nur die Ansiedlung Hermersbergerhof ist zu sehen, ansonsten nichts als Mischwald, so weit das Auge reicht!

Wir nehmen einen Pfad, der in die Kernzone führt, und Bernd erläutert mir, dass sich das Gebiet zusehends zur Wildnis entwickelt. Dazu tragen besonders drei Naturwaldreservate bei, die schon vor etwa 40 Jahren ausgewiesen wurden, sowie die Tatsache, dass weite Bereiche aufgrund des steilen, felsigen Terrains ohnehin kaum je bewirtschaftet wurden.

Zum Abschluss interessiert mich aber doch, wie Bernd zu dem Projekt steht: »Du arbeitest hier ja schon seit 40 Jahren als Förster und hast die Kernzone bewirtschaftet. Fällt es dir schwer zu akzeptieren, dass daraus jetzt Urwald entstehen soll?«

Bernd lächelt, als er zugibt: »Tatsächlich habe ich anfangs etwas geschluckt, aber mittlerweile bin ich von der entstehenden Wildnis so fasziniert, dass ich voll und ganz hinter der Zielsetzung der Kernzone stehe.«

Das freut mich sehr, zeigt es doch, dass sich Einstellungen ändern können, wenn man offen mit neuen Gegebenheiten umgeht. Besonders bemerkenswert ist für mich außerdem, dass hier seit 2013 nicht mehr gejagt wird. Vor allem das Rotwild hat sein Verhalten dadurch geändert und ist jetzt deutlich weniger scheu und viel öfter tagaktiv. Gutachten haben ergeben, dass es innerhalb der jagdfreien Zone keinen häufigeren Verbissdruck durch Wild gibt als außerhalb. Konsequenterweise wurden auch alle Jagdeinrichtungen abgebaut. Offenbar hält sich das Rotwild nun stärker in einigen offenen, leichter zugänglichen Bereichen auf, anstatt überall die jungen Bäume zu verbeißen.

Freundlicherweise erlaubt mir Bernd dann, an der Weißenberghütte zu lagern, wo sonst Weiterbildungsangebote stattfinden. Feuermachen ist im deutschen Wald strikt verboten, zu Recht, wie ich finde, da andernfalls bestimmt mehr Waldbrände entstehen würden. Aber hier auf dem Gelände darf ich ein Lagerfeuer entzünden, ein Angebot, das ich gern nutze, denn es ist mal wieder wirklich kalt und die Wärme des Feuers tut mir gut. Ich kenne niemanden, auf den ein prasselndes Lagerfeuer keine beruhigende, fast meditative Wirkung hat. Wahrscheinlich ist das ein Erbe aus der Menschheitsgeschichte – schließlich haben sich unsere fernen Vorfahren über sehr lange Zeit nachts um so ein Feuer versammelt.

Nach einer weiteren Frostnacht, die ich in einem Holztipi auf dem Gelände verbringe, wandere ich am nächsten Morgen zurück zum Luitpoldturm, wo ich mich mit einer Gruppe der Bürgerinitiative Pro Pfälzerwald treffe. Der Kampf gegen Windräder ist einer ihrer Schwerpunkte. Niemand kann abstreiten, dass Windenergieanlagen wichtig für die Energiewende sind, aus eigener Erfahrung weiß ich allerdings, dass ein Windpark stets einen großen Eingriff in ein Waldgebiet bedeutet. Wie soll man also mit diesem Dilemma umgehen?

Ich denke, dazu bedarf es einer bundesweiten Planung, in der mögliche Standorte in eine Prioritätenreihenfolge gebracht werden. Da Wald eine große Klimaschutzwirkung entfaltet, sollten Waldstandorte dabei generell eine niedrige Priorität erhalten. Darüber hinaus sollte es klare Ausschlusskriterien geben: Alle Schutzzonen sowie Laub- und Mischwaldgebiete sollten tabu sein. Ebenso müssen Projekte, die nur durch den Neubau von Wegen realisiert werden können, unterbleiben. Es muss auf jeden Fall vermieden werden, den Wald für Windparks aufzureißen und damit noch anfälliger für Hitze und Trockenheit zu machen! Außerdem finde ich es extrem wichtig, dass wir auch in Zukunft noch große Waldgebiete ganz ohne Windräder haben. Im Pfälzerwald ist das, bedingt durch seinen Status als Biosphärenreservat, noch der Fall, allerdings gibt es immer mal wieder Vorstöße, hieran etwas zu verändern. Pro Pfälzerwald ist es gelungen, das bisher zu verhindern!

Heute soll es allerdings um die Waldbewirtschaftung gehen. Während eines längeren Spaziergangs erläutere ich der Gruppe wichtige Aspekte der Forstwirtschaft. Im Vorfeld hatte mir die Bürgerinitiative von starken Einschlägen in alten Buchenbeständen berichtet, daher bin ich gespannt, was ich zu sehen bekommen werde.

Als wir dann in einen großen, mindestens 160 Jahre alten Buchenwald gelangen, finde ich leider die Bestätigung: Hier sind oft bis zu fünf nebeneinanderstehende alte Buchen frisch gefällt worden. Diese plötzliche starke Auflichtung setzt die noch verbliebenen Buchen starkem Sonnen- und Trockenstress aus – das Letzte, was man nach drei Dürrejahren in so alten Beständen haben will! Und das noch dazu im Biosphärenreservat Pfälzerwald, in dem eine besonders naturschonende Landnutzung erprobt werden soll. Doch leider wurden für die Forstwirtschaft hierzu noch keine Kriterien definiert. Ich schlage den Vertretern der Bürgerinitiative vor, das Gespräch mit dem zuständigen Revierleiter zu suchen, um sicherzustellen, dass so etwas nicht wieder passiert. Der »Paradigmenwechsel«, von dem Direktor Asam gesprochen hat, darf kein Lippenbekenntnis bleiben!

Als wir uns nach Kaffee und Kuchen am Luitpoldturm verabschieden, liegen noch etliche Kilometer bis zu meinem nächsten Termin vor mir. Ich bin nicht richtig warm und bemerke plötzlich ein Ziehen im rechten Fuß. Offenbar habe ich ihn mir durch irgendeine Bewegung gezerrt, was mich nur noch humpeln lässt. Hoffentlich ist das nichts Ernstes!

Irgendwann erreiche ich erschöpft Wilgartswiesen, wo mich bereits Armin Osterheld und Walter Herzog von der Bürgerinitiative Queich erwarten. Im Tal der Queich, dem längsten Bachlauf der Pfalz, soll die B10 auf einer Länge von etwa 30 Kilometern auf vier Spuren ausgebaut werden wie eine Autobahn, was in dem engen Kerbtal zur Abtragung ganzer Felsmassive führt. Mit einer Milliarde Euro ist das Projekt extrem teuer, und der Umbau verspricht lediglich einen Zeitgewinn von fünf Minuten auf der Strecke zwischen Saarbrücken und Karlsruhe.

Bis zum Teufelstisch, dem Wahrzeichen der Pfalz bei Hinterweidenthal, ist der Ausbau bereits erfolgt, und hier erleben wir eindrucksvoll die starke akustische und optische Beeinträchtigung des Tals. Unglaublich, wie sich die Asphaltbänder über seine ganze Breite erstrecken. Dazu durchdringt ständiger Autolärm die Stille des Pfälzerwaldes. Wenn der Ausbau tatsächlich zu Ende geführt wird, droht dem Pfälzerwald die Aberkennung des Status als Biosphärenreservat, was sicher auch große Folgen für den Tourismus hätte. Man sollte sich auf die besonderen Stärken dieser Landschaft besinnen: Ruhe und Waldeinsamkeit. Das sind schwer messbare Dinge, die aber in unserer technisierten Welt immer wichtiger werden. Noch dazu ist heute jedem klar, dass die Verkehrswende kommen muss! Pläne wie der Ausbau der Bundesstraße, die sicher erst in 25 Jahren umgesetzt sein werden, wirken dabei wie aus der Zeit gefallene Dinosaurier.

Schließlich bringt mich Armin zu Claus Schlink in Annweiler, der morgens am Luitpoldturm dabei war und mich zu sich nach Hause eingeladen hat. Claus ist sportlich-schlank, und man sieht ihm seine 80 Jahre nicht im Geringsten an. Der ehemalige Soldat, der seine geräumige Villa allein bewohnt, hat eine faszinierende Geschichte nach der anderen zu erzählen. Geradezu unglaublich finde ich, dass er es geschafft hatte, eine 52-köpfige Rotte Wildschweine an sich zu gewöhnen, indem er sie über Jahre hinweg jede Nacht im Wald besuchte. Selbst als ihn ein Keiler einmal mit seinen Hauern verletzt hatte, ließ er nicht davon ab. Ich bin schon ein wenig versucht, das alles eher ins Reich der Fantasie einzuordnen, aber Claus hat eine Menge Fotos, die seine Erlebnisse eindrucksvoll belegen. Manchmal haben sogar zwei Füchse die Wildschweine begleitet.

Ich könnte Claus noch ewig zuhören, doch ich bin hundemüde nach dem ereignisreichen Tag. Nach einem heißen Bad, das meinem Fuß gut bekommt, muss ich mich aber noch um meinen Blog kümmern. Oft denke ich, dass das Wandern selbst gar nicht der anstrengendste Part meiner Tour ist, sondern die Organisation, Abwicklung und Dokumentation der vielen Termine. Dennoch spornt mich die gute Resonanz auf meinen Blog an, weiterzulaufen und vor allem weiterzuschreiben!

Nach dem Frühstück bringt mich Claus mit seinem alten VW-Käfer zurück nach Wilgartswiesen, von wo aus ich meinen Weg Richtung Süden fortsetze. Obwohl mein Fuß noch in der Nacht wehtat, ist jetzt alles wieder in Ordnung – ein Glück!

Es hat wieder gefroren, aber schon bald erscheint die wärmende Frühjahrssonne. Einige Buchen, die ausgetrieben hatten, sind durch die Fröste der letzten Zeit in Mitleidenschaft gezogen worden. Große Bereiche der zartgrünen Blätter sind abgestorben und haben sich schwarz verfärbt. Mitunter öffnet sich eine Aussicht über die weiten Wälder mit dunkelgrünen Kiefern und bräunlichen, noch weitgehend kahlen Laubbäumen. Besonders schön sind die markanten rotgrauen Felsen, die die Kämme mancher Berge krönen. Außerhalb des Waldes leuchten die Wiesen in sattem Frühlingsgrün.

Hinter Bad Bergzabern gelange ich auf den Pfälzer Weinsteig, der dem Rand des Waldgebiets über 153 Kilometer folgt. Der Schöffelsbergturm und die Ruine Guttenberg bieten eigentlich weite

Ausblicke, doch leider ist es ziemlich bedeckt. Bei Schweigen-Rechtenbach verlasse ich den Pfälzerwald schließlich und laufe durch die Weinkulturen der Ebene – ich befinde mich immerhin auf der Südlichen Weinstraße –, bis ich den Bienwald erreiche. Das ist ein etwa 10 000 Hektar großes Waldgebiet, das allerhand Superlative aufweist: So kommen hier mit 670 Arten die meisten Waldkäfer Europas vor, es gibt 15 Fledermausarten und die einzige Wildkatzenpopulation im Flachland. Vor allem ausgedehnte Alteichenbestände charakterisieren den Bienwald, es gibt aber auch trockene Bereiche, in denen die Kiefer dominiert.

Seit 2004 läuft im Bienwald ein überwiegend aus Bundesmitteln finanziertes Naturschutzprojekt, im Zuge dessen unter anderem 1680 Hektar Wald aus der Bewirtschaftung genommen wurden. Hier zeigt mir Johannes Becker vom Forstamt Bienwald Flächen mit beeindruckenden alten Stieleichen; die stärkste hat einen Durchmesser von fast zwei Metern und ist um die 350 Jahre alt! Im trockenen Westteil des Bienwalds sehen wir durch Fraß von Maikäferlarven im Zusammenspiel mit der Dürre stark geschädigte Bestände. Die Engerlinge genannten Larven fressen die Wurzeln von Laubbäumen und können dadurch sogar ältere Bäume schwächen, die der Trockenheit dann nur noch wenig entgegenzusetzen haben.

Johannes Becker dokumentiert schon seit Jahren die Wasserstände der Bäche in dem Gebiet. Normalerweise sind sie im Frühjahr recht hoch, aber in diesem Jahr sind die Wasserläufe des westlichen Bienwalds trotz des nassen Winters bereits versiegt. Das ist sicher kein gutes Zeichen …

Nach dem Termin will ich in einem kleinen Waldstück bei Schweighofen mein Lager aufschlagen. Doch zuvor nehmen ein Fuchs und ein Hase gleichzeitig vor mir Reißaus. Habe ich da etwa jemandem den Braten verdorben?

Am nächsten Morgen treffe ich mich mit einer kleinen Delegation der Greenpeace-Gruppe Landau, die mit mir durch den Bienwald wandern möchte. Gestern hatte ich das Waldgebiet ja nur an ausgewählten Punkten erlebt, deswegen ist es heute umso interessanter, aus dem von Kiefern geprägten, trockenen Gebietsteil in den feuchten Bienwald mit seinen großflächigen alten Eichenbeständen zu wandern. Insgesamt finde ich den Bienwald trotz aller Probleme richtig schön! Ein großes, wirklich spezielles Waldgebiet, was zu näherer Erkundung einlädt.

Nachdem sich unsere Wege getrennt haben, wartet in Berg schon der nächste Termin auf mich. Volker Westermann, zuständig für Umweltbildung, Naturschutz und Öffentlichkeitsarbeit beim Forstamt Pfälzer Rheinauen, hat mich zu einer Exkursion eingeladen, an der auch einige seiner Kollegen teilnehmen. Zunächst erwarten uns an sehr fruchtbaren Standorten schockierende Bilder: Nachdem der Grundwasserstand in den letzten drei Jahren um zwei Meter gesunken ist, sterben alte Buchenbestände auf weiten Flächen ab. Außerdem gibt es hier zahlreiche Eschen, die vom Eschentriebsterben, einer durch einen Pilz hervorgerufenen, aus Asien eingeschleppten Krankheit stark betroffen sind. Der Niedergang des Waldes wirkt auf mich so dramatisch, dass mir die Tränen in die Augen steigen. Natürlich sind das extreme und bisher noch seltene Beispiele, dennoch berühren sie mich stark.

Die ursprüngliche Vegetation entlang der großen Flüsse ist der Auwald. Diese Waldgesellschaft aus vielen unterschiedlichen Baumarten bildet sich nur dort, wo der Wald regelmäßig überschwemmt wird, was durch die Eindeichungen der letzten 200 Jahre kaum noch irgendwo möglich ist. Bei einer kleinen Wanderung werfen wir einen Blick in diesen Lebensraum. Es gibt bei uns keinen Wald, der in seiner Üppigkeit stärker an den tropischen Regenwald erinnert als den Auwald. Durch das reiche Wasser- und Nährstoffangebot werden die Bäume hier besonders dick, und so begegnen wir von imposanten Stieleichen bis zu einem majestätischen Feldahorn, der woanders nur ein besserer Strauch ist, einer gigantischen Baumgestalt nach der anderen. Noch haben die meisten Bäume nicht ihr volles Laub entwickelt, daher gedeiht am Boden eine üppige Krautvegetation aus weißen Anemonen und gelben Schlüsselblumen. Intensiver Knoblauchgeruch verrät ein reichliches Vorkommen von Bärlauch. Wie in einem richtigen Regenwald schlängelt sich an manchen Stellen die Liane Waldrebe in das Kronendach der Bäume hinauf.

Bevor es endgültig dunkel ist, sehen wir uns dann noch eine Fläche an, die entstanden ist, als der Rhein vor etwa 20 Jahren eine schmale Landzunge durchbrochen und einen neuen Nebenarm ausgebildet hat. Viel Totholz im Gewässer und Uferabschnitte mit Abbruchkante zeigen, dass die natürliche Dynamik der Überschwemmungen wieder in vollem Gang ist. Sehr wichtig für den Fortbestand des Auwalds!

Erst als die Dunkelheit hereinbricht, fahre ich mit Volker zu ihm nach Hause, wo wir bei gutem Essen mit seiner Lebensgefährtin Petra noch lange zusammensitzen. Natürlich darf dabei der Pfälzer Wein nicht fehlen. Was habe ich doch für ein Glück!

BADEN-WÜRTTEMBERG

Durch Schwarzwald und
Schwäbische Alb ins Allgäu

Bisher zurückgelegte Strecke

1174 km

Zeitraum

Jan	Feb	Mrz	Apr	Mai	Jun	Jul	Aug	Sep	Okt	Nov	Dez

Waldanteil

38 %

Baden-Württemberg

IM STADTWALD BADEN-BADEN

Am nächsten Morgen setze ich mit der Fähre in Neuburg über den Rhein und habe damit Baden-Württemberg erreicht. Die Rheinebene ist eine trockene und warme Gegend, daher wundert es mich nicht, dass der Hardtwald, den ich bald erreiche, schwer geschädigt ist. In diesem Wald rund um Karlsruhe stehen selbst junge Kiefern, die eigentlich ziemlich trockenheitsresistent sind, als Baumleichen am Weg. Nahezu alle Laubwaldbestände sind durch die Bewirtschaftung stark aufgelichtet und viele Altbäume, des Schutzes ihrer Nachbarn beraubt, abgestorben. Der Weg durch diese apokalyptische Landschaft deprimiert mich, und ich frage mich, ob bald große Teile des deutschen Walds so aussehen werden. Als sich endlich die grüne Mauer des Schwarzwalds vor mir aufbaut, bin ich erleichtert, da ich hoffe, dort noch intaktere Wälder vorzufinden.

Eigentlich ist der Schwarzwald eher für ausgedehnte Nadelwälder bekannt, aber hier, an seinem westlichen Rand, wachsen hauptsächlich Laubbäume. Ich folge dem Saumpfad, der über 47 Kilometer von Karlsruhe nach Baden-Baden am Fuß des Schwarzwalds entlangführt. Die meisten Buchen haben mittlerweile ihre lindgrünen Blätter ausgetrieben, die erst in einigen Wochen eine dunklere Farbe annehmen werden. Gebirgsbäume wie die Weißtanne wachsen neben immergrünen Stechpalmen, die sonst eher in tieferen Lagen vorkommen.

In einem jungen Buchenwald schlage ich schließlich mein Lager auf. Die Frühlingsnacht wird von den dumpfen Rufen der Waldohreule und dem abwechselnd in hohen und tiefen Tönen erklingenden Zwitschern über mich hinwegfliegender Waldschnepfen mit Leben erfüllt. Es ist eine ganz besondere Stimmung, die man nur nachts im Wald erleben kann.

Am nächsten Morgen regnet es längere Zeit, aber glücklicherweise nicht allzu stark. Insgesamt sieht der Wald hier noch recht gesund aus, aber in den älteren Buchenbeständen gibt es auch Bäume mit vertrockneten Kronen. Ich erreiche den Stadtwald Baden-Baden, der mit 7500 Hektar der größte Kommunalwald Baden-Württembergs ist. Sofort fallen mir die vielen mächtigen Bäume auf, die man entlang der Wege ganz bewusst hat stehen lassen.

Nachdem ich einige Weinberge durchquert habe, komme ich gegen Mittag in die Stadt, wo mich Jannis Große, ein 23-jähriger Fotograf, erwartet. In erster Linie fotografiert Jannis Aktivisten bei der Arbeit. Neben dem Kampf gegen den Braunkohleabbau im Hambacher Forst hat er zuletzt die Proteste gegen den Autobahnbau im Dannenröder Wald dokumentiert. Nun will er mich zwei Tage lang begleiten, und ich bin gespannt, was er aus unserer Wanderung machen wird.

Bald stößt auch noch Thomas Hauck dazu, ein schlanker Mittvierziger, der seit 2013 das Forstamt der Stadt leitet. Der städtische Waldbesitz reicht vom Rhein auf 100 Meter über dem Meeresspiegel bis zu den Gipfeln des Schwarzwalds auf 1000 Meter Höhe. Sturm Lothar, der an Weihnachten 1999 über die Region fegte, hat den Stadtwald schwer getroffen. Damals entstanden in nur einer Nacht über 2000 Hektar Freiflächen, und über 900 000 Kubikmeter Holz lagen am Boden.

Mich interessiert, wie sich diese Waldbereiche in den letzten 20 Jahren entwickelt haben. Thomas Hauck zeigt uns einige Flächen, an denen wir das sehr eindrucksvoll sehen können. Ich bin erstaunt, dass in der neuen Waldgeneration nur wenige Fichten vorkommen, dafür hat sich besonders der Bergahorn stark ausgebreitet, aber auch Buchen sind fast überall vertreten. Oft habe man die Naturverjüngung durch Pflanzungen ergänzt, im Nachhinein könne man aber sagen, dass das meist gar nicht nötig gewesen wäre, erklärt mir Thomas Hauck. Selbst ohne menschliches Zutun wäre überall neuer Mischwald entstanden, nur in den höheren Lagen sei stellenweise wieder ein fast reiner Fichtenwald hochgewachsen. Natürlich möchte ich von Thomas Hauck wissen, was das Geheimrezept für diese sensationelle Entwicklung war.

»Vertrauen in die Kräfte der Natur ist dabei ganz wichtig. In der Regel sind wir zu ungeduldig und greifen zu schnell in die natürlichen Abläufe ein. Damit Mischwald entstehen kann, müssen noch Samenbäume vorhanden sein. Darüber hinaus halten wir den Wildbestand für einen ganz entscheidenden Faktor. Wir haben den Abschuss von Rehen sehr stark erhöht und dadurch erreicht, dass sich auch die empfindliche Weißtanne ohne Schutz gegen Wildverbiss verjüngen kann. Vor Lothar hatten wir 36 Prozent Laubbaumanteil im Stadtwald, jetzt sind es 52 Prozent!«

Zwar habe ich den Eindruck, dass der Stadtwald Baden-Baden ganz gut durch die Dürre gekommen ist, dennoch interessiert mich, wie Thomas Hauck dessen Zukunft sieht. Ich wage mich an eine persönlichere Frage: »Haben Sie Angst um den Ihnen anvertrauten Wald?«

»Natürlich macht sich die Klimakrise auch hier bei uns im Stadtwald bemerkbar, und diese Frage beschäftigt mich intensiv. Allerdings denke ich, dass sich unser vielfältiger, gemischter Wald auch in Zukunft als stabil erweisen wird. In der Naturverjüngung haben wir zahllose Jungbäume, die bereits unter den neuen Bedingungen aufwachsen. Darunter werden sicher viele sein, deren genetische Ausstattung es ihnen ermöglicht, auch in einem trockeneren Klima zurechtzukommen. Nicht zuletzt wird ihnen dabei unsere schonende Bewirtschaftung helfen, die vermeidet, das Waldinnenklima zu stören.«

Nach den erschreckenden Bildern, die ich in der Rheinebene gesehen habe, lässt mich eine solche Aussage neuen Mut fassen, was die Zukunft unseres Waldes angeht.

Erst gegen 17:30 Uhr verabschieden wir uns, und ich setze meine Wanderung mit Jannis vom Stadtmuseum aus fort. Die Sonne ist jetzt wieder hervorgekommen, und es ist ein schöner Abend. Nach zwei Stunden Aufstieg erreichen wir die einfache Herrenacker Hütte, zu der uns Thomas Hauck den Schlüssel gegeben hat und wo wir die Nacht verbringen wollen. An den Wänden hängen ausgestopfte Auerhähne und ein Hirschgeweih. Es ist zwar ziemlich frisch, aber nicht so kalt, dass es sich lohnen würde, den Holzofen anzumachen. Immerhin ist es wärmer als draußen, und am Tisch lässt es sich auch bequemer schreiben als auf meiner Matte.

Am nächsten Morgen schlagen wir einen unmarkierten Pfad ein, den uns Thomas Hauck gestern empfohlen hat. In den beeindruckenden Mischwäldern mit riesigen Tannen, aber auch vielen Buchen erfahren wir so richtig Waldeinsamkeit, die selbst im dicht besiedelten Deutschland noch zu finden ist. Es ist eben ein ganz anderes Gefühl, wenn man sich durch einen Wald bewegt, in dem keine Zivilisationsgeräusche ans Ohr gelangen und nirgendwo Zeichen unseres modernen, hektischen Lebens zu sehen sind. Für mich gibt es keine Zweifel daran, dass Wald, Einsamkeit und Wildnis unserer Seele guttun!

Schließlich gelangen wir in den erst 2014 ausgewiesenen, aus zwei getrennten Teilflächen bestehenden Nationalpark Schwarzwald. Der Wildnispfad führt durch einen großen Bereich, in dem fast alle Bäume beim Sturm Lothar 1999 umgefallen sind. Die Fläche wurde damals nicht geräumt, sodass man auch heute noch an vielen Stellen über umgestürzte Bäume klettern muss. Von der Badener Höhe mit ihrem Aussichtsturm blicken wir über den Wald bis in die Rheinebene. Leider ist es ziemlich diesig, sodass mich die Aussicht nicht besonders begeistert.

Als wir ins Tal nach Herrenwies absteigen, wandern wir durch einen eindrucksvollen Nadelwald mit majestätischen Tannen und Fichten, unter denen Jungbäume unterschiedlicher Höhe wachsen. Eigentlich bin ich ja eher ein Freund der Laubbäume, aber die Nadelwälder des Schwarzwalds sind wirklich beeindruckend. Vor allem die mächtigen, in den Himmel ragenden Weißtannen mit ihren sattgrünen Kronen haben es mir angetan. Der Name Schwarzwald passt ganz hervorragend zu diesen dunklen Waldbergen. Zwar tauchen ab und an auch einige Borkenkäferflächen auf, aber insgesamt wirkt der Wald noch weitgehend intakt.

Jannis und ich schlagen unser Nachtlager an einem Hang außerhalb des Nationalparks auf. Es ist eine relativ milde Nacht, und doch sind die Wiesen im Tal am nächsten Morgen frostweiß. Bald aber taucht die über den Hügeln hervorblitzende Sonne die Landschaft in ein warmes Licht. Schilder verraten, dass Jannis und ich nun im Privatwald der Murgschifferschaft sind. Hier wurden einst riesige Tannen geschlagen und für den Schiffbau nach Holland transportiert. Im Privatwald gelten in Deutschland übrigens dieselben Bestimmungen wie im öffentlichen Wald. So darf der Wald mit Ausnahme von Anpflanzungen und Bereichen, in denen Bäume gefällt werden, unbeschränkt betreten werden – und das, obwohl es sich um private Grundstücke handelt. Das ist im Vergleich zu vielen anderen Ländern ein großes Stück Freiheit, was man gar nicht hoch genug schätzen kann!

Nachdem ich mich in Schönmünzach von Jannis verabschiedet habe, steige ich wieder auf zum südlichen, größeren Teil des Nationalparks. Auf einem Forstweg gelange ich zum Huzenbacher See, einem dunklen Moorgewässer, das immerhin auf 747 Meter Höhe liegt. Von hier führt ein Steig durch urwüchsigen Nadelwald bergauf. Zwar entdecke ich auch immer wieder von Borkenkäfern getötete Fichten, aber darunter wächst bereits die nächste Waldgeneration. In den Hochlagen des Schwarzwalds sind die Wege noch teilweise schneebedeckt. Pestwurz und Huflattich, die in tieferen Lagen längst verblüht sind, tragen noch ihren vollen Schmuck.

Am Infozentrum Ruhestein treffe ich mich mit Chefranger Urs Reif, einem studierten Biologen. Wir unternehmen einen kleinen Spaziergang, bei dem ich allerhand über den Nationalpark erfahre. Wie der Nationalpark Eifel ist auch der Nationalpark Schwarzwald in einem ziemlich naturfernen Zustand. Ohne menschliches Zutun hätte die Fichte hier einen Anteil von lediglich 10 bis 30 Prozent am Baumbestand, dominiert heute aber durch die lange forstwirtschaftliche Förderung mit etwa 70 Prozent. Vor allem die Buche fehlt leider zumeist in den höheren Lagen. Allerdings geht man davon aus, dass sich Buche und Tanne zulasten der Fichte wieder ausbreiten werden, das kann aber Jahrhunderte dauern. Auch die ehemaligen Bergweiden, über die ich meine Wanderung fortsetze, sind menschengemacht – sie werden heute vom Nationalpark offen gehalten, um diesen besonderen Lebensraum zu erhalten.

DER PLENTERWALD ALS VORBILD FÜR DIE NATURNAHE WALDBEWIRTSCHAFTUNG

Es ist nicht mehr weit bis zum Treffpunkt für meinen morgigen Termin, daher mache ich einen kleinen Umweg und steige im Tal der Murg abwärts. Auf einem Absatz über dem schäumenden Bach finde ich schließlich einen guten Platz für mein Cowboycamp. Da die Holzernte in der Schlucht immer schon sehr schwierig war, hat sich ein eindrucksvoller Mischwald aus Buchen, Ahornen und mächtigen Tannen erhalten, unter denen ich eine ruhige Nacht verbringe.

Am nächsten Tag treffe ich mich gegen Mittag an der Alexanderschanze mit Susanne Kaulfuß, die das Kreisforstamt Freudenstadt leitet, und Revierleiterin Helgard Gaiser. Gemeinsam fahren wir in die bäuerlichen Plenterwälder des Wildschapbachtals. In einem Plenterwald wachsen Bäume jeden Alters und jeder Größe bunt nebeneinander. Was heute in vielen naturnah arbeitenden Forstbetrieben angestrebt wird, entstand hier quasi durch Zufall: Die waldbesitzenden Bauernhöfe brauchten zwar regelmäßig Holz, aber nie so viel auf einmal, dass ein Kahlschlag nötig war. Der Waldboden in diesen Gebieten war somit nie völlig freigelegt, und das Waldinnenklima blieb großräumig erhalten. Auf dem Luftbild, das die beiden mir zur Einleitung zeigen, sind die Plenterwälder als großer grüner Block klar abgegrenzt von den durch die Stürme der letzten Jahrzehnte durchlöchert wirkenden Wäldern drum herum.

Von der Revierförsterin Helgard Gaiser, einer schlanken, sportlichen Frau um die 40, möchte ich wissen, ob der Plenterwald tatsächlich so etwas wie eine Insel der Stabilität ist, und erfahre, dass es doch ein paar Probleme gibt.

»Zu einem Bergmischwald, der hier natürlicherweise wachsen würde, gehören auch Laubbäume wie Buchen und Bergahorne. Diese sind aber kaum noch vertreten, weil sie einen geringeren wirtschaftlichen Wert haben«, erzählt Helgard Gaiser. »Für Bodenqualität, Bestandsklima und Stabilität wären sie aber sehr wichtig. Manche Besitzer schlagen auch zu wenig Holz ein, das führt langfristig dazu, dass sich das Kronendach wieder schließt und das Miteinander von großen und kleinen Bäumen verschwindet, da gerade Letztere zu wenig Licht bekommen. Zum Erhalt der Plenterstruktur aus Bäumen verschiedenen Alters und unterschiedlicher Höhe sind regelmäßige Baumfällungen erforderlich. Während im Altbestand der Tannenanteil bei über 50 Prozent liegt, kommt diese für den Plenterwald sehr wichtige Baumart in der Verjüngung hier immer seltener vor. Das liegt vor allem am hohen Wildverbiss, obwohl die Besitzer selbst jagen. Na ja, und auch wenn Stürme und Borkenkäfer es im Plenterwald viel schwerer haben, ganz vor Katastrophen gefeit ist er natürlich nicht. So mache ich mir langfristig Sorgen um den Fichtenbestand, auch wenn es bisher nur wenig Borkenkäferschäden gibt.«

Obwohl der Plenterwald viele dicke Bäume aufweist, fehlen die echten Giganten von mehr als einem Meter Durchmesser. Allerdings gibt es in Baden-Württemberg seit Kurzem staatliche Förderung für Habitat- und Methusalembäume im Privatwald. Daher hoffe ich, dass in Zukunft auch hier die eine oder andere Tanne ihr natürliches Alter erreichen darf. Im Wirtschaftswald dürfen die Bäume in der Regel nur weniger als die Hälfte ihres natürlicherweise möglichen Alters erreichen, da ansonsten das Risiko von durch Pilze hervorgerufener Fäule steigt, die das Holz entwertet. Doch alte, langsam verfaulende Bäume sind unverzichtbare Lebensräume für eine Fülle an Lebewesen von Pilzen über Flechten bis zu Käfern. Will man die ganze Vielfalt des Lebens im Wald erhalten, muss man darauf bei der Bewirtschaftung Rücksicht nehmen, und dazu gehört das bewusste Stehenlassen solcher Baumindividuen. Dabei weisen Habitatbäume bereits spezielle Lebensraumeigenschaften auf, während Methusalembäume besonders alt und eindrucksvoll sind.

Nachdem wir an einem Aussichtspunkt auf einem exponierten Felsen Kaffee getrunken haben, bringen mich die zwei zurück zur Alexanderschanze, von wo ich weiterwandere, bis ich in der Nähe von Schapbach schließlich unter einer mächtigen Tanne einen guten Lagerplatz finde.

Am nächsten Morgen begegne ich schon bald nach dem Aufbruch einer jungen Frau. Als ich sie anspreche, ist sie zunächst etwas zurückhaltend, lässt sich dann aber doch auf ein Gespräch ein. Sie stellt sich als Laura vor, und auf meine Frage, was sie so früh am Morgen mit einem schwer bepackten Mountainbike hier mache, erzählt sie: »Ich bin Lehrerin und gerade im Sabbatjahr. Eigentlich hatte ich vor, nach Südamerika zu reisen, aber Corona hat mir einen

Strich durch die Rechnung gemacht. Jetzt bin ich eben in Deutschland unterwegs und finde es super. Ich habe gar nicht gewusst, dass wir so schöne und einsame Waldgebiete haben. Hunsrück und Pfälzerwald fand ich großartig, aber auch im Schwarzwald ist es toll.«

Ich möchte gern wissen, ob sie denn auch bemerkt habe, wie sich unsere Wälder seit 2018 verändert hätten. Sie nickt nachdenklich. »Ich komme aus dem Sauerland und habe dort live mitbekommen, mit welcher Rasanz ganze Berghänge abgestorben sind. Das macht mich sehr traurig. Glücklicherweise sehe ich auf meiner Fahrradtour, dass es auch noch ziemlich intakte Waldgebiete gibt. Hoffentlich bleibt das so!«

Nach dem netten Gespräch laufe ich beschwingt weiter und komme bald zum Glaswaldsee, dem bislang schönsten Schwarzwaldsee auf meiner Tour. Es ist windstill, und die dunklen Tannen am Ufer spiegeln sich in dem einsamen Gewässer. Auf meinem weiteren Weg durch die weiten Wälder wurde an zwei Stellen frisch Holz geerntet, und würziger Harzgeruch liegt in der Luft. Obwohl viele, ziemlich dicke Stämme am Wegesrand aufgestapelt sind, sieht man den Eingriff dem Wald nicht an, da nur wenige Bäume pro Hektar gefällt wurden. So sollte Forstwirtschaft sein!

Plenterwälder, die den gestern gesehenen ähneln, wechseln sich mit einförmigen Fichtenbeständen ab, in denen alle Bäume gleich alt und ähnlich hoch sind. Mitunter ist der Übergang zwischen Plenterwald mit vielen Tannen und reinen Fichtenbeständen ohne große Bodenvegetation scharf. Die Ränder früherer Kahlschläge zeichnen sich deutlich vor meinem inneren Auge ab.

Auf meinem Weg ins Kinzigtal erwartet mich auf lediglich 200 Meter Höhe schon richtig Frühling. Die Wiesen sind sattgrün, Löwenzahn, Äpfel und Birnen blühen. Eidechsen rascheln am Wegesrand, und ein Roter Milan kreist nicht weit entfernt. Es ist angenehm warm, sodass ich nur in T-Shirt und kurzer Hose laufe. Unter einem herrlich azurblauen Himmel ist es eine Freude, in das linde

Frühlingsgrün hineinzuwandern! Durch ausgedehnte Buchenbestände, in denen Grau- und Schwarzspechte rufen, gelange ich zum Großen Grassert, wo ich bereits um 17 Uhr mein Lager in einem alten Buchenwald aufschlage. Das Wetter ist perfekt, ich liege einfach nur auf dem Rücken und schaue in die Baumkronen. Ich kann mich an den frischen Buchenblättern kaum sattsehen!

Am nächsten Morgen treffe ich mich mit Dr. Hermann Rodenkirchen, der Professor für Bodenkunde an der forstwissenschaftlichen Fakultät in München war und den 228 Hektar großen Wald auf dem Großen Grassert seit 1994 nach den Grundsätzen der ANW bewirtschaftet. Natürlich interessiert mich sehr, was der Bodenkundler zum Thema Wald und Boden zu sagen hat, und ich frage gezielt nach: »Ich finde die Mischbestände aus Buche und Tanne bei Ihnen sehr eindrucksvoll, dagegen haben mir aber Laubbäume in den Plenterwäldern des Mittleren Schwarzwalds ziemlich gefehlt. Wie sehen Sie aus bodenkundlicher Sicht die Beimischung der Buche?«

»Ich halte sie für extrem wichtig, da Buchenlaub zur Bodenverbesserung beiträgt. Die Buntsandsteinböden hier sind relativ nährstoffarm und wurden durch jahrhundertelange Übernutzung weiter geschädigt, was sich beispielsweise in einem Magnesiummangel zeigt.«

Natürlich möchte ich auch die Ansichten des Experten zum Großmaschineneinsatz hören.

»Die Befahrung der Waldböden hat gravierende Auswirkungen und muss so weit wie möglich reduziert werden«, erklärt Hermann Rodenkirchen. »Daher haben wir auf dem Großen Grassert den Abstand der Fahrlinien auf 40 Meter verdoppelt und das ganze Netz digitalisiert, um sicherzustellen, dass auch dauerhaft immer nur dieselben Rückegassen benutzt werden.«

Aus meiner Sicht ist das ein vorbildliches Vorgehen, was aber leider noch längst nicht überall Standard ist. In den Kronen der alten

Eichen und Buchen gibt es etliche abgestorbene Äste, und einige Tannen sind nach Borkenkäferbefall abgestorben, deshalb frage ich den ehemaligen Professor relativ direkt: »Haben Sie Angst um Ihren Wald?«

»Na ja, etwas besorgt bin ich schon«, gesteht er. »Aber ich bin auch zuversichtlich, dass unser gemischter Wald im Klimawandel stabil bleiben wird!«

Nach vier Stunden, die wie im Flug vergehen, verabschieden wir uns, und ich setze meine Wanderung fort. Lange laufe ich durch den kühlen Wald, komme dann aber immer wieder an Höfen vorbei, die traumhaft inmitten saftig grüner Wiesen liegen, vor der Kulisse aus je nach Laubbaumanteil dunklen oder hellgrünen Wäldern. Dazu zirpen bereits die Grillen. Der späte April ist herrlich! Zu Sonne und strahlendem Himmel weht eine frische Brise, und ich bin froh, als ich ein halbwegs geschütztes Plätzchen in einem Buchenwald finde, an dem ich mein Lager aufschlagen kann. Der Abendhimmel verfärbt sich von Orange zu Lila, ich schaue, auf dem Rücken liegend, in die Baumkronen, ein Waldkauz streicht lautlos über mich hinweg. Ich bin ein Teil des Waldes!

IM SCHNEE AUF DEN FELDBERG

Als am nächsten Tag ein großer, schneebedeckter Berg in einiger Entfernung vor mir auftaucht, stutze ich zunächst, bis mir klar wird, dass das der Feldberg ist, den ich in einigen Tagen erreichen will!

Die Höhenunterschiede im Schwarzwald sind teilweise sehr groß. So steige ich ins Enztal bis auf 300 Meter ab, um bald darauf hinter Dobel lange Zeit wieder bergauf zu wandern. Das ist der bisher anstrengendste Anstieg, und ich bin froh, als das Gelände abflacht und ich einem Bergkamm weiter nach oben folgen kann. Nachdem gestern schon fast sommerliche Temperaturen herrschten, lande ich am nächsten Tag oberhalb von 1000 Meter Höhe wieder im Vorfrühling. Die Pfade sind stellenweise schneebedeckt, und die Buchenblätter stecken größtenteils noch in ihren Knospen.

Erst als ich die Einzelhöfe einer Hochfläche namens Platte erreiche, verlasse ich kurz den Wald. Einige Informationstafeln verraten etwas über die Geschichte der für den Schwarzwald typischen weit verstreut liegenden Höfe. Obwohl hier Vieh gehalten wurde, gab es früher im Sommer nur Fleisch, wenn eine Kuh sich verletzt hatte und notgeschlachtet werden musste. Man konnte größere Fleischmengen ohne Kühlschrank nur schwer haltbar machen. Heute konsumieren die meisten Leute fast täglich Fleisch, ihnen ist gar nicht bewusst, dass das vor noch gar nicht langer Zeit ein seltener Luxus war! Neben der Umstellung der Energieerzeugung ist die Ernährung extrem wichtig für den Klimaschutz. Im Vergleich zur Produktion von pflanzlichen Lebensmitteln ist die Fleischerzeugung um ein Vielfaches klimaschädlicher. Weniger oder sogar gar kein Fleisch zu essen ist daher tatsächlich eine wirkungsvolle Maßnahme zum Klima- wie zum Waldschutz. So stammt beispielsweise ein großer Teil des weltweit konsumierten Rindfleisches aus Brasilien, wo die Weiden häufig in gerodetem Regenwald angelegt werden.

Hinter dem Langeckhof beginnt der Abstieg ins Zweribachtal. Auf fast 100 Hektar Fläche wird der hiesige Wald schon seit langer Zeit nicht mehr genutzt und vermittelt eine Ahnung davon, wie große Teile des Schwarzwalds früher ausgesehen haben könnten. Die Weißtannen dominieren, es gibt aber auch Buchen, Fichten und Bergahorn. Die steilen, mit Felsbrocken übersäten Flächen waren wahrscheinlich schon immer relativ schwer zu bewirtschaften, daher ist hier ein Wald erhalten geblieben, der den natürlichen Verhältnissen wohl recht nah kommt. Der Zweribach stürzt über drei Stufen von bis zu 15 Meter Höhe in die Tiefe und verleiht dem Tal eine zusätzliche wilde Note.

Weiter geht es ins Schönbachtal, von wo ich dann wieder aufsteige und hinter einem Aussichtspunkt an einen Teich gelange. Ich nehme leise, helle Töne wahr und schaue mir das Gewässer genauer an. Unmengen von Erdkröten sind bei der Paarung! Oft hocken die kleineren Männchen huckepack auf den Weibchen. Mitunter versuchen andere Männchen, sich ebenfalls einen Platz zu erobern, dabei kommt es zu einem ganz netten Getümmel. Teilweise sind die Eier auch schon mit schnurförmigen Fäden an Wasserpflanzen aufgehängt, in einigen Wochen werden Kaulquappen aus ihnen schlüpfen.

Am Nachmittag endet die lange Schönwetterperiode, die ich im Schwarzwald genießen durfte, und es regnet in Strömen. Glücklicherweise finde ich Unterschlupf in einer alten Hütte mit moosbedecktem Dach.

In Hinterzarten treffe ich mich zwei Tage später mit Caroline und Maja, die die Greenpeace-Gruppe Freiburg vertreten und mit mir auf den Feldberg wandern wollen. Die Temperatur beträgt lediglich zwei Grad, und es fällt ein leichter Dauerregen, der aber unserer guten Laune keinen Abbruch tut. Immer wieder drehen wir kleine Videos zu verschiedenen Waldthemen, vom Umgang mit Borkenkäferflächen bis zur Bedeutung von Mischwald, bei denen mich die jungen Frauen interviewen. Tatsächlich wurden auch hier einige Flächen von Borkenkäferfichten geräumt. Oft ist aber schon die neue Mischwaldgeneration aus Buchen, Ahornen, Tannen und Fichten vorhanden. So soll es sein!

Weiter oben beginnt das Naturschutzgebiet Feldberg, welches bereits 1937 auf 4000 Hektar Fläche ausgewiesen wurde, aber größtenteils noch forstwirtschaftlich genutzt wird. Auf Teilflächen, die als Bannwald ausgewiesen sind, wie die »Urwälder von morgen« in Baden-Württemberg heißen, werden aber schon seit Langem keine Bäume mehr gefällt, und es hat sich ein uriger, offener Bergfichtenwald mit einigen Buchen und Bergahornen entwickelt. So ein natür-

licher Fichtenwald sieht ganz anders aus als die gepflanzten Fichtenbestände. Er ist viel abwechslungsreicher und offener, mit alten und
jungen Bäumen nebeneinander sowie vielen kleinen Lichtungen.

Und dann stehen wir plötzlich im Schnee. Der Regen ist jetzt
sehr unangenehm, und im Nebel auf dem Plateau ist fast nichts zu
erkennen, daher lassen wir den Gipfel des Feldbergs aus. Etwas später verabschiede ich mich von meinen Begleiterinnen, die mit dem
Bus zurück nach Hinterzarten fahren, und laufe durch den Regen
zur Wasserlochhütte, die mir Schutz vor der garstigen Witterung
bietet. In der Nacht geht der Regen in Schnee über, und auch am
Morgen fallen noch dicke weiße Flocken vom Himmel – und das
am 2. Mai!

DIE SCHÖNSTE SCHLUCHT
DEUTSCHLANDS

Am Schluchsee gelange ich auf den Schluchtensteig, einen 119 Kilometer langen Weitwanderweg, dem ich ab jetzt folge. Hinter dem
See geht es bergauf zum Bildstein, einer Felsenkanzel, die schöne
Ausblicke gewähren soll. Und tatsächlich: Just als ich oben bin, he-
ben sich die Wolken, und die Sonne kommt langsam hervor. Weit
schweift mein Blick über die nadelwaldbedeckten Erhebungen. Im
Hintergrund lugt sogar ein Stück des schneebedeckten Feldbergs
hervor.

Nachdem ich Lenzkirch passiert habe, erreiche ich die Wutach.
Diese bildet eine sehr eindrucksvolle Schlucht, die sich wie eine
Art Mini-Grand-Canyon durch alle geologischen Schichten Baden-
Württembergs schneidet. Entsprechend vielfältig sind Flora und
Fauna des Gebiets. Ein wahres Paradies für Naturliebhaber! Kurz
bleibt der Pfad unmittelbar am Ufer des etwa zehn Meter breiten

Flusses, verläuft dann aber hoch am Hang. Fichten überwiegen zunächst, aber der Wald ist sehr abwechslungsreich, mit Haselstrauchpartien, einzelnen Buchen, Ahornen und Tannen.

Hinter der Schattenmühle wird das Tal noch großartiger. Während die meisten Bäume noch nicht ausgetrieben haben, blühen Schlehen, Pestwurz, Schlüsselblumen und Buschwindröschen noch. Hier im Kalkstein ist die Vegetation viel üppiger als am Oberlauf der Wutach, und Quellen stürzen über dicke Moospolster.

Immer wieder führt mich der Pfad in steile Felswände, die grandiose Ausblicke auf den Flusslauf bieten. Die losen Hänge sind ziemlich instabil, weshalb viele Bäume umgefallen sind und nun den Pfad blockieren. Glücklicherweise lassen sich die Hindernisse problemlos überklettern. Als ich schließlich mein Nachtlager in einer Schutzhütte aufschlage, fühle ich mich richtig glücklich – heute war sicher einer der spektakulärsten Wandertage bisher! In ganz Deutschland gibt es keine andere Schlucht, die auf 30 Kilometer Länge derart abwechslungsreich ist, mit einem naturnahen Flusslauf, Kiesbänken, steilen Felswänden und beeindruckenden Bäumen.

Pünktlich um zehn erreiche ich am nächsten Tag Blumberg am Südostrand des Schwarzwalds, wo ich mich mit Andrea Bottaro von der Waldinitiative Renningen treffe, die vorgestern angefragt hat, ob sie ein Stück mitlaufen dürfe. Die Waldinitiative möchte sich für eine naturnahe Bewirtschaftung ihres Stadtwalds einsetzen, daher bin ich gern bereit, der lebhaften Frau ein paar Tipps zu geben.

Im Wald können wir uns anhand konkreter Beispiele intensiv darüber unterhalten, welche Möglichkeiten es gibt, auf die Waldbewirtschaftung in Renningen einzuwirken. Ich erfahre, dass im Stadtwald demnächst die Forsteinrichtungsplanung ansteht, ein extrem wichtiges Ereignis, mit dem die Weichen für die Waldentwicklung der nächsten zehn Jahre gestellt werden. Während bis vor Kurzem solche Planungen unter Ausschluss der Öffentlichkeit stattfanden, ist dies heute vielerorts anders. Auch Andrea und die Waldinitiative Renningen möchten daran teilhaben. »Uns liegt der Wald sehr am Herzen«, erzählt sie mir. »Aber da wir Laien sind, haben wir oft das Gefühl, dass wir bei Diskussionen über die Waldbewirtschaftung nicht wirklich mitreden können.«

Ich nicke – dass Förster gern in ihrem Fachjargon reden, ist mir nur zu bewusst. »Forstwirtschaft ist aber keine Atomphysik«, beruhige ich sie. »Man kann sich sehr gut ein wenig in das Thema einarbeiten. Abgesehen davon sind die wesentlichen Dinge, die sich fast überall ändern sollten, einfach und von jedem nachvollziehbar: Reine Nadelwälder müssen so schnell wie möglich zu Mischwald werden. Alte Laubbaumbestände dürfen nur noch sehr vorsichtig bewirtschaftet werden, der Rückegassenabstand sollte mindestens 40 Meter betragen. Ein Netz von einzelnen Altbäumen, die nie gefällt werden und Habitate für viele Lebewesen darstellen, ist wichtig, und schließlich sollte man auch einen Teil des Walds ganz aus der Nutzung herausnehmen, da ein bewirtschafteter Wald nie alle Eigenschaften eines Naturwalds aufweisen kann.«

Meine Vorschläge stoßen bei Andrea auf offene Ohren, und ich bin gespannt, wie weit die Waldinitiative mit ihren Plänen kommen wird. Eine wichtige Voraussetzung dafür, dass man etwas erreichen kann, besteht schon jetzt, wie ich von der positiv wirkenden und gut gelaunten Andrea erfahre: »Zwar gibt es teilweise unterschiedliche Auffassungen, aber eigentlich streben wir eine gute Zusammenarbeit mit den Förstern an. Uns ist klar, dass wir nur etwas erreichen, wenn wir alle an einem Strang ziehen.«

Etwas später entdecken wir dann aber doch ein Beispiel dafür, wie Forstwirtschaft nicht sein sollte: Entlang eines Wegs wurden alle alten Buchen gerade erst gefällt, nicht mal ein Alibirest an Habitatbäumen wurde erhalten. Es ist traurig, nur noch junge Buchen zu sehen, wo vor Kurzem noch ein richtiger, alter Wald stand. Solche Aktionen entspringen einem Waldverständnis, das rein auf

Nutzholzerzeugung fixiert ist. Genau das muss sich ändern, und ich hoffe sehr, dass Bürgerinitiativen wie in Renningen dazu beitragen werden.

DURCH SCHWÄBISCH SIBIRIEN

Bei Gutmadingen habe ich die Donau erreicht, nach Rhein und Mosel der dritte große Fluss auf meiner bisherigen Wanderung. Hinter Geisingen geht es wieder in den Wald, der hier schon zur Schwäbischen Alb gehört, wie das Kalkgestein und die Wacholderheide am Waldrand zeigen. Auf einem Radweg gelange ich nach Tuttlingen, wo der Nordrand-Weg beginnt, der dem Steilabfall der Schwäbischen Alb über 360 Kilometer folgt. Nach einem kräftigen Anstieg erreiche ich den Rand des Plateaus. Häufig verläuft der Weg auf schönen Pfaden, die manchmal zu Aussichtspunkten führen. Bis zu den verschneiten Höhen der Schweizer Berge reicht der Blick!

Leider ist es ziemlich windig und regnet, daher bin ich froh, als ich eine kleine, offene Schutzhütte am Rand eines Steinbruchs erreiche. Allerdings freue ich mich zu früh, da der Wind bald zum Sturm wird und den Regen in die Hütte hineintreibt. Glücklicherweise gelingt es mir, mein Tarp als Vorhang anzubringen, und so bin ich besser geschützt. Der Betonboden ist mir zu kalt und hart zum Schlafen, daher rolle ich mich auf der schmalen Bank zusammen. Das funktioniert auch ganz gut – bis ich gegen Morgen hinunterplumpse. Eingerollt in meinem Schlafsack, habe ich beim Drehen nicht daran gedacht, wie schmal die Bank ist ...

Das grausige Wetter bleibt mir erhalten: Schneeschauer und Sonnenschein wechseln sich ab, als ich den Lemberg erreiche, mit 1016 Metern der höchste Punkt der Schwäbischen Alb. Auf dem Aussichtsturm habe ich fast das Gefühl, weggeblasen zu werden, so heftig windet es. Die Wälder bestehen hier zu einem Großteil aus

Fichten, aber oft sind auch Tannen dabei. An diesen Stellen findet sich meist dichte Naturverjüngung dieser Baumart. Das gilt auch für die Buche, solange es noch einige Samenbäume in der Nähe gibt. Fast scheint es, dass der ursprüngliche Wald aus Buchen, Tannen und Bergahornen mit Macht zurückkehren will.

Während mir das Wandern normalerweise viel Spaß macht und leichtfällt, schleppe ich mich am nächsten Tag eher dahin. Das Wetter ist weiterhin nass, kalt und ungemütlich. Außerdem schmerzen meine Knie, was mir selten passiert. Meine Motivation fällt auf den Tiefpunkt, als der Regen ab Mittag richtig heftig wird und mich nach und nach ziemlich durchnässt. Als eine Unterkunft am Weg auftaucht, kann ich nicht widerstehen und frage nach einem Zimmer. Leider ist alles ausgebucht, und ich werde wieder in den Regen geschickt. Man kann sich meine Enttäuschung kaum vorstellen. Beim Anblick des Hotels war ich so froh, endlich aus dem fiesen Regen herauszukommen, und jetzt muss ich in meinen mittlerweile klitschnassen Sachen weiter durch den grauen Wald tapsen. Echt unangenehm …

Glücklicherweise erreiche ich bald die Schutzhütte am Zeller Horn, die in den Berghang gebaut wurde. Eigentlich ist die Umgebung hier wunderschön, aber heute Nachmittag ist die Märchenburg Hohenzollern durch die Regenvorhänge kaum zu erkennen. Während ich komplett durchnässt bin, sind der wasserdicht verpackte Schlafsack und meine Ersatzkleidung zum Glück trocken geblieben. Nachdem ich mich umgezogen habe, wird mir auch rasch wärmer. So lässt es sich schon besser aushalten. Denn auch wenn dies vielleicht nicht gerade der gemütlichste Platz ist, bin ich doch sehr erleichtert, nicht mehr den Elementen ausgesetzt zu sein.

Später besuchen mich noch ein Rotkehlchen und ein Eichhörnchen, die sich wohl auch unterstellen wollen. Dagegen sind die Hüttenmäuse wohl eher ständige Gäste, sie tauchen immer wieder auf, weil sie es auf mein Müsli abgesehen haben …

Als ich früh am Morgen wieder in meine nassen Sachen steige und weiterlaufe, glaube ich meinen Augen kaum zu trauen. Der Regen geht in dichtes Schneetreiben über! Selbst die Hinweisschilder sind bald mit Weiß überdeckt, sodass ich einmal ein ganzes Stück in die falsche Richtung laufe. Am Morgen des 7. Mai wandere ich durch eine komplette Winterlandschaft! In meinen nassen Klamotten ist es unangenehm kalt, sodass ich das außergewöhnliche Schneetreiben gar nicht genießen kann. Immerhin tröstet mich die Aussicht, bald im Warmen zu sitzen: Von Jungingen aus werde ich mit der Bahn nach Stuttgart fahren, wo ich bei Anke das Exposé für mein geplantes Buch schreiben möchte, um damit bei Verlagen Interesse für mein Waldbegeisterungsprojekt zu erregen.

In Stuttgart bekommt dann auch meine Ausrüstung einen neuen Schliff: So schlafe ich ab jetzt in einem nur 700 Gramm schweren Daunenquilt, der meinen dicken Winterschlafsack ersetzt. Mein undichtes Tarp tausche ich gegen eine neue Plane. Am wichtigsten ist aber ein neuer Rucksack, da die Schultergurte des alten fast abgerissen waren. Nach einer knappen Woche fahre ich zurück nach Jungingen und setze meine Wanderung über die Schwäbische Alb fort. Der Frühling hat inzwischen deutlich an Fahrt aufgenommen. Die Wiesen sind gelb von Hahnenfuß und Löwenzahn, aber die Buschwindröschen am Waldrand blühen immer noch.

Bei Zwiefalten überquere ich wieder die Donau. Damit liegt die Schwäbische Alb hinter mir, und ich wandere durch die Agrarlandschaft Oberschwabens mit ihren riesigen, blühenden gelben Rapsfeldern. Mit dem Wurzacher Ried erreiche ich eine unerwartete, von der letzten Eiszeit hinterlassene Moorlandschaft. Leider regnet es in Strömen, sodass ich die abwechslungsreiche Landschaft aus Schilfflächen, Heide und Birkenwäldern gar nicht richtig genießen kann. Einst hat es hier sogar eine Eisenbahnlinie gegeben, um den als Brennstoff abgebauten Torf abzutransportieren, aber offenbar ist der größte Teil des Gebiets weitgehend unberührt geblieben.

Hinter Bad Wurzach regnet es nicht mehr, sondern schüttet wie aus Eimern. Gott sei Dank finde ich Zuflucht unter einem überhängenden Hausdach. Ich befinde mich jetzt bereits in der typischen Allgäulandschaft aus grünen Wiesen, Fichtenwäldern und verstreuten Bauernhöfen. Bei der Nässe wirkt alles wie frisch poliert. Trotz des Regens freue ich mich schon sehr auf die nächsten Tage, in denen ich die Bayerischen Alpen erreichen werde. Ich liebe Berge, daher wird das bestimmt ein weiteres Highlight meiner Wanderung.

BAYERN UND THÜRINGEN

Vom Ammergebirge über den Bayerischen Wald in den Thüringer Wald und weiter durch Steigerwald und Spessart in die Rhön

Bisher zurückgelegte Strecke

1788 km

Zeitraum

Jan	Feb	Mrz	Apr	Mai	Jun	Jul	Aug	Sep	Okt	Nov	Dez

Waldanteil

Bayern   Thüringen

EIN NEUER NATIONALPARK UND DER
GRÖSSTE EIBENWALD DEUTSCHLANDS

In Bayern begrüßt mich das Waldgebiet der Adelegg mit steilen Hängen und üppigen Bergwäldern. Es ist der erste Gebirgsstock der Voralpen, auf den ich treffe, der bereits sein Frühlingsgewand angelegt hat. Allerdings herrscht auch jetzt im Mai noch regelrechtes Aprilwetter. Manchmal gehen heftige Hagelschauer nieder, die den Waldboden in kurzer Zeit mit kleinen weißen Eiskugeln sprenkeln. Aber als ich dann den 1002 Meter hohen Wolfsberg erreiche, klart es kurzzeitig auf. Der aufsteigende weiße Dunst lässt das frische Grün der gerade ausgetriebenen Buchen noch intensiver erstrahlen.

Beim Aufstieg zum Dürren Bichl prasselt der nächste heftige Schauer auf mich herab, und ich stelle mich unter dem Schrägdach eines Hofs unter. Offenbar will ein pitschnasser Fuchs, der einige Meter entfernt auf einer Böschung auftaucht, ebenfalls hier Schutz suchen, doch er dreht rasch ab, als er mich bemerkt.

Als ich später auf Betzigau, einen kleinen Ort am Rand des Kempter Waldes, zumarschiere, färbt sich der Himmel hinter mir bedrohlich schwarz. Kaum habe ich die ersten Häuser erreicht, entlädt sich das Unwetter, und ich finde Schutz in einer Kirche. Wahrscheinlich wird das Gebäude irgendwann abgeschlossen, daher überwinde ich mich nach einer Stunde und laufe zurück in den Regen. Nicht allzu weit hinter dem Dorf erreiche ich das erste Waldstück und spanne rasch mein Tarp auf. Auf diese Weise bin ich bald wieder geschützt, obwohl der Regen weiter niederprasselt. Glücklicherweise ist mein neues Tarp wirklich wasserdicht!

Hinter Lengenwang wird das Wetter am nächsten Tag dann endlich schön, mit Sonne und abziehenden Wolken. Auf Asphaltwegen laufe ich in das malerische Tal der Lobach. Sattgrüne Wiesen, Einzelbäume und die immer näher rückenden Berge ergeben eine einmalige Kulisse. In den Alpen entstand vor einem Jahr die Idee zu meiner Wanderung, und jetzt bin ich den geliebten Bergen wieder ganz nah! Als ich gegen Abend einen Aussichtspunkt oberhalb von Rieden erreiche, habe ich freie Sicht auf das noch ziemlich verschneite Ammergebirge mit dem türkisgrünen Forggensee im Vordergrund. Kein Wunder, dass die Voralpenlandschaft so beliebt ist, die Gegend ist wunderschön!

In Rieden treffe ich mich mit Christian Bock, einem österreichischen Fotografen, der mich in den nächsten Tagen begleiten will, und mit Hubert Endhardt, dem Vorsitzenden des Fördervereins Nationalpark Ammergebirge. Christian ist ein Physiker Mitte 30, der seine Wissenschaftskarriere gegen ein Abenteurerleben eingetauscht hat. Er war bereits in Alaska und Sibirien unterwegs. Besonders geprägt aber hat ihn Kirgisistan, wo er vier Sommer und zwei Winter lang mit Pferden das Hochgebirge des Tienschan durchstreifte. Hubert Endhardt, ein sympathischer pensionierter Realschullehrer, setzt sich schon seit Langem für die Einrichtung eines Nationalparks im Ammergebirge ein. Nach wenigen Schritten erreichen wir das etwas versteckt liegende Haus von Hubert, wo wir von seiner Frau Regula freundlich aufgenommen werden und bei Wein, Reis und Curry noch lange zusammensitzen.

Nach dem Frühstück fahren wir am nächsten Morgen durch das Graswangtal zum Schloss Linderhof, dem kleinsten der drei Märchenschlösser des Bayernkönigs Ludwig II., von wo aus wir eine Wanderung zur 1352 Meter hohen Martinswand unternehmen. Zunächst folgen wir einem Forstweg, dann steigen wir durchs Gelände auf zum Kopf der Martinswand. Von dort bietet sich uns eine fantastische Aussicht über die Mischwälder rundherum, in denen das Laub der maigrünen Buchen einen starken Kontrast zum Dunkel der Tannenkronen bildet. Man könnte glauben, sich in einer richtigen Wildnis zu befinden!

Wir legen eine kleine Pause ein, und Hubert erklärt uns, warum das Ammergebirge sich so gut als Nationalpark eignet: »Ihr wisst ja, dass es in Deutschland schwer ist, ein Gebiet zu finden, das gleichzeitig groß und naturnah ist und daher als Nationalpark infrage kommt. Im Ammergebirge wäre das kein Problem, da es hier einen zusammenhängenden Block von mindestens 23 000 Hektar gibt, der von den Bayerischen Staatsforsten bewirtschaftet wird, unbesiedelt ist und lediglich von zwei Straßen unterbrochen wird. Einmalig in Deutschland! Auf der angrenzenden österreichischen Seite liegen weitere geeignete Gebiete, mit denen man vielleicht sogar einen grenzüberschreitenden Nationalpark realisieren könnte. Und das Ammergebirge ist in sehr naturnahem Zustand: Der ursprüngliche Bergmischwald aus Buchen, Fichten, Tannen und Bergahornen ist auf dem weit überwiegenden Teil der Waldfläche noch vorhanden.«

Ich unterbreche den enthusiastischen Hubert, denn mich interessiert, wie die Bevölkerung das Thema sieht. Hubert hat gleich eine Antwort parat: »In den hiesigen Landkreisen liegt die Zustimmung zu dem Nationalparkprojekt laut einer repräsentativen Umfrage bei 81 Prozent. Leider gibt es in den unmittelbar angrenzenden Gemeinden aber auch viele Gegner. Sie fürchten, dass der Nationalpark zu einer Keimzelle von Borkenkäferbefall werden könnte und dass die traditionelle Almwirtschaft verboten wird. Förster und Sägeindustrie sind wohl eher aus Prinzip gegen einen Nationalpark, denn sie wissen natürlich, dass es in dem bergigen Gelände schon immer schwierig und teuer war, Holz zu ernten. Außerdem ist das Ammergebirge bereits seit Langem ein Naturschutzgebiet, wo Forstwirtschaft nur eingeschränkt ausgeübt wird. Daher wäre es weder für die Sägeindustrie noch den bayerischen Staat ein großer Verlust, die Holznutzung ganz einzustellen. Und was die Borkenkäfer angeht: Natürlich wird es eine Pufferzone geben, in der Borkenkäfermanagement betrieben wird, sodass der Nationalpark keinen Infektionsherd darstellen kann. Wie im Nationalpark Berchtesgaden würde die traditionelle Almwirtschaft fortgeführt werden, und es gäbe wahrscheinlich sogar neue Fördermöglichkeiten dafür. Ihr seht, eigentlich spricht alles für einen Nationalpark!«

Ich bewundere Huberts Engagement und seine Begeisterung für unseren Wald. Zu dritt unterhalten wir uns noch eine ganze Weile, sodass aus der geplanten kurzen Pause ein längeres Verweilen wird. Irgendwann reißen wir uns aber doch von dem herrlichen Fleckchen los und laufen durch die Bergmischwälder zurück ins Tal. Von dort geht es ins Friedergries bei Garmisch-Partenkirchen. Das ist eine in Deutschland fast einmalige Wildflusslandschaft, wie man sie eher in Kanada oder Alaska erwarten würde. Über weiten, ebenen Kiesflächen erheben sich dunkle Waldberge. Während jetzt nur ein schmales Rinnsal durch das Tal fließt, müssen hier zur Schneeschmelze gigantische Wassermassen tosen, die die Landschaft immer wieder umgestalten und besondere Lebensräume entstehen lassen.

Am Abend sitzen wir noch lange mit unseren tollen Gastgebern zusammen und unterhalten uns. Nach der kleinen Exkursion besteht für mich kein Zweifel, dass das Ammergebirge für einen Nationalpark geradezu prädestiniert ist!

Am nächsten Tag begleitet uns die Morgensonne entlang des malerischen Forggensees zur Lechbrücke, von wo es überwiegend auf schmalen Pfaden zu Schwan- und Alpsee weitergeht, die bei dem berühmten Schloss Neuschwanstein liegen. Die türkisfarbenen Seen vor grandioser Bergkulisse sind wirklich spektakulär. Kein Wunder, dass König Ludwig sich hier sein Märchenschloss hat bauen lassen!

Schließlich lassen Christian und ich die Berge hinter uns und laufen durch offene Wiesenlandschaft. Als es Abend wird, begegnen wir hinter Trauchgau einer lustig verkleideten Gruppe junger Frauen auf Fahrrädern, die eine Spritztour zum Junggesellinnenabschied einer der Damen unternimmt. Wir tauschen etwas von unserer Schokolade gegen einen Schnaps ein und bekommen dann sogar noch eine Zahnbürste geschenkt. Sehen unsere Beißwerkzeuge wirklich so bedürftig aus? Wahrscheinlich wurden wir für ziemliche Freaks gehalten, aber die kurze Begegnung war für uns ganz lustig, und die Frauen hatten offensichtlich auch ihren Spaß mit den merkwürdigen Typen, die da zu Fuß durch die Gegend ziehen. Christian und ich verstehen uns auch wirklich gut. Ich mag seinen Humor und seine offene Einstellung zum Leben, ganz abgesehen davon, dass ich nicht genug von seinen Abenteuern in Kirgisistan bekommen kann!

An der bekannten Wieskirche vorbei wandern wir am nächsten Morgen nach Rottenbuch und steigen dann in die Ammerschlucht ab. Durch den vielen Regen der letzten Zeit hat sich das Wasser der hier 20 Meter breiten Ammer eingetrübt, aber meist laufen wir ohnehin auf schmalen Pfaden am Hang. Der Wald im Naturschutzgebiet wird nicht mehr genutzt und besteht überwiegend aus Buchen und Fichten, zu denen sich Bergahorne und auch viele Bergulmen gesellen. Letztere sind, ähnlich wie die Eschen heute, von einer eingeschleppten Pilzkrankheit stark dezimiert worden, aber glücklicherweise nicht ausgestorben. Ich habe an vielen Stellen auf meiner Wanderung junge Bergulmen gesehen.

Obwohl die Pfade ziemlich schlammig sind, nehmen etliche Besucher das schöne Wetter zum Anlass für einen Spaziergang. Der Wald ist äußerst fotogen, wir knipsen ein Bild nach dem anderen – von moosüberwachsenen Kalksinterterrassen zu angeschwemmten Baumstämmen an der Ammer. Ein angefressener Baum zeigt, dass es hier auch Biber gibt. Mittlerweile habe ich ihre Spuren an zahlreichen Stellen in Bayern entdeckt, und ich bin begeistert davon, dass diese in Deutschland fast ausgestorbenen Riesennager ein derart grandioses Comeback hinlegen. Mit ihren Dämmen legen sie Gewässer an, die dann wiederum vielen anderen Tierarten einen Lebensraum bieten. Biber sind also wahre Landschaftsgestalter und für ein gesundes Ökosystem sehr wichtig.

Hinter Hohenpeißenberg schlagen wir unser Lager in einem sumpfigen Fichtenwald auf, in dem es von Mücken und Gnitzen nur so wimmelt. Sie ärgern uns mit ihren Stichen, bis sie nach Einbruch der Dunkelheit endlich verschwinden. Obwohl auch Christian ein durchaus ernster Mensch ist, albern wir ständig herum und haben viel Spaß. Wenn es besonders lustig wird, verfällt mein Wanderpartner gern mal in einen breiten Ösi-Slang, in dem sich die Dinge noch mal doppelt so witzig anhören.

Am nächsten Morgen erreichen wir den Paterzeller Eibenwald. Die Eibe ist eine ganz besondere Waldbaumart, die einst in Europa weitverbreitet war, aber bereits im Mittelalter wegen des hohen Bedarfs an ihrem zähen Holz zur Herstellung von Langbögen fast ausgerottet wurde. Ein Rundweg führt durch das mit 2000 Exemplaren größte Eibenvorkommen Deutschlands. Dabei dominiert die niedrigwüchsige Baumart keineswegs, sondern ist in einen abwechslungsreichen Wald aus Fichten, Buchen, Ahornen und Eschen eingemischt. Viele der uralten Baumindividuen sind hohl oder abgebrochen, schlagen aber immer wieder aus. Eine Tafel erklärt, dass ein vielleicht 30 Zentimeter dickes Stämmchen bereits 260 Jahre alt ist! Eiben können bis zu 5000 Jahre alt werden, im tiefsten Schatten wachsen, und sie sind sehr zäh, mögen allerdings keinen Kahlschlag und werden bevorzugt von Rehen verbissen. Für den Menschen ist die Pflanze giftig. Hier im Eibenwald erreichen allerdings auch zahlreiche junge Bäume ohne Schutz vor Wildverbiss eine stattliche Höhe. Leider wurde das kräftigste Exemplar abgetötet, als jemand in seinem hohlen Inneren ein Feuer entzündete.

Unterwegs nach Weilheim, erhaschen Christian und ich immer wieder einen Blick auf das mächtige Zugspitzmassiv mit Orchideenwiesen im Vordergrund und passieren eine tolle Linde in Linden. In Weilheim trennen sich unsere Wege kurzzeitig, und ich laufe allein weiter nach Seeshaupt am Starnberger See. Eigentlich führt meine geplante Route am See entlang, allerdings kommt man nirgendwo ans Ufer, da Privatgrundstücke überall den Zugang blockieren. Stattdessen laufe ich auf einer viel befahrenen Straße und bin ziemlich frustriert. Meiner Meinung nach sollte der Öffentlichkeit an Ufern und Stränden ein gesetzliches Wegerecht gewährt werden.

Erst als ich Christian wiedertreffe, bessert sich meine Laune. Den Grund dafür hält er in der Hand: »Eigentlich wollte ich nur auf dem Campingplatz in der Nähe Wasser besorgen, aber dann hat mich der Besitzer gefragt, was ich so mache. Daraufhin habe ich ihm von deinem Projekt erzählt, und er war so ›waldbegeistert‹, dass er gleich ein Bier spendiert hat!«

Noch an Ort und Stelle lassen wir uns den Gerstensaft schmecken und sind gleich etwas beschwingter, obwohl wir erneut auf einer viel befahrenen Straße laufen müssen und es heftig zu regnen beginnt. Wir sind froh, als wir für die Nacht Schutz unter dem überstehenden Dach einer Scheune finden. Auch am nächsten Morgen geht der Asphaltmarathon weiter, weshalb Christian sich spontan verabschiedet, auch da in der nächsten Zeit wohl nicht mehr allzu viele lohnende Fotomotive zu erwarten sind.

Die ewige Straßenlatscherei frustriert mich, und es gibt auch nicht besonders viel Wald. Eigentlich wäre es viel sinnvoller, durch solche Abschnitte rasch auf einem Fahrrad zu düsen. Ich muss mir immer wieder sagen, dass es für das Gesamtprojekt einfach wichtig ist, tatsächlich die ganze Strecke zu Fuß zurückzulegen, auch wenn das manchmal überhaupt keinen Spaß macht. Außerdem bin ich traurig, weil Christian weg ist. Ich laufe zwar am liebsten allein, aber das Zusammensein mit ihm hat gutgetan. In rabenschwarzer Laune überquere ich die Loisach und wandere auf verkehrsärmeren Straßen nach Geretsried, wo ich in einem günstigen Supermarkt einkaufe und mir zur Aufmunterung ein Stracciatella-Eis gönne.

Bald überquere ich die grünen Wasser der Isar, und weiter geht es auf Asphalt. Kaum zu glauben, dass ich hier auf einem Wanderweg unterwegs bin. Allerdings verlaufen Pilgerwege wie der voralpine Jakobsweg häufig auf Straßen, daher ist die Wegeführung nicht so ungewöhnlich, wie sie mir vorkommt. Immerhin laben sich meine Augen dann und wann an den rosa Blütentupfern der Lichtnelken und den typisch bayerischen Bauernhöfen mit umlaufenden Holzbalkonen, Geranien und Malereien an den Wänden. Hinter dem Kloster Dietramszell gelange ich endlich mal wieder auf Forstwege, die durch ein Waldgebiet aus Fichten, Buchen und Tannen führen. Auch in Oberbayern überwiegen im Wald die monotonen Fichtenbestände, daher freue ich mich jedes Mal, wenn ich durch ein abwechslungsreicheres Gebiet komme. Wenn es dann auch noch ab und zu einen naturnahen Pfad statt eines breiten Forstwegs gibt, macht das Wandern wieder richtig Spaß!

Hinter Reitham finde ich eine geschützte Mulde für mein Cowboycamp. Während der Mond aufgeht, höre ich das Fiepen junger Waldohreulen und entfernt den Gesang der Laubfrösche. Zuvor haben sich schon zwei Rehböcke in der Nähe gejagt. Der Tag hat ziemlich mies begonnen, aber jetzt bin ich wieder versöhnt und genieße mein Freiluftlager. Wenn das Wetter passt, geht für mich nichts über eine Nacht unter freiem Himmel, und die Tierlaute sorgen für die passende Atmosphäre.

Bereits um sechs Uhr morgens bin ich wieder unterwegs in Richtung Taubenberg. Der Wald hier ist toll, so stellt man sich einen naturnahen Wirtschaftswald vor! Zwar dominieren die Fichten, überall sind aber auch Buchen, Tannen und Ahorne dabei. Die Naturverjüngung wächst ohne Schutz hoch, und es gibt viele dicke Bäume.

Erst nachdem ich am Taubenberg war, erfahre ich, dass der gute Waldzustand einen Grund hat: Das Gebiet gehört zum 1800 Hektar großen Trinkwasserschutzwald der Stadt München, der in erster Linie unter dem Gesichtspunkt der Lieferung von sauberem Trinkwasser bewirtschaftet wird. So tragen die Laubbäume entscheidend dazu bei, dass ein größerer Anteil der Niederschläge ins Grundwasser gelangt. Diese Wasserspende ist etwa 30 Prozent höher als in einem reinen Nadelwald, vor allem weil Laubbäume im Winter kahl sind. Denn von den Nadeln der Fichten verdunstet ein Großteil des Regenwassers, noch bevor es den Waldboden überhaupt erreichen kann. Der Einsatz von Giften ist verständlicherweise strikt verboten, aber auch reiner Fichtenanbau und Kahlschläge, die den Boden freilegen, sind ausgeschlossen, da es sonst zu einer erhöhten Nitratkonzentration im Trinkwasser kommen würde. Der Bodenhumus wird auf Kahlflächen durch Licht und Wärme rasch abgebaut, wobei Nitrat freigesetzt wird. Diese an sich unschädliche Stickstoffverbindung kann im Körper zu Nitrit umgewandelt werden, was den Sauerstofftransport im Blut hemmt und vor allem für Babys und Kleinkinder lebensgefährlich sein kann.

Nachdem ich die Mangfall überquert habe, laufe ich überwiegend auf Radwegen und Nebenstraßen durch eine flache Landschaft mit wenig Wald zum Inn, wo ich mich mit Martina Knott treffe. Die Mittfünfzigerin ist eine begeisterte Wanderin, Mitglied der Grünen und als Stadträtin für den Umweltschutz in ihrer Heimatstadt Trostberg zuständig. Martina hat mich zu sich nach Hause eingeladen, wo ich auch übernachten darf. Dort hat sie ein Treffen mit einem Journalisten arrangiert, der mich interviewt, und auch ihren Mann Alfons lerne ich kennen. Nach einem leckeren Frühstück bringt uns Alfons am nächsten Morgen zurück dorthin, wo mich Martina gestern aufgegabelt hat, dann laufen wir zusammen weiter. Lange Zeit folgen wir dem Inn auf dem Dammweg, was landschaftlich nicht gerade abwechslungsreich ist. Dafür ist die Unterhaltung mit Martina umso interessanter. Da sie sich ja ebenfalls fürs Wandern begeistert, drehen sich unsere Gespräche oft um das Thema Langstreckenwandern.

Vor Mühldorf erwartet uns dann aber doch noch ein ziemlich abenteuerlicher Pfad, der uns lange durch dichte, fast dschungelartige Vegetation am Flussufer führt. Der Wald aus Silberweiden, Eschen, Ulmen, Linden und Eichen ist vielfältig, wenn auch kein Auwald, da er nicht überschwemmt wird. Es gibt immer wieder kleine Baumstammbrücken und sogar Stellen, an denen ein Seil gespannt wurde, um kurze Steilpassagen bewältigen zu können, eine nette Abwechslung!

Nachdem wir unser Cowboycamp im dichten Wald unweit des Inns aufgeschlagen und eine ruhige Nacht unter freiem Himmel verbracht haben, weckt uns am nächsten Morgen das hohe Flöten eines Pirols. Dieser fast tropisch wirkende Vogel, bei dem die Männchen knallgelb sind, lebt hoch oben in den Baumkronen. Man hört ihn mitunter, sieht ihn aber fast nie.

Auch an diesem Tag kommen wir nur zweimal durch kleine Waldgebiete, ansonsten geht es durch eine offene Agrarlandschaft aus Äckern und Wiesen. Dabei unterhalten Martina und ich uns auch über Klimapolitik. Diesmal werde ich befragt. »Kannst du dir vorstellen, dass Aufforstungen bei uns einen Beitrag zum Klimaschutz leisten können?«

Ich muss nicht lange überlegen. »Schau dir doch mal die Landschaft hier an. Es gibt fast keinen Wald, aber viele Wiesen, die als Grünland zur Futtererzeugung für Milchkühe dienen. Allerdings ist die Milchwirtschaft in Deutschland kaum noch rentabel. Häufig beschweren sich die Bauern über zu niedrige Milchpreise. Wäre es da nicht sinnvoll, größere Flächen aufzuforsten? Eine viel beachtete Studie der ETH Zürich aus dem Jahr 2019 hat ergeben, dass es global möglich wäre, durch die Neuanlage von Wald sehr viel des klimaschädlichen Kohlendioxids zu binden. Tatsächlich ist ja weltweit die ursprüngliche Waldfläche um die Hälfte geschrumpft. Deutschland ist zwar zu einem Drittel bewaldet, aber auf den großen Grünlandflächen der Mittelgebirge gäbe es viel Potenzial für weitere Wälder.«

Die erfahrene Kommunalpolitikerin wirft ein: »Alles schön und gut, aber die Landwirte machen bei so einem Programm garantiert nur mit, wenn es sich für sie lohnt!«

»Da hast du natürlich vollkommen recht, selbstverständlich muss sich die Waldneuanlage für die Landwirte lohnen! Das heißt: Ohne staatliche Förderung wird es nicht gehen.«

»Und was werden die Naturschützer dazu sagen? Wiesen sind ja auch wichtig für die biologische Vielfalt.«

»Das stimmt natürlich prinzipiell«, gebe ich zu. »Man muss schon genau schauen, wo eine Aufforstung möglich ist. Allerdings werden die meisten Wiesen so intensiv gedüngt und häufig geschnitten, dass sie nur wenigen Pflanzen und Insekten einen Lebensraum bieten. Das ist mir eben noch mal so richtig klar geworden, als wir die bunte Blumenwiese an dem Hof bestaunt haben, die ja nur so schön aussieht, weil sie nicht gedüngt und spät gemäht wird, wie uns der Bauer erklärt hat.«

»Und was ist mit dem Tourismus?«, fragt Martina.

»Der muss auch berücksichtigt werden, die meisten Menschen lieben ja eine Mischung aus Wald und offener Kulturlandschaft. Dennoch sind Bundesländer wie Hessen oder Rheinland-Pfalz mit je 42 Prozent Waldanteil keineswegs unattraktiv für Besucher. Eine deutschlandweite Anhebung des Waldanteils von 32 auf 40 Prozent wäre meines Erachtens eine wichtige und mit entsprechendem politischen Willen gut umsetzbare Klimaschutzmaßnahme.«

Kurz vor Eggenfelden, wo wir uns verabschieden werden, deutet Martina auf die fast waldlose Landschaft, durch die wir die letzten zwei Tage gewandert sind, und knüpft noch einmal an das Thema an: »Ich denke auch, dass wir hier in Bayern durchaus mehr Wald brauchen könnten, und zwar nicht nur aus Klimaschutzgründen, sondern weil Wald in ganz vielerlei Hinsicht sehr wichtig ist, wie mir in den letzten beiden Tagen noch einmal so richtig bewusst geworden ist.«

DER WILDE WALD

Von Eggenfelden sind es 43 Kilometer bis zum Waldbetrieb Eichelberg, meinem nächsten Ziel. Ich erreiche es am Tag darauf. Der Privatwald mit 225 Hektar Fläche wird bereits seit 1998 von dem diplomierten Forstwirt Peter Langhammer bewirtschaftet. Ich treffe mich mit ihm an einem schattigen Plätzchen am Waldrand; er ist groß und schlank, trägt einen grauen Bart und Zopf. Nachdem wir uns kurz »beschnuppert« haben, geht es in den Wald, wo ich gleich viele Fragen habe: »Warum heißt es Waldbetrieb Eichelberg und nicht Forstbetrieb, wie sonst üblich?«

»Damit wollen wir ganz bewusst zeigen, dass wir den Wald als Ökosystem sehen, das wir behutsam bewirtschaften dürfen, ohne jedoch zu stark in die Lebensgemeinschaft einzugreifen«, erklärt Peter Langhammer. »Forst ist per Definition ein menschengemachter Wald, der überwiegend der Holzerzeugung dient. Von diesem Konzept möchten wir uns durch eine umfassendere Sichtweise abgrenzen.«

»Interessant, darauf würde ich gerne noch zurückkommen, doch erst möchte ich wissen, wie sich der Wald in den gut 20 Jahren verändert hat, in denen du für die Bewirtschaftung zuständig bist«, springe ich erst mal zum nächsten Punkt.

»Als ich die Bewirtschaftung übernommen habe, hatte der Betrieb noch einen Fichtenanteil von über 50 Prozent, obwohl diese Baumart hier von Natur aus überhaupt nicht vorkommen würde. Außerdem war der Waldboden fast überall braun und leblos, es gab kaum junge Bäume unter dem Schirm der älteren Waldgeneration. Auch Totholz und alte Bäume mit Mikrohabitaten waren kaum vorhanden«, antwortet Peter.

Heute erscheint der Wald dagegen bunt und gemischt, es gibt nur noch wenige Fichten, die unter den Buchen, Weißtannen, Eichen und anderen Baumarten eingestreut sind. Ich komme auf den Beginn unseres Gesprächs zurück: der Wald als Ökosystem und Peters Sicht darauf. Neugierig frage ich nach: »Gibt es außer dem Mischwald weitere Kriterien, die dein Konzept von anderen unterscheiden?«

»Natürlich!« Begeistert holt Peter aus: »Auch ein naturnah bewirtschafteter Wald wie bei uns kann nicht alle Merkmale eines Naturwaldes aufweisen, beispielsweise was das Alter der Bäume, die Totholzmenge oder den Holzvorrat angeht. Daher hat Eichelberg bereits fünf Prozent der Fläche aus der Nutzung herausgenommen, zehn Prozent werden angestrebt. Darüber hinaus haben wir bisher etwa 1500 Habitatbäume markiert. Die staatliche Förderung dazu ist ein wichtiger Bestandteil unserer Einnahmen.«

Eichelberg ist ein wunderschöner Wald, gerade das Nebeneinander von Eichen und Weißtannen, die hier natürlicherweise beide vorkommen, ist sehr ungewöhnlich. Die Zeit vergeht wie im Flug, und erst am Abend nimmt mich Peter mit nach Neuschönau, wo ich mich mit einem Filmteam des ZDF treffe. In den nächsten beiden Tagen wollen wir im Bayerischen Wald einen Fernsehbeitrag für das Magazin *Pur+* drehen und die Thematik rund um Wald und Borkenkäfer kindgerecht aufbereiten. Natürlich darf der Abenteuerfaktor in der Sendung nicht zu kurz kommen, daher will der Moderator Eric Mayer mit mir unter freiem Himmel im Eichelberger Wald übernachten.

Glücklicherweise herrschen an diesem milden Abend ideale Bedingungen für ein Cowboycamp, es ist warm und trocken. Für Eric ist so eine Übernachtung im Wald eine Premiere, daher schläft er ziemlich schlecht. Die Geräusche des nächtlichen Waldes vom Rufen der Eulen bis zu undefinierbarem Getrappel im Laub sind einfach zu ungewohnt. Nachdem wir am nächsten Morgen noch das Frühstück gefilmt haben, trennen wir uns, und ich setze meinen Weg allein fort.

Bei Vilshofen überquere ich die Donau und wandere nun auf dem Pilgerweg Via Nova durch einen Wald aus Eichen und Hainbuchen. Auf einer Infotafel entdecke ich ein Zitat von Franziskus von Assisi, das mir in Erinnerung bleibt, weil es ganz gut zu meiner Tour passt: »Tu erst das Notwendige, dann das Mögliche, und plötzlich schaffst du das Unmögliche.« Für mich war es notwendig, meinen Job zu kündigen, ich konnte mich einfach nicht mehr mit dem konventionellen Forstbetrieb identifizieren. Außerdem besaß ich ausreichend Wandererfahrung, sodass eine solche Tour möglich schien. Unmöglich erschien mir allerdings noch vor drei Monaten, dass hohe Forstbeamte sich von mir befragen lassen, ich mit einem Umweltminister spazieren gehe, ein Artikel über meine Wanderung im *Spiegel* erscheint und ich maßgeblich bei Beiträgen für bekannte Fernsehmagazine mitwirke. Trotz der bisherigen Erfolge ist mir aber auch bewusst, dass es schnell wieder ganz anders laufen kann und dass meine Wanderung nur mit viel Arbeit und dem nötigen Quäntchen Glück weiterhin öffentlichkeitswirksam sein wird.

Hinter einem Reiterhof endet der Weg an einem Bach, und ich laufe ein Stück den Hang hinauf. Ein willkommenes kleines Abenteuer! Gebüsch mit Brombeerranken will umgangen, umgestürzte Bäume wollen überklettert werden, und zu guter Letzt gilt es noch, trotz hinderlichem Rucksack über einen Bach zu springen. Alles kein Problem, sondern eine nette Abwechslung! Heute, am 3. Juni, ist der erste richtige Sommertag: Ich bin schon früh in T-Shirt und kurzer Hose gelaufen und muss viel mehr trinken als sonst, da ich ziemlich schwitze. Die jungen Spechte betteln aus ihren Höhlen, ich sehe die ersten Libellen und mehr Schmetterlinge als bisher. Schlangenknöterich, Glockenblumen und die ersten Schafgarben schmücken die Wiesen.

In der Nähe von Thurmansbang treffe ich mich mit Vertretern des Bistums Passau und erneut mit Peter Langhammer, der für den 1200 Hektar großen Wald der Diözese das Konzept zur »schöpfungsorientierten Waldnutzung« entworfen hat. Seit einiger Zeit messen die Kirchen der Natur einen Eigenwert als Schöpfung Gottes zu, deshalb ist es eine logische Konsequenz, dass dieses Denken auch bei der Waldbewirtschaftung berücksichtigt wird. Die Religionsgemeinschaften verfügen über großen Waldbesitz, daher ist zu hoffen, dass Naturschutzaspekte bei der Bewirtschaftung auch in anderen Kirchenwäldern stärker beachtet werden. Als wir während unserer kleinen Exkursion eine Pause einlegen, entdecken wir einen Feuersalamander, der sich unter einem Stein versteckt hat. Dieses hübsche Tier mit seiner schwarz-gelben Färbung benötigt totholzreiche Laubwälder und saubere Waldbäche – der Feuersalamander ist also ein schönes Beispiel für eine Tierart, die von naturnaher Waldbewirtschaftung profitiert.

Nach dieser interessanten Begegnung setze ich meine Wanderung durch den Bayerischen Wald fort. Stille Pfade führen mich durch Täler mit kleinen Weihern und auf von Granitfelsen gekrönte Höhen, die oft dicht mit Heidelbeeren bewachsen sind. Bei dem herrlichen Wetter bin ich in richtiger Urlaubsstimmung, und als ich dann auch noch einen tollen Platz für mein Cowboycamp zwischen Felsen und Wald entdecke, ist mein Glücksgefühl fast vollkommen. Das ist das Herrliche am Wandern auf meine Art: Abends ist man angenehm müde und kann, im Lager angekommen, die Erlebnisse des Tages noch einmal Revue passieren lassen, während die Umgebung vom wechselnden Licht des Sonnenuntergangs in immer neue Stimmungen getaucht wird. Andere zahlen ein Vermögen dafür, ein schönes Haus an einem netten Ort zu besitzen, ich dagegen schlafe ganz umsonst an immer wieder neuen wunderschönen Plätzen.

Nach einer angenehmen Nacht folge ich einige Zeit dem Goldsteig, dem längsten Wanderweg Deutschlands, der mit zwei Varianten über 660 Kilometer von Passau nach Marktredwitz in Oberfranken führt. Als noch schöner entpuppen sich dann aber die streckenweise steilen Schluchten von Ilz und Wolfsteiner Ohe, wilden Bächen, die in den Höhenlagen des Bayerischen Waldes entspringen. Entlang der Ufer wachsen überwiegend Laubbäume wie Ahorne und Buchen, deren hellgrünes Laub in die weiß schäumenden Wildbäche hineinragt. Stromschnellen voller grauer Felsbrocken wechseln sich mit breiten, ruhigeren Abschnitten ab.

Am nächsten Morgen wandere ich in dunstigem Waschküchenwetter durch einen plenterartig bewirtschafteten Wald. An den vielen dicken Tannen und Fichten kann ich mich kaum sattsehen, aber auch die Buche ist immer mit dabei, toll! Hinter Mauth gelange ich an den Eingang des Nationalparks Bayerischer Wald, der bereits 1970 als erster deutscher Nationalpark gegründet wurde und nach Erweiterungen 1997 und 2020 heute 24 850 Hektar Fläche umfasst. Zusammen mit dem unmittelbar angrenzenden tschechischen Nationalpark Šumava ist dies das bei Weitem größte Waldschutzgebiet Mitteleuropas!

Am Parkplatz Sandriegel treffe ich mich mit Astrid, Christian und Rainer, die mein Projekt verfolgen und an diesem Sonntag mit mir im Nationalpark wandern wollen. Obwohl es beständig nieselt, ist die Stimmung ausgezeichnet, und es macht viel Spaß, zu viert unterwegs zu sein.

Hier am Rand des Nationalparks werden selbst 50 Jahre nach dessen Einrichtung immer noch vom Borkenkäfer geschädigte Fichten gefällt und größtenteils an eine Waldstraße gerückt. Damit sollen die Fichtenbestände geschützt werden, die an den Nationalpark grenzen – was gravierende ökologische Folgen hat: von der Befahrung der Waldböden über die Entnahme des Holzes aus dem Kreislauf der Natur und die Unterhaltung von Wirtschaftswegen, die ansonsten aufgegeben werden könnten, bis zum Erkranken von Buchen, deren Kronen häufig aufgrund der abrupten Freistellung von ihren Nachbarn absterben. Es stellt sich die Frage, ob so ein »Borkenkäfermanagement« lange nach Gründung des Parks überhaupt noch statthaft ist. Selbstverständlich wurden damals Kompromisse geschlossen, um den Nationalpark überhaupt einrichten zu können, aber sollte es heute nicht möglich sein, mit den Anrainern Vereinbarungen zu schließen, die das Baumfällen im Park beenden?

Nachdem wir eine Pause in der Reschbachhütte eingelegt haben, geht es lange Zeit steil bergauf durch einen Teil der Fichtenwälder, die im Zuge der Borkenkäfermassenvermehrung in den 90er-Jahren auf großer Fläche abgestorben sind. Inzwischen wächst überall neuer Wald, aber viel lockerer und mit mehr Laubbäumen wie beispielsweise Ebereschen.

Der Gipfel des 1373 Meter hohen Lusen wird von einer ausgedehnten Felshalde gebildet, aus der einige Latschenkiefern wachsen, wie man sie sonst in den Alpen findet. Leider ist es sehr neblig, daher haben wir keinen Ausblick auf die Umgebung. Meine Begleiter verlassen mich hier, und ich steige ab in den wilden Bergmischwald. Obwohl heute Sonntag ist, begegne ich nur zweimal anderen Menschen. Offenbar wirkt das neblige, feuchte Wetter zu abschreckend. Ich dagegen genieße es, mit dem urwüchsigen Wald allein zu sein, und finde auch, dass diese Witterung zum Bergwald ebenso gut passt wie strahlender Sonnenschein.

Lange Zeit folge ich einem schmalen Pfad durch den leuchtend grünen Wald, aus dem zahlreiche moosbedeckte Felsblöcke ragen. Zu meiner Überraschung dominiert die Buche. Das zeigt sich sehr deutlich im Vergleich zu den umliegenden Wirtschaftswäldern und ist eine Folge der Entwicklung der letzten 50 Jahre zulasten der Fichte. Diese ist zwar stark zurückgegangen, aber sowohl als

Altbaum als auch in der jungen Generation noch vertreten. Leider gibt es kaum alte Weißtannen, daher fehlt auch der Nachwuchs dieser eigentlich für den Bergmischwald so typischen Baumart. Dann und wann tauchen Bergahorne auf, und ich sehe sogar eine Kirsche.

Nachdem ich den 1453 Meter hohen Großen Rachel überschritten habe, den höchsten Berg im Nationalpark, treffe ich mich in Buchenau mit Professor Dr. Jörg Müller, dem Chef der Forschungsabteilung und stellvertretenden Leiter des Nationalparks. Wir unternehmen einen Spaziergang, bei dem ich einige Fragen stellen kann. Ich lege gleich mit einem Thema los, das mir schon seit Betreten des Nationalparks auf der Zunge brennt. »In welcher Größenordnung wird hier im Park denn noch Borkenkäfermanagement durchgeführt?«

»Grundsätzlich noch auf 6000 Hektar. Allerdings ist der Nationalpark auch auf ganzer Fläche ein europäisches Schutzgebiet, und dazu gibt es neue Gerichtsurteile, die fordern, dass vor jeder Maßnahme die Auswirkungen auf die geschützten Arten überprüft werden müssen. Da das europäische Recht höherrangig ist als die Nationalparkverordnung, die sonst unser Handeln bestimmt, ist es möglich, dass es solche Maßnahmen in Zukunft kaum noch geben wird.«

»Ist Ihr Nationalpark das wildeste Gebiet Deutschlands?«

»Ja, ohne Zweifel, durch seine Größe, die man auch im Verbund mit dem noch einmal doppelt so großen tschechischen Nationalpark sehen muss. Aber auch durch seine weitgehend erhaltene ursprüngliche Artenausstattung. Bereits ausgestorbene Tiere wie Luchs und Habichtskauz haben wir wiedereingebürgert, Wölfe und Biber sind von selbst zurückgekommen. Mitunter wechselt sogar ein Elch von der tschechischen Seite, wo es eine kleine Population gibt, zu uns herüber. Ich könnte mir hier sogar Bären gut vorstellen, allerdings ist eine Wiederbesiedlung ohne menschliches Zutun wohl ausgeschlossen – und eine Wiedereinbürgerung erscheint mir zurzeit aus politischen Gründen unmöglich.«

Als ich den bisher eher nüchternen Wissenschaftler frage, was denn sein schönstes Erlebnis im Nationalpark gewesen sei, wird er fast emotional: »Man könnte meinen, das sei die Rückkehr des Wolfes vor vier Jahren gewesen. Für mich bedeutender war aber meine Entdeckung des Flachkäfers *Peltis grossa* vor zwei Jahren, der im Bayerischen Wald seit 113 Jahren als ausgestorben galt. *Peltis grossa* ist eine von 16 Urwaldreliktarten, die wir im Nationalpark bereits nachgewiesen haben. Diese Käfer brauchen über lange Zeiträume sehr große Totholzmengen, wie es sie nur in Urwäldern gibt. Während es im Bereich des Nationalparks um 1900 noch große urwaldähnliche Wälder gab, sind diese durch die Intensivierung der Forstwirtschaft im 20. Jahrhundert bis auf einige winzige Reste verschwunden, und damit verschwanden auch viele der nur in sehr natürlichen Wäldern lebenden Arten. *Peltis grossa* hatte auf der tschechischen Seite überlebt und breitet sich erst jetzt durch das wieder vorhandene hohe Totholzangebot in unserem Nationalpark aus.«

»Wo Sie gerade auch den Wolf ansprachen: Wie gehen Sie mit dem Thema Wildtiermanagement um?«

»Auf 75 Prozent der Parkfläche findet keine Jagd mehr statt. Allerdings versuchen wir, das Rotwild im Winter in vier 30 bis 50 Hektar große Umzäunungen zu locken, wo die Tiere gefüttert und teilweise auch erlegt werden. Damit wollen wir Schäden in angrenzenden Privatwäldern vermeiden. Natürlich widerspricht das dem Nationalparkmotto ›Natur Natur sein lassen‹, aber daran lässt sich politisch zurzeit nichts ändern. Immerhin geht etwa die Hälfte des Rotwildbestands nicht in die Gatter und lebt ganzjährig wild.«

Das Gespräch mit Jörg Müller beschäftigt mich noch lange. Auch als ich am nächsten Tag den Gipfel des Großen Falkensteins überschreite, denke ich noch darüber nach, dass selbst in unserem ältesten Nationalpark nach 50 Jahren immer noch keine konsequente natürliche Entwicklung gewährleistet wird. Dazu würde ein Stopp des Borkenkäfermanagements gehören, aber auch die komplette

Einstellung des Wildtiermanagements. Natürlich hat der Wildbestand Auswirkungen auf die Waldvegetation, aber sollte es nicht wenigstens in unseren doch sehr kleinen Nationalparks möglich sein, einmal zu beobachten, wie sich die Natur ganz ohne menschliche Eingriffe entfaltet? Ich werde auf meiner weiteren Wanderung noch eine ganze Reihe Beispiele sehen, die Mut machen, in dieser Richtung zu denken. Wir sollten es wagen!

Schließlich steige ich nach Zwieslerwaldhaus ab, wo ich mich mal wieder mit Peter Langhammer treffe, der hier seit zwei Jahren in einem fantastischen Blockhaus am Waldrand lebt. Als wir später zu einem Spaziergang aufbrechen, stelle ich fest, dass es kaum eine schönere Umgebung für einen Waldliebhaber geben kann als den Urwald Mittelsteighütte. Zwar sind viele Fichten borkenkäferbedingt in den letzten drei Jahren abgestorben, aber die Menge und die Qualität des Totholzes sowie Anzahl und Dimension der zahlreichen Tannen sind nach wie vor absolut beeindruckend. Manche Bäume wirken, als würden sie auf Stelzen stehen. Sie sind auf Totholz gekeimt, das irgendwann komplett vermodert ist, daher klafft jetzt zwischen drei oder vier einzelnen Wurzelausläufern ein großer Hohlraum. Peter erzählt mir auch viel von seinen Tierbegegnungen in dieser wilden Natur. Selbst Luchse hat er schon zu Gesicht bekommen, und Wolfsfährten sind keine Seltenheit.

Irgendwann gelangen wir zur Waldhaustanne, mit 56 Metern Höhe und etwa zwei Metern Durchmesser bei einem Alter von über 600 Jahren ein wahnsinnig faszinierender Baum. Es ist erstaunlich, dass sich dieser Urwaldrest in dem gut zugänglichen Gelände halten konnte. Das Gefühl, das ich hier empfinde, lässt sich mit Ehrfurcht gut umschreiben. Zurück bei Peter, sitzen wir an diesem lauen Frühsommerabend noch lange auf der Terrasse, während die Fledermäuse auf der Jagd nach Insekten umherflattern.

Am Weiler Seebachschleife verlasse ich am nächsten Morgen den Nationalpark und beginne den Aufstieg zum Großen Arber, dem mit 1456 Meter höchsten Berg des Bayerischen Waldes. Ein Gewitter zieht auf, doch als es bei mir ankommt, regnet es zum Glück nur. Bei Erreichen des Gipfelplateaus lässt der Regen nach, sodass ich die weite Aussicht über das Waldmeer genießen kann. Auch auf meinem weiteren Weg verlasse ich nur selten den Wald, der hier aber im Gegensatz zum Nationalpark überwiegend aus Nadelbäumen besteht.

Hinter dem Kleinen Arbersee wandere ich durch vielfältige Plenterwälder voller starker Bäume, die aus der üppigen Naturverjüngung ragen. Der Wasserfall am Sollerbach wirkt besonders intensiv in der nach dem Regen leuchtend grünen Umgebung. Ich wandere durch riesige, noch großflächig intakte Wälder, die nach meinem Gefühl in ihrer Größe und Geschlossenheit sogar den Pfälzerwald in den Schatten stellen.

Auf einem felsigen Kamm, der teilweise waldfrei ist und mich ein wenig an die Alpen erinnert, erreiche ich den Großen Osser, mit 1293 Metern der höchste Berg der Umgebung, unter dem ich mein Lager aufschlage. Als ich am nächsten Morgen bereits zum Sonnenaufgang auf dem felsigen Gipfel des Kleinen Ossers stehe, der nur etwa 30 Meter niedriger ist als sein großer Bruder, verfärbt sich der Horizont zunächst gelb-orange, bevor der rote Feuerball über den Waldbergen erscheint.

In den nächsten Tagen folge ich grob dem Verlauf der tschechischen Grenze, fast immer in überwiegend von Fichte geprägten Wäldern. Während ich vor meiner großen Wanderung durch unsere Wälder dachte, dass die Fichten überall in Deutschland durch die Dürre so stark geschwächt wurden, dass sie leichte Beute für die Borkenkäfer sind, sehe ich vor allem in Süddeutschland, dass es noch sehr viel intakten Fichtenwald gibt. Das passt auch ganz gut mit zwei Zahlen aus dem Waldbericht der Bundesregierung zusammen, der die Waldschäden von 2018 bis 2021 auflistet und gerade jetzt, Mitte Juni, erschienen ist: Demnach sind bisher etwa

300 000 Hektar Waldfläche abgestorben, vor allem Fichtenbestände, aber drei Millionen Hektar Wald, also die zehnfache Fläche, muss dringend zum Mischwald entwickelt werden! Dieses Jahr ist zwar feuchter als die vorhergehenden, aber allen Prognosen zufolge werden sich Dürreperioden häufen, und der Fichte wird fast nirgendwo in Deutschland noch eine große Zukunft vorhergesagt.

Dann und wann habe ich eine schöne Tierbegegnung: Nachdem ich in einem jungen Fichtenwald mein Lager aufgeschlagen habe und auf meiner Matte sitze, nehme ich eine Bewegung wahr und denke an ein Eichhörnchen. Ich schaue genauer hin und erkenne einen Steinmarder, der nur etwa fünf Meter entfernt auf eine niedrige Fichte klettert. Von dort oben schaut er mich an und schimpft mit keckernden Geräuschen vor sich hin. Selbstverständlich hat er mich bemerkt, zeigt jedoch überhaupt keine Scheu. Im Gegenteil: Ich habe den Eindruck, dass er mich am liebsten aus seinem Revier vertreiben würde! Das schlanke braune Pelztier mit weißem Kehlfleck turnt noch eine ganze Weile durch die Bäume in der unmittelbaren Umgebung, bis es so plötzlich verschwindet, wie es gekommen ist.

DURCH DAS KATASTROPHENGEBIET AM RENNSTEIG

Im Frankenwald überquere ich die Grenze nach Thüringen und folge dann lange dem Rennsteig, einem 170 Kilometer langen Fernwanderweg, der von der bayerischen Grenze nach Eisenach über den Kamm des Thüringer Waldes verläuft. Zunächst habe ich den Eindruck, dass hier die Fichtenwelt noch in Ordnung ist. Ich wandere durch großflächige alte Bestände dieser Baumart, die auch im Thüringer Wald ursprünglich kaum vorkam, wie ich auf einem interessanten Lehrpfad erfahre. Offenbar war die Weißtanne einst die verbreitetste Baumart – doch die kann ich nun nicht mehr entdecken, da sie fast ausgestorben ist.

Hinter Spechtsbrunn gelange ich dann in ein richtiges Katastrophengebiet, so schlimm war es in keinem Wald auf meiner Tour seit Nordrhein-Westfalen. Ganze Hänge sind kahl geschlagen und durch ein unfassbar dichtes Netz von Harvesterspuren brutal zerfahren worden. Nirgendwo gibt es nur den Ansatz junger Buchen. Hier rächt sich bitter, dass der Umbau des Waldes jahrzehntelang nicht konsequent betrieben wurde. Ich bin schockiert und entsetzt von der Landschaft, die sich um mich herum ausbreitet. Fast hatte ich die Zustände im Sauer- und Siegerland schon verdrängt, aber nun bin ich mit Wucht zurückgeschleudert worden in das von der Klimakrise verursachte Waldsterben.

Nachdenklich und mit Wut im Bauch wandere ich weiter. Auch als ich wieder in Bereiche komme, wo der Fichtenwald noch überwiegend intakt ist, lassen mich die schrecklichen Bilder nicht los. Was mich schließlich aufmuntert, sind die wirklich schönen blumenübersäten Bergwiesen. Sogar die an magere Standorte angepasste seltene Arnika wächst hier.

Der Rennsteig folgt stets dem Kamm des Thüringer Waldes, sodass ich nur selten einen Bach oder eine Quelle passiere. Als es später und später wird und noch immer kein Wasser in Sicht ist, steige ich ein ganzes Stück ab zu einer Stelle, wo sich laut meiner Karten-App eine Quelle befinden soll. Dort werde ich auch tatsächlich fündig und kann meine Wasservorräte auffüllen. Mein Cowboycamp schlage ich in einem alten Fichtenwald auf. Während ich auf meiner Matte liege und in die Baumkronen hinaufschaue, komme ich ins Grübeln. Ich sehe die Fichte außerhalb ihres natürlichen Verbreitungsgebiets ja ziemlich kritisch, aber die ausgedehnten Altbestände in den Höhenlagen der Mittelgebirge sind durchaus ästhetisch schön. Wie lange wird es solche intakten Fichtenwälder hier wohl noch geben?

Selbst im Morgengrauen ist es so warm, dass ich in T-Shirt und kurzer Hose aufbreche. Bald kommt die Sonne hervor und taucht ganz kurz die Stämme der Fichten in ein intensives Rot. Für kurze Zeit wähne ich mich wie in einer anderen Welt, leider ist das spektakuläre Schauspiel viel zu schnell vorbei.

Bei Schmiedefeld verlasse ich den Rennsteig wieder und wandere ins Vessertal. Um ein bereits seit 1939 ausgewiesenes Naturwaldreservat herum hat man weitere naturnahe Waldbestände in einer Größe von 200 Hektar aus der Nutzung herausgenommen und versucht, das auch touristisch zu vermarkten. Auf einem der »Thüringer Urwaldpfade« kann man den Bergmischwald aus Tannen, Buchen, Ahornen, Ulmen und Fichten erkunden, der einen Eindruck davon vermittelt, wie weite Teile des Thüringer Waldes vor der menschengemachten Ausbreitung der Fichte ausgesehen haben.

Als ich an einem frei stehenden Haus vor Massenhausen vorbeigehe, spricht mich ein junger Mann an, der im Vorgarten steht: »Willste 'n Bier?« Ich stutze kurz, antworte dann aber: »Klar, wenn du eins mittrinkst!« Kurzerhand setze ich mich zu dem etwa 30-jährigen Mann, der sich als Paul vorstellt, und erfahre rasch, warum er mich eingeladen hat. »Ich bin Tischler und war zwei Jahre als wandernder Geselle auf der Walz, von Arbeitsstätte zu Arbeitsstätte durch ganz Europa. Dabei habe ich so viel Gastfreundschaft erfahren, dass ich davon etwas zurückgeben möchte.« Paul hat nur wenig Zeit, daher ziehe ich nach dem Bier und einem netten Gespräch bald weiter.

FÜR EINEN NEUEN NATIONALPARK IN FRANKENS LAUBWÄLDERN

Zurück in Bayern, wandere ich durch das große Waldgebiet bei Bad Rodach, wo mich in der Nacht das sturmartige Gewitter überrascht, das mich ins Grübeln bringt, warum ich mir das hier eigentlich antue. Der Morgen ist dafür umso herrlicher. Der Regen hat die Atmosphäre reingewaschen, die Natur strahlt in leuchtenden Farben. Besonders gefallen mir die üppig roten Blüten des Klatschmohns vor den abziehenden Wolken. Bald ist es sonnig und warm, und ich lege eine längere Pause ein, um meine nassen Sachen zu trocknen.

Bei Eltmann, einer Kleinstadt in Unterfranken, überquere ich den Main und gelange in die Ausläufer des Steigerwalds. Am Waldrand entdecke ich eine gigantische Wildkirsche mit einem Stamm von etwa 80 Zentimetern Durchmesser und beachtlicher Höhe. Ich kann mich nicht erinnern, jemals ein beeindruckenderes Exemplar dieser Baumart gesehen zu haben!

Obwohl ich ja schon seit über einem Monat durch Bayern laufe, ist dies das erste Mal, dass ich durch ein so großes, fast reines Laubwaldgebiet komme. Zwar ist die Buche bestimmend, aber es gibt auch viele Eichen. Zahlreiche Mischbaumarten, unter anderem Linde, Esche, Ahorn, Aspe und Birke, sorgen für einen sehr abwechslungsreichen Waldaufbau. Nur zweimal verlasse ich bei Oberschleichach und Geusfeld den großen, geschlossenen Steigerwald, von dem ich bereits jetzt vollauf begeistert bin.

Am nächsten Tag nehme ich an einer Exkursion der Hochschule Weihenstephan-Triesdorf teil, zu der mich Professor Erwin Hussendörfer eingeladen hat. Während die Exkursionsteilnehmer selbstständig arbeiten, gehe ich mit dem Professor spazieren. Er unterrichtet unter anderem Genetik, daher interessiert mich, was er aus dieser Perspektive über den deutschen Wald im Klimawandel zu sagen hat.

»Unsere Waldbäume verfügen grundsätzlich über gute genetische Voraussetzungen zur Anpassung an ein neues Klima«, erläutert er mir. »Dabei ist allerdings entscheidend, dass sie in hohen Individuenzahlen natürlich verjüngt werden, wodurch sich dann die an trockenere und wärmere Bedingungen besser angepassten Jungbäume durchsetzen werden. In diesem Zusammenhang hat auch die Epigenetik große Bedeutung.«

»Was versteht man denn darunter?«, frage ich nach.

»Bestimmte Aktivitäten eines Gens werden je nach den zu einem bestimmten Zeitpunkt herrschenden Bedingungen, beispielsweise bei der Keimung, ein- oder ausgeschaltet. So prägen sich im genetischen Code schon vorhandene Eigenschaften unter neuen Umweltbedingungen stärker aus. Das gibt uns große Hoffnung für die Anpassungsfähigkeit unserer Baumarten!«

»Es wird im Allgemeinen ja immer wieder betont, dass wir auch ›neue‹ Baumarten brauchen, die vermeintlich besser an ein sich wandelndes Klima angepasst sind«, gebe ich zu bedenken. »Wie siehst du das?«

»Wir müssen dabei beachten, dass alle Klimaprognosen mit großen Unsicherheiten behaftet sind. Vor allem reicht es nicht aus, Mittelwerte zu berücksichtigen. Für die Bäume sind Extremereignisse wie Spätfröste viel wichtiger, die es auch in einem sich wandelnden Klima weiterhin geben wird. Außerdem ist es eine sehr verkürzte Sichtweise, wenn man sich nur auf einzelne Baumarten konzentriert. Wald ist eine Lebensgemeinschaft, bei der sehr viele Faktoren zusammenspielen. Pilze nehmen darin zum Beispiel eine wichtige Rolle ein, unter anderem auch bei der Ernährung der Bäume. Man kann einzelne Bäume verpflanzen, aber keine Ökosysteme«, bringt Erwin es auf den Punkt. »Außerdem werden ›neue‹ Baumarten immer nur in relativ geringen Stückzahlen von vergleichsweise wenigen Mutterbäumen gepflanzt. Langfristig ist dabei die Gefahr der genetischen Einengung sehr groß.«

Wir kommen zurück zur Gruppe und besprechen deren Ergebnisse. Hier im Wald ist eine üppige Naturverjüngung aus Buchen und Eichen entstanden. Klassischerweise würde man erwarten, dass die konkurrenzstärkeren Buchen die Eichen sukzessive zurückdrängen. Das ist aber nicht der Fall. Es scheint so zu sein, dass die zunehmend wärmeren und trockeneren Bedingungen die Eichen derart begünstigen, dass sie mit den Buchen mithalten können!

Am zweiten Exkursionspunkt im Seminarwald bei Ebrach sehen wir einen ganz ähnlichen Bestand, nur 20 Jahre älter. Auch hier behaupten sich die Eichen zwischen den Buchen ohne jede Pflege. Klassischerweise würde man bei Exemplaren in diesem Alter Auslesebäume markieren und ihre Nachbarn fällen, damit sie große Kronen entwickeln können und schnell dick werden. Erwin warnt unter den Vorzeichen der Klimakrise vor solch einem Vorgehen: »Gerade die augenscheinlich im Wachstum eher zurückgebliebenen Bäume sind genetisch oft wahre Hungerkünstler, die noch am ehesten mit den zukünftigen, trockeneren Bedingungen zurechtkommen werden. Diese zugunsten vermeintlich vitalerer Bäume zu fällen wäre ein schwerer Fehler, der auch langfristig zur Einengung des Genpools führen kann.«

Der Höhepunkt meines Aufenthalts im Steigerwald wird dann aber das Treffen mit Dr. Georg Sperber, der mich am nächsten Tag nach einem reichhaltigen Frühstück im Gästehaus Kaiser abholt. Georg Sperber hat von 1972 bis 1998 das Forstamt Ebrach geleitet. Es ist mir eine besondere Ehre, dieser mit 88 Jahren immer noch hellwachen Persönlichkeit zu begegnen, die über lange Zeit die Entwicklung der naturgemäßen Waldwirtschaft geprägt hat.

Nachdem wir ein Stück gefahren sind, laufen wir in das knapp 50 Hektar große, bereits seit 50 Jahren ausgewiesene Naturwaldreservat Brunnstube. In diesem etwa 270-jährigen Laubwald gibt es keine Spuren einer früheren Bewirtschaftung, und in vielerlei Hinsicht ähnelt er echten Buchenurwäldern, wie es sie beispielsweise noch in den Karpaten gibt. So weisen viele Bäume sehr beeindruckende Durchmesser auf, es gibt unheimlich viel Totholz, der Vorrat an lebender Holzsubstanz ist gigantisch, und die Waldentwicklungsphasen wechseln auf engem Raum, von noch sehr dichten Waldteilen hin zu kleinen Lichtungen. 2012 fällte ein Tornado einige der mächtigsten Bäume, was aber die Vielfalt an Strukturen sogar noch vergrößert hat. Obwohl die Buche vorherrscht, gibt es auch einige Eichen, Hainbuchen und sogar Elsbeeren. Keine Spur von Verdrängung durch die Buchen!

Georg erzählt mir sehr Überraschendes aus seiner Zeit im Steigerwald: »In dem Jahrzehnt, bevor ich nach Ebrach kam, waren 700 Hektar alte Laubwälder kahl geschlagen und anschließend mit Nadelbäumen bepflanzt worden. Als ich dann 1972 meinen Dienst in dem damals etwa 6000 Hektar großen Forstamt antrat, sollten weitere 500 Hektar auf diese Weise von Laubwald zu Nadelwald umgewandelt werden. Komm, ich zeige dir mal eine Karte aus dieser Zeit.« Ich bin schockiert, als ich in der Legende militärische Begriffe wie »Angriff« oder »Teilangriff« als Bezeichnung für die geplanten Kahlschläge lese. Damals wurde regelrecht Krieg gegen naturnahe alte Wälder geführt. Selbst die Brunnstube, eines der wertvollsten Juwelen unter den deutschen Wäldern, sollte kahl geschlagen werden!

Auch Georg konnte das damals geplante Vorgehen nicht verstehen. »Ich habe keinen einzigen Hektar kahl schlagen lassen«, erzählt er mir. »Das hat mir zwar 20 Jahre lang große Anfeindungen eingetragen, aber glücklicherweise wurde dann nach 1990 der Kahlschlag in der deutschen Forstwirtschaft weitgehend aufgegeben.« Oft wird von Forstleuten betont, dass der Zustand des Waldes aus lange zurückliegenden Entwicklungen resultiere, was häufig auch stimmt. Allerdings ist es erstaunlich, wie lange und in welcher Intensität in Deutschland noch bis in jüngste Zeit die alten Laubwälder, unser wichtigstes Naturerbe, vernichtet wurden. So etwas darf sich unter dem Deckmantel des Umbaus der von manchen als nicht »klimastabil« angesehenen Buchenwälder auf keinen Fall wiederholen!

Wie ich ja bereits gesehen habe, ist die Dürre auch am Steigerwald nicht spurlos vorübergegangen. Daher frage ich Georg, wie er die Zukunft dieses Waldes sieht, den er ja schon so lange gut kennt.

»Nun, etwas Ähnliches wie jetzt hat es bereits 1976 gegeben. Nach diesem trockenen Jahr waren viele Buchen schwer erkrankt, und es gab Wissenschaftler, die für diese Baumart keine Zukunft mehr sahen und die schnelle Beseitigung der alten Bestände empfahlen. Ich denke, dass sich der Steigerwald auch heute durchaus erholen kann. Voraussetzung dafür ist allerdings, bei der Bewirtschaftung sehr vorsichtig zu sein.«

Georg hat als Leiter des Forstamts Ebrach mehr als zwei Jahrzehnte lang die Verantwortung für diesen Wald getragen, umso mehr interessiert es mich, wie er zu einem Nationalpark im Steigerwald steht. Und auch da muss er nicht lange überlegen.

»Der Steigerwald ist als Laubwaldgebiet in dieser Größe und standörtlichen Vielfalt eine sehr seltene Perle unter Deutschlands Wäldern. Zudem verfügt er nach wie vor über eine hohe Dichte an alten, dicken Bäumen. In den Naturwaldreservaten konnte bisher ein guter Teil des ursprünglichen Arteninventars erhalten werden. Von dort könnte die Wiederbesiedlung des ehemaligen Wirtschaftswalds erfolgen. Außerdem wurden große Teile des Steigerwaldes lange von den Zisterziensermönchen kontrolliert, die anderswo verbreitete bäuerliche Nutzungen wie die Waldweide und das Entfernen der Laubstreu nicht zuließen. Daher sind die Waldböden in viel besserem Zustand als andernorts. Nur ein Nationalpark kann wirklich umfassenden, großflächigen Schutz gewähren. Freiwillige Instrumente können schnell geändert werden, und man muss wissen, dass auch ein naturschutzfreundlich bewirtschafteter Wald nicht alle Merkmale eines Naturwalds aufweisen kann.«

Nachdenklich blickt er sich um. »Wir haben hier wirklich etwas ganz Besonderes«, fährt er dann fort. »Vor etwa zehn Jahren sollten einige deutsche Buchenwälder dem UNESCO-Weltnaturerbe hinzugefügt werden. Dabei stand auch der Steigerwald als heißer Anwärter zur Debatte und erreichte unter 24 Kandidaten Rang 5. Allein die Tatsache, dass es hier noch kein Großschutzgebiet gab, ließ ihn dann leider unter den Tisch fallen. Wie du ja bereits gesehen hast, sind deutsche Nationalparks oft nicht besonders naturnah, was die Artenzusammensetzung des Waldes angeht, das ist im Steigerwald ganz anders.«

Georg könnte mir noch tausend Sachen zeigen, und ich könnte ihm noch stundenlang zuhören, aber irgendwann muss ich meinen Weg fortsetzen. Von Ebrach aus geht es Richtung Norden quer durch den Steigerwald, wobei mir noch einmal so richtig bewusst wird, wie einzigartig dieses große Laubwaldgebiet mit seinen vielen alten Bäumen ist.

Hinter Gerolzhofen schlage ich schließlich in einem alten Eichenwald mein Lager auf. Zwar ist es angenehm warm, sodass ich das Kampieren unter freiem Himmel richtig genießen könnte, doch leider wimmelt es von Mücken. Da ich weder Moskitonetz noch Mückenspray habe, muss ich versuchen, die Stiche der lästigen Insekten in stoischer Ruhe zu ertragen. Wie es aussieht, ist dieses Jahr wegen des vielen Regens ein ziemlich gutes Mückenjahr, sodass mich die Plagegeister den ganzen Sommer hindurch auf fast jedem Lagerplatz nerven werden. Glücklicherweise verschwinden die meisten Mücken, sobald es Nacht wird. Dafür verleiht das grünliche Licht zahlreicher Glühwürmchen dem nächtlichen Wald heute eine geheimnisvolle Atmosphäre. Normalerweise freut man sich ja schon, wenn man im Sommer mal ein einzelnes Glühwürmchen aufleuchten sieht, hier umflirren mich ganze Heerscharen!

Am nächsten Morgen zeigt sich ein weiterer Nachteil des Übernachtens ohne geschlossenes Zelt: Unmengen von Nacktschnecken haben sich an meine Ausrüstung geheftet und silbrig glänzende Schleimspuren hinterlassen. Ich bin nicht gerade empfindlich, aber das ist echt eklig …

Als ich am Tag darauf den Gramschatzer Wald erreiche, habe ich nur noch einen halben Liter Wasser. Zuvor war ich zwar an einem Wiesenbach, aber sein Wasser sah nicht besonders einladend aus. Eigentlich trinke ich sowieso nur aus Waldbächen. Meinen unangenehmen Erfahrungen aus der Vergangenheit nach sind Gewässer, die durch landwirtschaftliche Flächen fließen, einfach zu dreckig. Einige Male bin ich nach dem »Genuss« solchen Wassers krank geworden. Nach einer durstigen Nacht bin ich also früh am nächsten Morgen wieder unterwegs und hoffe, bald Wasser zu finden.

Doch zunächst kommt mir auf einem Waldweg ein Steinmarder entgegen, verschwindet dann aber schnell im Gebüsch. Ein Stück weiter höre ich es aus der Krone einer Vogelkirsche rascheln, und siehe da, der Marder versteckt sich dort oben. Er hat mich bemerkt, keckert kurz und klettert ein Stück durch die Äste, dann kann ich ihn nicht mehr sehen. Auf dem Weg liegt sein Kot, voller Kirschkerne.

Es ist bereits ziemlich warm, wir haben Ende Juni, und ich bin inzwischen sehr durstig, also fülle ich meine Wasserflasche an einem Tümpel mit klarem Wasser voller Kaulquappen auf. Nicht optimal, da fließendes Wasser kühler ist, besser schmeckt und in der Regel auch weniger Krankheitskeime enthält, aber ich habe schon Schlechteres getrunken.

Nachdem ich den Gramschatzer Wald verlassen habe, wandere ich weiter nach Nordwesten durch die hügelige Landschaft Unterfrankens aus Feldern, Blumenwiesen und kleinen Wäldern. Hier in Mainnähe ist es sehr trocken und heiß, sodass ich bei jedem Schritt aus allen Poren schwitze. Es kostet mich etwas Überwindung, aber in Retzstadt bin ich schon wieder so durstig, dass ich einen Mann in seinem Garten frage, ob er meine Wasserflasche auffüllen könnte, was er gern tut.

Am Nachmittag ist es sehr schwül, ein Gewitter liegt in der Luft. Diesmal möchte ich der Gefahr, von einem umstürzenden Baum erschlagen zu werden, gleich vorbeugen und richte mein Lager in einem sehr jungen Kiefernwald ein. Als das Unwetter dann losbricht, bleibe ich unter meinem Tarp geschützt und trocken.

Am nächsten Morgen regnet es nicht mehr, ist allerdings sehr dunstig. Bereits um fünf Uhr bin ich wieder unterwegs und erreiche schließlich das Franziskanerkloster Mariabuchen, von wo aus ich durch den Wald zum Main in Lohr absteige. Dort treffe ich mich mit Bernhard Rückert, der bis zu seinem Eintritt in den Ruhestand vor einigen Monaten 25 Jahre lang Leiter der Forstabteilung der Stadt Lohr war. Mit 4100 Hektar ist der Stadtwald einer der größten Kommunalwälder Bayerns und erstreckt sich von Lohr weit in die Wälder des Spessarts.

Nachdem wir bei Bernhard Rückert zu Hause Kaffee getrunken haben, fahren wir in den Wald. Hier fällt mir der hohe Laubbaumanteil von über 60 Prozent auf sowie die vielen alten, dicken Bäume. Als wir ein Stück in einen Buchenbestand hineinlaufen, merkt man kaum, dass dort im letzten Winter Holz eingeschlagen wurde. Spielt der Wald als Geldeinnahmequelle für die Stadt keine Rolle, oder warum sieht er schon auf den ersten Blick so anders aus?

Bernhard Rückert löst das Rätsel auf: »Der Wald ist der größte Vermögensgegenstand der Stadt Lohr, und die Einnahmen aus der Waldbewirtschaftung sind durchaus wichtig. Aber naturnahe Bewirtschaftung heißt ja nicht, dass man keine Bäume mehr fällt. Wir erzielen durchaus gute Erträge. Allerdings wollen wir auch das Waldvermögen mehren, daher haben wir den Holzvorrat in 30 Jahren um etwa 100 Kubikmeter pro Hektar gesteigert, was auch für den Klimaschutz große Bedeutung hat.«

Ich möchte wissen, wie dieser beträchtliche Vorratsaufbau gelungen ist, und Bernhard Rückert antwortet nur zu gern: »Gleich nach meinem Amtsantritt habe ich die Stadt überzeugt, die bisherige Praxis der Schirmschläge im Buchenwald aufzugeben – dabei wurden in wenigen Jahren stets sämtliche Altbäume über der Naturverjüngung gefällt, sodass nur junge Bäume übrig waren. Wir lassen die Bäume jetzt bewusst ausreifen und fällen nur einige wenige Stämme pro Hektar. Daher sieht man dem Wald die Eingriffe nicht an, und der Holzvorrat steigt, weil wir viel weniger ernten als nachwächst.«

Während wir querfeldein durch den Wald streifen, fällt mir auf, dass fast überall Habitatbäume markiert sind, was andernorts ja leider immer noch keine Selbstverständlichkeit ist. Bernhard Rückert deutet auf einen großen Astklumpen hoch oben in einer Buchenkrone: »Hier hat einige Jahre lang ein Schwarzstorch genistet, natürlich werden solche Bäume bewusst geschützt. Aber da der Stadtwald schon lange mit dem FSC-Siegel zertifiziert ist, haben wir die Markierung von zehn Habitatbäumen pro Hektar in allen älteren Beständen konsequent umgesetzt.«

Ich frage nach, ob es noch weitere Auflagen aus der Zertifizierung gebe, und tatsächlich: »Ja, eine ganze Reihe, die für uns aber keine lästige Pflicht, sondern ein Anliegen sind. So haben wir den Rückegassenabstand auf 40 Meter festgelegt und einen Teil der Betriebsfläche aus der Nutzung herausgenommen.«

Häufig wird von Forstseite betont, wie teuer die Holzernte bei einem weiten Rückegassenabstand sei. Und so möchte ich wissen, ob hier gar keine Harvester eingesetzt werden oder wie die Holzernte sonst durchgeführt wird. »In den jüngeren Beständen lassen wir durchaus Harvester fahren«, erklärt Bernhard Rückert. »Die Bäume, die die Maschinen nicht erreichen können, werden dann von Waldarbeitern mit der Motorsäge in Richtung der Fahrlinien gefällt, sodass der Harvester das Entasten und Ablängen wieder übernehmen kann. Das kostet etwa fünf bis sieben Euro pro Kubikmeter mehr. Die Stadt Lohr nimmt das aber wegen der Schonung des Bodens gerne in Kauf.«

Der Spessart ist für seine Eichen berühmt, daher interessiert mich, wie diese Baumart im Stadtwald Lohr bewirtschaftet wird. »Wir haben einen Eichenanteil von 18 Prozent, den wir auch mindestens halten wollen. Dazu werden in den Nadelbaumbeständen beispielsweise durch Sturm oder Borkenkäfer entstandene Freiflächen meistens mit Eichen bepflanzt oder eingesät. Darüber hinaus nutzen wir auch kleine Lücken in den Buchenbeständen zur Einbringung der Eichen. Ich kann Ihnen gerne einige dieser insgesamt 80 Flächen zeigen.«

Das Angebot nehme ich natürlich an, denn was Bernhard Rückert zu erzählen hat, ist wirklich spannend. Doch während wir uns den Wald intensiv anschauen, verfärbt sich der Himmel schwarz, und ein heftiges Gewitter zieht auf. Eigentlich will ich noch weiterlaufen, aber bald stürzen Sintfluten vom Himmel, und ich bin froh, als mir Bernhard Rückert anbietet, das Unwetter bei ihm zu Hause auszusitzen. Als der Regen nachlässt, will er mich zu der nahe gelegenen Schanzenkopfhütte fahren, wo ich übernachten kann. Allerdings kommen wir nicht sehr weit, da durch das Gewitter umgestürzte Bäume den Weg versperren. Mir bleibt nichts anderes übrig, als die restliche Strecke zu sprinten, um nicht klatschnass zu werden, was auch ganz gut funktioniert. Unter dem schützenden Dach der Hütte verbringe ich dann eine trockene Nacht.

Auch ohne Hinweisschilder kann ich anhand der Bäume genau erkennen, wo ich am nächsten Morgen den Stadtwald Lohr verlasse: Großflächig aufgelichtete alte Buchenbestände kennzeichnen den bayerischen Staatswald im Spessart. Wie stets in durch die Bewirtschaftung stark aufgelichteten Wäldern sehen die Kronen der Bäume sehr schlecht aus mit ihren zahlreichen toten Ästen.

Etwas später laufe ich durch junge Nadelwälder aus Fichten und Kiefern, in denen gerade ein Harvester gearbeitet hat. Überall fließt noch das Wasser nach dem gestrigen Starkregen, und der Boden ist aufgeweicht und matschig. Dennoch ist ein Rückzug dabei, das Holz aus den Beständen an die Abfuhrwege zu transportieren, und richtet eine wahre Schlammschlacht an. Nach allen einschlägigen Richtlinien müssen die Arbeiten bei solchen Verhältnissen unverzüglich eingestellt werden, bis die Böden abgetrocknet sind. Das scheint hier aber niemanden zu interessieren. Immer wenn ich so etwas sehe, bin ich fassungslos, obwohl ich natürlich die Zwänge kenne, unter denen die Förster arbeiten. Doch eigentlich ist es ganz einfach: Im Zweifelsfall muss immer das Ökosystem Wald Vorrang gegenüber wirtschaftlichen Interessen haben!

Immer noch mit Wut im Bauch wandere ich durch ein lang gestrecktes Wiesental nach Heigenbrücken zu Michael Kunkel, dem man seine 63 Jahre überhaupt nicht ansieht. Michael hat zunächst als Forstwirt im Staatswald und später bei der Gemeinde in seinem Heimatort gearbeitet. Von Kindheit an hatte er großes Interesse an der Natur, und ich bin verblüfft, wie viel Wissen und Artenkenntnisse er durch Eigenstudium erworben hat. Egal, ob es um die Bestimmung von Totholzkäfern oder das Erkennen von Heuschrecken an ihrem Gesang geht, Michael beherrscht alles! Kurze Zeit später kommt sein Bruder Joachim hinzu, der gleich nebenan wohnt. Joachim war früher ein höherer Forstbeamter und ist ebenfalls schon immer sehr naturverbunden.

Seit Langem engagieren sich die Brüder intensiv bei der Bürgerbewegung Freunde des Spessarts, die unter anderem für die Einrichtung eines Nationalparks von 10 000 Hektar in diesem großen Waldgebiet kämpft. Dazu muss man wissen, dass die gesamte Waldfläche im bayerischen Spessart 108 000 Hektar umfasst, von denen 42 000 Hektar in Staatsbesitz sind. Die geforderten 10 000 Hektar scheinen mir da eine sehr moderate Größe zu sein. Obwohl der bayerische Spessart nur etwa vier Prozent der Waldfläche Bayerns ausmacht, stehen hier über 20 Prozent der alten Waldbestände mit über 160-jährigen Bäumen. Es gibt einige Naturschutzgebiete mit teilweise über 400-jährigen Eichen und einer einmaligen Artenausstattung, dennoch sind nicht einmal fünf Prozent der Staatswaldfläche geschützt.

Dass ein Schutz aber bitter nötig wäre, sehe ich, als wir gemeinsam mit Dr. Bernd Kempf, dem Vereinsvorsitzenden der Freunde des Spessarts, und Joachim Eich, einem weiteren sehr engagierten Spessartfreund, drei Naturschutzgebiete im Wald anschauen. Wir sehen alte Baumriesen und seltene Totholzpilze wie einen riesigen orangefarbenen Schwefelporling, Austernseitlinge sowie Mosaikschichtpilze. Obwohl die Gebiete zum Teil schon seit 1928 unter Schutz stehen, entdecken wir viele Baumstümpfe von mächtigen Eichen. Wie kann das sein?

Michael erläutert mir den Sachverhalt: »Aus alten Dokumenten geht hervor, dass zeitweise Sondergenehmigungen für das Fällen von Eichen erteilt wurden. Heute täuschen die Bayerischen Staatsforsten die Öffentlichkeit mit der Aussage, dass in dem Schutzgebiet seit 1928 die Axt ruhe und der Rückgang der Eiche auf die Buchenkonkurrenz zurückzuführen sei. Auch außerhalb der wenigen Naturschutzgebiete fielen die alten Spessarteichen vor allem der Motorsäge zum Opfer. Stell dir mal vor, 1840 gab es im Spessart noch auf rund 5000 Hektar Fläche über 300 Jahre alte Eichen. Davon sind nur etwa 300 Hektar übrig geblieben. Und wie du ja siehst, stehen hier heute auch viel mehr Buchen als Eichen. Von den Förstern wird gerne behauptet, dass die Buchen die Eichen verdrängt hätten. Wie die Baumstümpfe aber unmissverständlich zeigen, sind die meisten Eichen einfach gefällt und verkauft worden.«

Bei Weibersbrunn zeigen mir meine Begleiter dann, wie sich die Bayerischen Staatsforsten auf geradezu perverse Art um den Nachwuchs der Eiche kümmern. Hier wurde ein alter Buchenbestand auf etwa 1,5 Hektar Fläche stark aufgelichtet. Lediglich zwölf Bäume durften stehen bleiben! Das Kronenmaterial wurde nach dem Kahlschlag komplett abgeschoben, um Reihen für die Eichensaat anzulegen. So wurde die ganze Fläche befahren, allein aus Bodenschutzgründen ein Unding! Solche Eichensaaten werden im Spessart in großem Umfang angelegt. Die Saatflächen sind meist nach Südwesten exponiert und setzen daher die entstandenen Ränder ungehindert der Sonneneinstrahlung aus. Kein Wunder, dass es bei Buchen im Spessart so viele Kronenschäden gibt! Eigentlich sind Kahlschläge überall in Deutschland verboten, aber was hier unter dem Deckmantel der Eichennachzucht gemacht wird, ist in Wahrheit nichts anderes. Vor allem ist es unnötig. Denn dass man die Eichen auch im Spessart kleinflächiger verjüngen kann, habe ich ja gestern eindrucksvoll im Stadtwald Lohr gesehen.

Außerdem kommt dem Hochspessart innerhalb des europäischen Schutzgebietsnetzes Natura 2000 eine wichtige Rolle beim Schutz der Buchenwälder zu. Natura 2000 besteht aus Vogelschutz- und sogenannten FFH-Gebieten, FFH ist die Abkürzung für »Fauna, Flora, Habitat«. Dort sollen bestimmte Arten und Lebensraumtypen geschützt werden. Unglaublich, dass ein Gebiet mit dieser Zielsetzung durch kahlschlagartige Auflichtungen für die Eichennachzucht zerstückelt und geschädigt wird. Mittlerweile gibt es Präzedenzurteile, nach denen auch die Forstwirtschaft bei Maßnahmen in FFH-Gebieten Umweltverträglichkeitsprüfungen durchführen muss. Das Ergebnis kann nur sein, dass die Praxis der starken Buchenauflichtungen eingestellt wird, zumal es viele Borkenkäferflächen gibt, die sich für die Neuanlage von Eichenwald anbieten. Während wir für Instagram Videos über diesen Skandal drehen, bebe ich vor Zorn. So ein sinnloses und unnötiges Vorgehen!

Nachdem ich bei den Kunkels übernachtet habe, setze ich meinen Weg am nächsten Morgen, dem 1. Juli, bei kühlem, regnerischem Wetter fort. Hier im Nordspessart wachsen hauptsächlich Nadelbäume, aber oft sind auch Buchen dabei. So ergibt sich der Eindruck eines Mischwaldgebietes – im Gegensatz zu vielen anderen Waldregionen Bayerns, wo klar die Fichte dominiert. Außerdem sehe ich kaum Borkenkäferflächen, der Spessartwald scheint größtenteils noch intakt zu sein. Auf kleinen Lichtungen stehen die purpur-violetten, traubenförmigen Blütenstände des Roten Fingerhuts dicht an dicht. Irgendwann gelange ich durch die weiten Wälder in den hessischen Teil des Spessarts.

Bereits am frühen Nachmittag komme ich in Flörsbach bei Silvia an, der Mutter meiner Freundin Katrin aus Marburg. Hier möchte ich mich mit Katrin, ihrem Freund Christoph, meiner Schwester Andrea und meiner Tochter Marie treffen. Aber zunächst merkt die pragmatische Silvia gleich, was ein Wanderer braucht, der schon ein paar Monate unterwegs ist: Meine Kleidung wandert in die Waschmaschine, und ich bekomme erst einmal eine Dusche verordnet.

Nachdem ich etwas zivilisierter aussehe und rieche, sitzen wir beim Kaffee in Silvias gemütlichem Wohnzimmer voller Grünpflanzen zusammen. Etwas später kommen Andrea und Marie dazu. Meine Schwester ist zwei Jahre älter als ich, durch langjähriges Yoga superfit und hat seit einiger Zeit das Wandern für sich entdeckt. Sie lebt mit ihrer Familie im nicht allzu weit entfernten Rhein-Main-Gebiet und möchte die Gelegenheit nutzen, mich zwei Tage lang zu begleiten. Meine Tochter Marie ist 24 und macht ihren Master in Psychologie in Stockholm. Bisher laufen aber alle Vorlesungen wegen Corona nur online, weshalb sie noch in Deutschland lebt und diese Chance ergreift, mich zu treffen.

Nach dem Kaffee unternehmen wir einen kleinen Spaziergang in die idyllische Umgebung von Flörsbach. Pünktlich zum Abendessen stoßen Katrin und Christoph dazu. Obwohl die beiden noch heute wieder nach Marburg zurückmüssen, haben sie die etwa eineinhalbstündige Anfahrt auf sich genommen, nur um mich zu sehen. Es ist schön, wenn man solche Freunde hat! Bei dem superleckeren Essen von Silvia und einer Flasche Rotwein sitzen wir noch lange zusammen. Zwar kann ich mich über einen Mangel an sozialen Kontakten auf meiner Wanderung wirklich nicht beschweren, aber mit Freunden und Familie beisammen zu sein ist doch noch etwas anderes!

Am nächsten Morgen frühstücken wir gemütlich und machen uns dann zu dritt auf den Weg: meine Schwester, meine Tochter und ich. Ein richtiger kleiner Familienausflug. Das Wetter war in den letzten Tagen nicht besonders sommerlich, aber heute scheint wieder die Sonne, sodass das Wandern auch Marie und Andrea Spaß macht. Durch abwechslungsreichen Wald und bunte Blumenwiesen gelangen wir bei Lohrhaupten zurück nach Bayern. Selbstverständlich steht heute eher das Beisammensein als die Strecke im Vordergrund. So nutzen wir denn auch eine Sitzgruppe am Waldrand für eine ausgedehnte Mittagspause.

Vor Burgsinn übt eine lustige Blaskapelle, und schneller, als wir weitergehen können, halten wir schon ein Getränk in der Hand. Nette Gastfreundschaft! Nachdem wir in dem Ort mit Wasserschloss und ausgedehntem Park in einer Unterkunft genächtigt haben, setzen wir am nächsten Morgen unsere Wanderung Richtung Norden fort. Fast unmerklich vollzieht sich der Übergang in die Rhön. Während die lang gestreckten Hügelrücken des Spessarts nur etwa 500 Meter hoch sind und einheitlich aus Buntsandstein bestehen, erreicht die Rhön eine Höhe von fast 1000 Metern und ist geologisch sehr vielfältig, mit Vulkankuppen und Kalkklippen.

In Weißenbach verabschiede ich mich schweren Herzens von Marie und Andrea und setze meinen Weg allein fort. Drei Nächte hintereinander habe ich ein Dach überm Kopf gehabt, und natürlich sind eine Dusche und ein weiches Bett auch mal ganz schön. Trotzdem freue ich mich, dass ich heute wieder mein Cowboycamp in einem alten, moosigen Fichtenwald aufschlagen kann.

Schon um 5:30 Uhr breche ich am nächsten Morgen auf. Während ich auf einer Bank am Waldrand meinen Blogpost von gestern absetze, zieht ein Fuchs über die nahe gelegene Wiese und bleibt immer wieder stehen; er ist wohl auf der Jagd nach Mäusen. Eine ganze Zeit lang kann ich den roten Räuber beobachten, der sich sogar fotografieren lässt. Offenbar steht der Wind so, dass er meinen

Geruch nicht wittern kann. Wie bei den meisten Wildtieren ist auch für den Fuchs die Nase das wichtigste Sinnesorgan.

Schließlich wandere ich weiter auf den von einem Aussichtsturm gekrönten Dreistelzkopf, von dem mein Blick weit zurück über den Spessart und zu den Basaltgipfeln der Rhön reicht. In Schildeck treffe ich mich mit dem 61-jährigen Michael Hollerbach, der schon lange meinen Blog liest und mich gerne »live« kennenlernen will. Er wohnt im knapp 120 Kilometer entfernten Seligenstadt bei Hanau und ist per Bahn und mit dem Fahrrad angereist. Alle Achtung, das nenne ich umweltbewusst! Michael war als Stadtverordneter der SPD 20 Jahre lang für Umweltthemen zuständig, unter anderem auch für den fast 1000 Hektar umfassenden Stadtwald, daher ist er besonders an meinen Ansichten zur Waldbewirtschaftung interessiert.

Gemeinsam spazieren wir durch alte Laubwälder mit vielen Ahornen und durch junge Fichtenbestände. Die Rhön ist mit lediglich 40 Prozent Waldanteil für ein Mittelgebirge recht spärlich bewaldet, tatsächlich gab es hier vor einigen Jahrzehnten aber noch weniger Wald. Große Wiesenbereiche wurden erst nach dem Zweiten Weltkrieg mit Fichten aufgeforstet, die als dunkle Blöcke die Blumenwiesen unterbrechen. Während viele Wiesen heute aus monotonem Einheitsgrün bestehen, sieht das in der Rhön ganz anders aus. Selbst jetzt, Anfang Juli, sind die meisten Wiesen noch nicht gemäht worden und tragen ein buntes Blütenkleid, aus dem es summt und brummt. Einen wunderschön rot-schwarz gemusterten Schmetterling mit weißen und gelben Punkten identifizieren wir als Schönbär. Dieser Nachtfalter ist auch tagaktiv und kommt nur in intakten Wiesenlandschaften vor.

Leider donnert es bereits ringsum, bei uns fallen zunächst nur einige Tropfen. Dennoch trennen wir uns bereits in Oberbach wieder, hoffentlich schafft es Michael noch vor dem Gewitter zurück zu seinem Fahrrad und dann zum nächsten Bahnhof! Auch ich steuere vorsichtshalber die Schutzhütte am Gebirgsstein an und erreiche sie gerade noch rechtzeitig, bevor es wie aus Kübeln zu schütten beginnt. Zunächst denke ich, gut geschützt zu sein, aber bald tropft das Wasser durch etliche undichte Stellen im Dach. Zudem ist der vorgelagerte Weg abschüssig, sodass das Regenwasser in die Hütte fließt, wo sich eine Pfütze nach der anderen bildet. Ich befürchte schon, dass mir kein trockener Platz zum Schlafen übrig bleiben wird, als das Unwetter endlich abzieht. In einem urigen Buchenwald in der Nähe kann ich nun mein Tarp aufschlagen. Am Morgen ist es feucht und neblig, genau das richtige Wetter für diesen Wald.

Schließlich komme ich zum Naturwaldreservat Lösershag, einer wichtigen Kernzone im Biosphärenreservat Rhön. Die 68 Hektar große Fläche ist durch einen etwa zwei Kilometer langen Rundweg erlebbar. Der »Urwald« Lösershag ist kein Urwald, wenn auch die felsenüberlagerte Zone um den Gipfel herum wohl immer schon extensiv bewirtschaftet wurde. Nichtsdestotrotz ist das Naturwaldreservat sehr sehenswert mit viel Totholz und alten Bäumen zwischen Basaltblöcken vulkanischen Ursprungs. Besonders freut mich, dass die Eschen noch recht vital zu sein scheinen. Auch Bergulmen gibt es reichlich, wenn auch keine ganz alten Exemplare.

Bei Oberweißenbrunn gelange ich auf den 175 Kilometer langen Fernwanderweg Hochrhöner, dem ich ab jetzt einige Zeit folgen werde. Hinter dem Ort steige ich auf zum Himmeldunkberg, einer 888 Meter hohen markanten Erhebung mit waldfreiem Kamm. Rinder und Pferde weiden, und aus dem hohen Gras ertönt der Ruf des Wachtelkönigs. Das ist ein seltener Schnepfenvogel, den man so gut wie nie sieht, aber an seiner charakteristischen Stimme leicht erkennen kann. Hier oben wird mir so richtig bewusst, warum die Bezeichnung »Land der offenen Fernen« so gut zur Rhön passt. Ich liebe ja den Wald sehr, aber diese ausgedehnten Blumenwiesen, über die der Blick weit schweifen kann, sind schon etwas Besonderes.

Am nächsten Morgen erreiche ich am 926 Meter hohen Heidelstein das 3272 Hektar große Naturschutzgebiet der Langen Rhön, wo vor allem die Wiesen geschützt werden sollen, in denen es noch einen kleinen Bestand seltener Birkhühner gibt. Mitten im Naturschutzgebiet treffe ich einen Mann und eine Frau, die mit der Sense Blumen abmähen. Ich kann mir schon denken, was das soll, frage aber dennoch nach: »Hier mit der Sense zu mähen sieht ja ziemlich mühsam aus, warum machen Sie das?«

Die sportlich aussehende Frau schaut auf und entgegnet freundlich: »Wir mähen im Auftrag der Naturschutzbehörde die Lupinen ab, bevor sie Samen ausbilden können. Diese blauen Blumen sehen zwar schön aus, stammen aber ursprünglich aus Amerika und verdrängen einheimische Pflanzen. Daher versuchen wir, ihre Ausbreitung zu stoppen.« Ich bin skeptisch, ob das wirklich etwas bringt, und als ich weiter nachfrage, merke ich, dass auch sie ihr Vorhaben für ziemlich schwierig hält. Dabei muss ich an die Große Küstentanne denken, die ja zurzeit vermehrt im Wald angepflanzt wird. Ihre Ausbreitung wird sicher noch schwerer zu stoppen sein und hätte große Auswirkungen für viele unserer Waldökosysteme.

Ich mache mich wieder auf den Weg und gelange bald an das 60 Hektar große Schwarze Moor. Es liegt unmittelbar an der Straße und ist mit Parkplätzen, einem Aussichtsturm und einem zwei Kilometer langen Bohlensteg sehr gut erschlossen. Offene, mit Torfmoosen, Zwergsträuchern und Wollgras bewachsene Flächen wechseln sich mit Moorbirkenwald ab. Im Gegensatz zu fast allen deutschen Mooren wurden hier kaum Abtorfung und Entwässerung betrieben, daher ist das Moor in noch ziemlich ursprünglichem Zustand erhalten. Ein interessanter Lehrpfad verrät viel Wissenswertes über das Schwarze Moor und Moore im Allgemeinen. So finde ich es schaurig-interessant, dass in Europa bisher über 1000 Leichen in Mooren gefunden wurden, deren Körper ähnlich wie bei Mumien kaum zersetzt waren.

Hinter dem Moor verlasse ich Bayern und werde nun drei Monate lang durch die ostdeutschen Bundesländer wandern, zunächst geht es wieder nach Thüringen. Inzwischen habe ich die Hälfte meiner geplanten Wanderstrecke absolviert und blicke erwartungsvoll auf das, was noch vor mir liegt. Es ist natürlich eine große physische Herausforderung, 6000 Kilometer zu wandern, und ich war mir wirklich nicht sicher, ob ich das schaffen würde. Mittlerweile bin ich aber so im Rhythmus des Wanderns angekommen, dass ich mir gar nicht mehr vorstellen kann, die Tour vorzeitig abbrechen zu müssen.

THÜRINGEN

Von der Rhön über den Hainich ans Thüringer Meer

Bisher zurückgelegte Strecke

3150 km

Zeitraum

Jan	Feb	Mrz	Apr	Mai	Jun	Jul	Aug	Sep	Okt	Nov	Dez

Waldanteil

34 %

Thüringen

DEUTSCHLANDS GRÖSSTER LAUBWALD

Während es morgens noch richtig schön war, hat es sich jetzt eingetrübt, und als ich die ehemalige innerdeutsche Grenze erreiche,
geht der erste Schauer nieder. Über Frankenheim wandere ich dann
bei wechselhaftem Wetter zum Berg Ellenbogen. Hier entdecke ich
im Wald eine der schönsten bei uns vorkommenden Blumen, die
Türkenbundlilie, die mit ihren großen, fleischrosafarbenen Blüten
und den langen, nach unten hängenden Staubfäden eher wie eine
tropische Orchidee als wie eine einheimische Waldblume aussieht.

Bei feuchtem, grauem Wetter gelange ich am nächsten Morgen
zurück an den ehemaligen Grenzstreifen. Noch vor etwas mehr als
30 Jahren sollte dieser 1400 Kilometer lange Korridor mit Minen,
Zäunen und intensiver Überwachung verhindern, dass DDR-Bür-
ger in den Westen fliehen, jetzt ist ein eindrucksvolles Naturschutzprojekt entstanden: das Grüne Band. Auf dem 50 bis 200 Meter breiten Streifen wird die arten- und abwechslungsreiche Landschaft aus
Blumenwiesen, Gebüschen, Hecken und Waldstreifen als linienför-
miges Vernetzungselement in einer ansonsten immer intensiver genutzten Agrarlandschaft erhalten. Überall summt und brummt es,
offenbar funktioniert das Grüne Band sehr gut!

Ich habe die Vulkanlandschaft der Hochrhön hinter mir gelassen und wandere nun durch die Vorrhön. Die Berge sind mit Laubwald bewachsen und haben Steilabfälle und Gipfelplateaus zu bieten, den typischen Landschaftsaufbau im Muschelkalk. Auf den
Halbtrockenrasenflächen bei Wiesenthal wimmelt es von Insekten,

vereinzelt blühen noch Orchideen, und an einigen Stellen gedeihen spitzkronige, dunkelnadlige Wacholderbüsche. Eine lebendige Landschaft, an der ich mich so richtig erfreuen kann.

Schließlich erreiche ich die Bernshäuser Kutte, einen von Wald umgebenen kreisrunden Karstsee mit klarem grünen Wasser, der durch den Einsturz eines unterirdischen Hohlraums entstanden ist. Die Laubbäume ringsum werfen ihr Spiegelbild auf die ruhige Wasserfläche, die zum Baden einlädt. Obwohl Schilder verkünden, dass das verboten ist, reizt es mich doch, hier Abkühlung zu suchen. Wie weit der Einsturztrichter wohl in die Tiefe reicht? Nur schwer reiße ich mich von dem traumhaften Fleckchen los und setze meinen Weg fort. Aus dem nährstoffreichen Muschelkalk mit seiner reichen Flora gelange ich zum kargeren Buntsandstein, wo der Nadelwald überwiegt. Lange Zeit wandere ich durch ein idyllisches Wiesental, bevor ich an die Straße nach Bad Salzungen komme.

Am nächsten Tag folge ich grob dem Lauf der Werra und stoße hinter Förtha auf einen alten Bekannten: den Rennsteig, dem ich ja bereits im Thüringer Wald gefolgt bin! Mitten im Wald komme ich an einen Aussichtspunkt, von dem aus mein Blick über die Baumwipfel hinweg bis zu einem runden Hügel reicht, der von einer großen Burganlage gekrönt wird. Das ist die berühmte Wartburg, auf der Luther einst Zuflucht fand und die einem in der DDR produzierten Automodell seinen Namen gab.

Da mir das Wetter unsicher scheint, schlage ich mein Lager in einer Schutzhütte auf, in der es sogar eine hölzerne Liege gibt, sehr komfortabel! In der Morgendämmerung flattern Fledermäuse um die Hütte herum, die dort wohl ihr Quartier haben. Ausgerechnet als ich losgehe, beginnt es zu regnen. Ich kann mir aber nicht vorstellen, dass es den ganzen Tag so weitergehen wird ...

In Hörschel erreiche ich das Ende des Rennsteigs, folge aber weiter dem Werratal. Der Regen ist zwar stetig, doch nicht besonders stark. Dennoch lege ich an einer Schutzhütte eine kurze Pause ein und checke den Wetterbericht über mein Smartphone. Der sieht gar nicht so schlecht aus, also laufe ich weiter bis zu dem hübschen Fachwerkstädtchen Creuzburg. Oberhalb des Ortes wandere ich durch die Werrahänge, auf denen zahlreiche Orchideen wachsen, die leider schon verblüht sind. Der Regen ist jetzt ziemlich heftig, sodass das Wasser langsam, aber sicher durch mein Regenzeug hindurchsickert. Zwar ist mein Smartphone gegen Feuchtigkeit abgedichtet, aber der Touchscreen funktioniert nicht mehr richtig, weil ständig dicke Tropfen auf das Display fallen. Das ist insofern wichtig, da ich ja mit dem Handy navigiere. Glücklicherweise kann ich meist markierten Wanderwegen folgen, sodass ich nur selten auf die Karten-App zurückgreifen muss.

Inzwischen haben sich auf allen Wegen kleine Bäche gebildet, das viele Wasser kann gar nicht mehr schnell genug abfließen. Glücklicherweise ist es nicht allzu kühl, daher bleibe ich recht warm, obwohl ich irgendwann bis auf die Haut durchnässt bin. Es macht einfach keinen Spaß, durch strömenden Regen zu laufen, und in Treffurt bin ich schon drauf und dran, mir eine Unterkunft zu suchen. Allerdings habe ich gleich morgen früh einen Termin, den ich absagen müsste, wenn ich jetzt haltmache. Ich beiße in den sauren Apfel und quäle mich weiter. Es geht steil hoch zur Burg Normannstein, wo es bestimmt sehr schön ist. Aber der peitschende Regen und der graue Himmel lassen mich eher daran denken, wie gemütlich ein Sofa sein kann …

Vor Heyerode erscheint der dunkle Laubwaldblock des Hainichs, in dessen nasses, dämmriges Waldkleid ich bald eintauche. Der Hainich ist ein lang gestreckter, bewaldeter Höhenzug und mit seinen 13 000 Hektar zugleich das größte geschlossene Laubwaldgebiet Deutschlands. Ich bin schon nach wenigen Schritten beeindruckt: Obwohl ich durch bewirtschafteten Wald wandere, sind die Bestände erstaunlich dicht. Mich umgibt tiefes Grün, das mich auch ein wenig vor dem Regen schützt.

Nach 40 Kilometern und zwölfeinhalb Stunden im Dauerregen erreiche ich endlich Eigenrieden, wo ich in der Pension Weber ein günstiges Zimmer gebucht habe. Ich sehe aus wie ein begossener Pudel, werde aber dennoch sehr freundlich aufgenommen, und mein von Regen durchtränktes Zeug kommt gleich in Waschmaschine und Trockner. Nach einer heißen Dusche bin ich ein neuer Mensch! Leider muss ich dann feststellen, dass mein Teleobjektiv in einer Pfütze schwimmt. Eigentlich ist es gegen Feuchtigkeit abgedichtet und war in einem vermeintlich wasserdichten Sack verpackt. Doch jetzt gibt es nur noch sirrende Geräusche von sich, wenn ich es an die Kamera setze. Es hat das Bad ganz offensichtlich nicht überstanden.

Am nächsten Morgen treffe ich mich mit Tanja Kempen und ihrem Mann Daniel vor der Pension. Nach kurzer Begrüßung suchen wir den nahe gelegenen Dörnaer Genossenschaftswald auf, den Daniel zurzeit als Förster betreut. Doch zunächst interessiert mich der Werdegang von Tanja, die im Internet die sehr schöne Seite waldentdecken.de betreibt.

Auf meine Frage danach, wie sie zur Waldpädagogik kam, erzählt sie: »Schon als Kind haben mich Wildblumen und unser Gartenteich fasziniert, allerdings habe ich nach dem Abi zunächst Betriebswirtschaft studiert und war Produktmanagerin bei einer Firma in München. Obwohl ich gutes Geld verdient habe, war ich nicht zufrieden und beschloss, meine Liebe zur Natur auch beruflich zu verfolgen. Daher habe ich Forstwissenschaft studiert, eine Ausbildung zur Waldpädagogin abgeschlossen, und zurzeit mache ich einen Master zum Thema Waldnaturschutz. Gleichzeitig möchte ich andere Menschen mit meiner Begeisterung für den Wald anstecken und biete daher über meine Website Führungen und Veranstaltungen für Interessierte aller Alters- und Interessengruppen an: Vom Kindergartenworkshop über Firmen- bzw. Teamevents bis zu Veranstaltungen für Seniorengruppen ist alles möglich.«

»Mit dem Hainich hast du dir aber auch einen besonders schönen Wald als Wirkungsstätte ausgesucht«, finde ich. Meine Augen schweifen durch den Dörnaer Wald, in dem die vielen dicken Stämme der verschiedensten Baumarten auffallen. Zwar überwiegt die Buche, aber zahlreiche Eschen, Ahorne, Ulmen und Linden haben sich zu ihr gesellt. Überall wächst der Nachwuchs hoch, und häufig gibt es eine intensive Durchmischung von Bäumen unterschiedlicher Höhe. Daniel, ein lebhafter junger Mann mit dunklem Vollbart, weiß viel Interessantes über den Wald zu berichten: »Im Gegensatz zu den meisten Regionen gehört der Privatwald hier keinen Einzelpersonen, sondern Genossenschaften, an denen die einzelnen Mitglieder Anteile haben, die sich auf den Wald als Ganzes beziehen. Die Geschichte der Genossenschaften reicht bis ins Mittelalter zurück, nur zur DDR-Zeit war der Wald verstaatlicht.«

Zwar gibt es auch in diesem naturnah bewirtschafteten Plenterwald einige Kronenschäden, aber insgesamt wirkt er ziemlich vital. Hoffentlich ändert sich das auch in Zukunft nicht! Leider müssen sich meine sympathischen Gesprächspartner irgendwann wieder verabschieden, und ich spaziere allein weiter. Heute ist Samstag, und mein nächster Termin wartet erst am Montag im unweit gelegenen Mühlhäuser Stadtwald auf mich, daher kann ich es ausnahmsweise mal etwas ruhiger angehen lassen. Außerdem finde ich es schön, wenn ich mir schon vor einem Treffen selbst einen Eindruck von dem Wald machen kann, um den es dann gehen wird. Hier im Hainich ist der Laubwald sehr abwechslungsreich, plenterartige Bereiche wie im Dörnaer Genossenschaftswald wechseln sich mit eher gleichförmigen Beständen ab, sicherlich eine Folge der unterschiedlichen Nutzungsgeschichte. Die Feuchtigkeit der letzten Zeit hat etliche Pilze sprießen lassen, die sehr gut in die kühl-feuchte Atmosphäre des Laubwalds passen.

Auf schmalen Pfaden erreiche ich am Montagmorgen die Waldgaststätte Weißes Haus, wo ich mich mit den beiden Revierförstern des 3200 Hektar großen Mühlhäuser Stadtwalds, Ronny Dietzel und Peter Thoms, treffe. Sie sind etwa in meinem Alter und arbeiten schon knapp 20 Jahre im Stadtwald, der seit 1999 nach den Grundsätzen der ANW bewirtschaftet wird. Auf meiner Wanderung zum Weißen Haus sind mir die großen Stapel Eschenholz entlang der Wege aufgefallen, und ich habe daraus geschlossen, dass hier das Eschentriebsterben grassiert.

Ronny Dietzel bestätigt meine Vermutung: »Seit 2014 ist das ein großes Problem, da die Eschen bei uns einen Anteil von zehn Prozent vom Wald einnehmen. Unser Einschlag konzentriert sich zurzeit auf diese Baumart, doch glücklicherweise kommt sie bei uns immer in Mischung mit anderen Bäumen vor, so entstehen keine Kahlflächen, auch wenn wir den Großteil der Eschen fällen.«

Einerseits macht es mich sehr betroffen, dass eine Baumart in so kurzer Zeit derart massive Probleme bekommen kann, andererseits scheinen in vielen Beständen einige der Bäume resistent gegen den Pilz zu sein, daher muss man sich um das Überleben der Baumart Esche wohl keine Gedanken machen. Nicht zuletzt kommen die Eschenarten in Ostasien, der ursprünglichen Heimat des Falschen Weißen Stängelbecherchens, wie der Pilz genannt wird, gut mit dem Befall klar.

Im Stadtwald sehen wir eine ganze Reihe markanter Einzelbäume, darunter auch dicke Eichen, die auf die jahrhundertelange Mittelwaldnutzung zurückgehen. Dabei wurde das Unterholz etwa alle 20 Jahre komplett gefällt und als Brennholz genutzt, während man einzelne starke Bäume – häufig Eichen – zur späteren Nutzung als Bauholz stehen ließ. Besonders eindrucksvoll ist die Korpusbuche, eine wohl 400 Jahre alte Hainbuche mit über vier Meter Umfang und hohlem Stamm, die dennoch noch voll vital ist. Auch wenn ein Großteil des Stadtwalds aus relativ gleichaltrigen, 60- bis 90-jährigen Bäumen besteht, ist das Ziel der Förster, überall einen gemischten Dauerwald aus Bäumen unterschiedlichen Alters,

Durchmessers und verschiedener Höhe zu entwickeln. Immerhin entsprechen etwa 500 Hektar bereits diesem Idealbild.

Wieder einmal vergeht die Zeit viel zu schnell, und ich muss weiterwandern. Parallel zum Ostrand des Hainichs gehe ich Richtung Süden. Dabei komme ich immer wieder an sehr alten, dicken Bäumen vorbei – eine tolle Ergänzung zum Nationalpark, der sich weiter südlich anschließt und den ich morgen besuchen will.

Schließlich steige ich auf zum Kamm des Hainich-Höhenzugs, auf etwa 500 Meter, wo ich zum Rennstieg gelange, einem alten Weg, der das Waldgebiet von Süden nach Norden durchquert. Hier wachsen hauptsächlich Buchen, aber auch Ahorn, Esche, Linde, Elsbeere und andere Baumarten sind am Waldaufbau beteiligt. Es gibt einige Kronenschäden, aber insgesamt wirkt der Wald vital. Ich genieße die ersten saftigen Himbeeren und schlage mein Freiluftlager in einem schönen altersgemischten Wald auf.

Als es dunkel ist, höre ich plötzlich relativ laute Geräusche in unmittelbarer Nähe. Das kann kein kleines Reh sein, irgendein großes Tier ist unterwegs. Ich lausche weiter und schalte dann meine Stirnlampe an. Drei Hirschkühe tauchen im Lichtkegel auf und nehmen sofort Reißaus. Etwas später wird es wieder laut, diesmal ist mir aufgrund der grunzenden Laute aber klar, dass es sich um Wildschweine handeln muss. Eine ganze Zeit lang durchsuchen sie das Laub nach etwas Essbarem und scheinen dabei immer näher zu kommen. Doch als ich meine Lampe wieder anschalte, bekomme ich nichts zu sehen.

Es dauert nicht allzu lange, bis ich am nächsten Morgen den Eingang des Nationalparks Hainich erreiche. Der Park wurde am 31. Dezember 1997 gegründet und nimmt eine Fläche von 7500 Hektar ein. 5000 Hektar davon sind Laubwald, womit es die größte aus der forstwirtschaftlichen Nutzung herausgenommene Laubwaldfläche Deutschlands ist. Ihr hoher Naturschutzwert wurde 2011 eindrucksvoll bestätigt, als die naturnächsten Teilflächen, insgesamt

1573 Hektar, der UNESCO-Weltnaturerbestätte »Alte Buchenwälder und Buchenurwälder der Karpaten und anderer Regionen Europas« zugeschlagen wurden. Der Hainich ist damit eines von fünf
deutschen Gebieten, die dieses Gütesiegel tragen. Die restlichen
94 Gebiete sind auf 17 weitere Länder verteilt, mit Schwerpunkt in
Rumänien und der Ukraine. Die anderen vier deutschen Flächen
werde ich auf meiner Wanderung übrigens auch noch besuchen.

Sobald ich die Nationalparkgrenze überschritten habe, fällt mir
auf, dass der Wald deutlich geschlossener und viel mehr Totholz
vorhanden ist, obwohl mich mein Weg zunächst durch Bereiche mit
Bäumen mittleren Alters führt. Schon gegen acht Uhr erreiche ich
Ihlefeld, eine von Mönchen gerodete und bewirtschaftete Fläche,
die später Hofgut einer adeligen Familie wurde. Anfang der 6oer-
Jahre, mit Einrichtung eines Truppenübungsplatzes, endete schließlich die menschliche Besiedlung, und inzwischen erobert die Natur
eindrucksvoll ihr verloren gegangenes Terrain zurück. Es gibt noch
ein Gebäude mit einer kleinen Ausstellung zum Nationalpark, und
ganz in der Nähe steht die 800-jährige Betteleiche, die am Stamm-
fuß von einem großen Hohlraum unterbrochen wird, durch den
man bequem hindurchgehen kann.

Pünktlich um neun Uhr erscheint Manfred Großmann, der etwa
60-jährige langjährige Leiter des Nationalparks, mit einem nett be-
malten Elektroauto. Nach einem kurzen Vorgespräch fahren wir zu
den Zimmerbergen, einer stark geschädigten, relativ kleinen Teilflä-
che des Nationalparks. Schon am Nordhang zeigen sich etliche abgestorbene Buchen, richtig schockierend sieht es jedoch auf dem
Plateau und am Südhang aus. Tote graue Bäume mit abblätternder
Rinde prägen das Bild. Aber auch die noch lebenden Buchen sind
nur spärlich belaubt und viele ihrer Äste abgestorben. Über dem
weißen Kalkstein gibt es nur eine dünne Bodenkrume, daher war
das schon immer ein sehr trockener Standort. In den letzten drei
Jahren konnten die Buchen, die hier die vorherrschende Baumart

sind, nicht mehr genug Wasser aufnehmen, und so empfängt mich nun dieser traurige Anblick. Ich möchte wissen, ob Manfred Großmann sich Sorgen um seinen Nationalpark macht.

»Tatsächlich habe ich 2018, als die Dürre begann, nicht damit gerechnet, dass es zu so schlimmen Zuständen im Hainich kommen wird«, gibt er zu. »Allerdings muss man auch sagen, dass sich die verheerendsten Schäden auf extreme Trockenstandorte wie hier beschränken. Im größten Teil des Nationalparks sieht der Wald nach wie vor sehr vital aus, daher mache ich mir insgesamt auch keine großen Sorgen. Klar ist aber, dass der Wald in Bereichen wie diesem in Zukunft anders aussehen wird. Statt der Buche werden an Trockenheit angepasste Baumarten wie Eiche, Linde, Ahorn und Elsbeere eine größere Rolle spielen.«

Mir fällt auf, dass viele der jungen Bäume auf dem Plateau stark verbissen sind. Offenbar ist es ein beliebter Aufenthaltsort des Rotwilds. In diesem Zusammenhang interessiert mich natürlich, wie es der Nationalpark mit der Jagd hält. Es wäre fatal, wenn die natürliche Wiederbewaldung an einem zu hohen Wildbestand scheitern würde. Für die Antwort fährt Manfred Großmann mit mir zunächst zum Aussichtsturm Hainichblick, von dem aus wir einen schönen Überblick über den Hainich erhalten. Neben den großen, geschlossenen Waldflächen in der Richtung, aus der wir gekommen sind, erstreckt sich vor uns ein ausgedehnter Jungwaldbereich, an den offene Flächen angrenzen.

»Was ist denn hier passiert?«, möchte ich von dem Nationalparkleiter wissen.

»Dieser Wald wurde in den 8oer-Jahren gerodet, um den Panzerübungsplatz Kindel für die Rote Armee anzulegen. Seit dem Abzug der russischen Soldaten 1994 durfte sich die Natur auf dem größten Teil der Fläche ohne irgendwelche Eingriffe entwickeln. Mittlerweile hat sich an vielen Stellen ein extrem artenreicher Jungwald eingestellt, und das, obwohl wir die Jagd im Nationalpark weitgehend eingestellt haben. Um auf Ihre Frage zu den Zimmerbergen zurückzukommen: Natürlich hat das Wild einen Einfluss auf den Wald, aber langfristig gesehen, verändert es unserer Erfahrung nach die natürliche Waldentwicklung nicht. Daher wollen wir uns auch in diesem Bereich so weit wie möglich am Motto der deutschen Nationalparks ›Natur Natur sein lassen‹ orientieren.«

Am Nachmittag bringt mich Manfred Großmann zu unserem Treffpunkt zurück und gibt mir noch ein paar Tipps für die Wanderung durch das Weberstedter Holz, das Herzstück des Nationalparks, wo, bedingt durch die frühere militärische Nutzung, bereits seit 50 Jahren eine natürliche Waldentwicklung stattfindet. Es ist wirklich ein Traum für Waldliebhaber! Ein dichtes Kronendach erstreckt sich fast über die gesamte Fläche. Natürlich sind auch hier einzelne Bäume abgestorben, aber insgesamt habe ich auf meiner Wanderung bisher noch nirgendwo so dichte Buchenkronen gesehen.

Im Gegensatz zu den Zimmerbergen wirkt der Wald sehr vital. Auch an den meisten alten Eschen entdecke ich keine Krankheitserscheinungen. Der gesamte Wald ist gut begehbar, obwohl überall Jungbäume darauf warten, in Lücken vorzustoßen. Bürstendichte Naturverjüngung der Buche, über der nur noch wenige Altbäume stehen, gibt es hier nicht. Was für ein Kontrast zu vielen von der Buche geprägten Wirtschaftswäldern! Fast überall um mich herum steht oder liegt wirklich starkes Totholz, kein Vergleich zu den schwach dimensionierten Kronenresten im Wirtschaftswald. Vielerorts sehe ich Pilze sprießen, kein Wunder bei der feuchten Sommerwitterung.

An manchen Stellen gibt es kleine Lücken im Kronendach, wo mehrere Altbäume nebeneinander zusammengebrochen sind. Diese geben dem Nachwuchs eine Chance hochzuwachsen, können aber auch wieder von den benachbarten Bäumen überwachsen werden. Ringsherum sehe ich wirklich starke Baumindividuen neben deutlich dünneren Nachbarn. Zwar dominiert die Buche bei Weitem, aber ich erspähe auch viele andere Baumarten von der Ulme über Ahorn zu Esche und Linde. Überall gibt es etwas Neues zu entdecken, seien es Baumpilze, ein Dachsbau oder eine Wildschweinsuhle. Der Wald ist sehr still, ich kann keinerlei Verkehrsgeräusche hören. Kostbare Waldeinsamkeit!

Zwar ist es schon über 50 Jahre her, dass hier Bäume gefällt wurden, dennoch trifft man noch auf alte Baumstümpfe und Fahrspuren. Manfred Großmann hat mir einige Kennzahlen genannt, die einen ganz guten Vergleich mit einem richtigen Urwald erlauben. Uholka in der Ukraine ist der größte noch verbliebene Buchenurwald der Welt. Hier erreicht der Holzvorrat 800 Kubikmeter pro Hektar, die Totholzmenge liegt zwischen 50 und 150 Kubikmetern, und es stehen im Schnitt 21 Bäume mit über 80 Zentimeter Durchmesser auf einem Hektar. Im Weberstedter Holz beträgt der Vorrat 650 Kubikmeter pro Hektar, es gibt 65 Kubikmeter Totholz und elf Bäume mit über 80 Zentimeter Durchmesser. Ganz offensichtlich hat sich das Weberstedter Holz bereits sehr naturnah entwickelt. Weitere Parameter sind zur Beurteilung der Naturnähe eines Waldes ebenfalls wichtig: Wie viel Kohlenstoff hat der Boden gespeichert? Wie steht es um die Vielfalt des Lebens, gerade bei Pilzen und Insekten? Immerhin wurden im Hainich bisher 1600 Pilz- und 500 Käferarten, häufig Totholzspezialisten, nachgewiesen, wahrscheinlich gibt es aber noch viel mehr …

Während einer Pause lasse ich, an einen Baumstamm gelehnt, den Wald auf mich wirken und denke darüber nach, welche Schlüsse sich aus dem Gesehenen für den Wirtschaftswald ziehen lassen: Ganz ohne forstliche »Pflege« ist der Wald nach 50 Jahren voller Bäume mit guter Holzqualität. Überschätzen wir Förster manchmal den Einfluss, den unsere Eingriffe haben? Oder setzen viele der alltäglichen forstwirtschaftlichen Maßnahmen die Vitalität des Waldes sogar herab?

Trotz hohem Holzvorrat haben zahlreiche Bäume hier sehr starke Durchmesser erreicht. Es muss also keineswegs so sein, dass ein dichter Wald nur aus dünnen Bäumen besteht. Und auch ohne die Förderung einzelner Baumarten ist die ganze Palette der an diesem Standort heimischen Spezies erhalten geblieben – und es sieht nicht so aus, als ob sich das in absehbarer Zeit ändern würde. Das Weberstedter Holz zeigt auffallend wenig Kronenschäden, was mit dem dichten Kronenschluss und dem dadurch hervorgerufenen kühl-feuchten Waldinnenklima zusammenzuhängen scheint.

Wenn man die Situation im buchengeprägten Naturwald betrachtet, merkt man rasch, dass die forstliche Bewirtschaftung der Buche im Regelfall naturwidrig ist. Ich frage mich, ob man sich nicht gerade jetzt im Klimawandel bei der Waldbewirtschaftung wieder stärker an den natürlichen Vorgängen orientieren sollte, auch um die durch die Bewirtschaftung entstehenden Schäden zu reduzieren. Und sollte man als Waldbesitzer nicht den derzeit enttäuschend niedrigen Preis für Buchenholz für einen gezielten Vorratsaufbau nutzen? Denn wie man im Weberstedter Holz sieht, muss das keineswegs ein wirtschaftlicher Nachteil sein. Im Gegenteil, die alten Buchenbestände würden von dieser Atempause sicher profitieren, und hohe Vorräte bedeuten immer auch eine hohe Kohlenstoffspeicherung, nicht ganz unwichtig in Zeiten des Klimawandels. Im Privatwald könnten vielleicht geschickt angelegte Förderprogramme die temporären Einnahmeausfälle kompensieren.

Plötzlich werde ich aus meinen Gedanken gerissen, denn obwohl es noch lange nicht Nacht ist, verdunkelt sich der Himmel mit einem Mal. Ein Unwetter scheint bevorzustehen, daher sprinte ich so schnell wie möglich durch den Wald und hoffe, noch rechtzeitig die Umweltbildungsstation zu erreichen, in der ich übernachten darf. Unterwegs scheuche ich ein Wildschwein auf, das sich unter einer abgebrochenen Baumkrone versteckt hatte – und dann beginnt es zu regnen. Eine Zeit lang halten die Baumkronen das

Wasser zurück, aber irgendwann bricht der Regen durch, und ein Gewitterguss durchnässt mich doch noch. Ich bin froh, als ich endlich die Station erreiche, wo ich die Nacht in einem offenen Raum warm und trocken überstehe.

VERPASSTE CHANCEN
IN DER HOHEN SCHRECKE

Am nächsten Morgen verlasse ich den Hainich und wandere meist auf Radwegen durch die Agrarsteppe des Thüringer Beckens. Über den ersten gemähten Kornfeldern kreisen Rotmilane. Es gibt kaum Wald, daher muss ich meinen Übernachtungsplatz vorausschauend planen. In einem kleinen Feldgehölz mit augenscheinlich noch gesunden Eschen schlage ich schließlich unter einer dicken Ulme mein Cowboycamp auf. Ähnlich wie die Eschen heute sind die Ulmen bereits seit den 70er-Jahren von einer eingeschleppten Pilzkrankheit betroffen, die fast überall die älteren Bäume getötet hat. Umso schöner ist es, hier noch ein stattliches Exemplar anzutreffen. Auch wenn die Landschaft insgesamt ziemlich ausgeräumt ist, ohne Hecken, Baumstreifen und Wiesen, begleitet mich auf dem Randstreifen entlang der Radwege oft eine erstaunlich bunte Blumen- und Insektenpracht.

Vor Sondershausen erreiche ich die Ausläufer der Hainleite, eines schmalen Rückens aus Muschelkalk, der überwiegend mit Laubwald bewachsen ist. Zunächst bin ich entsetzt: Es gibt nur noch wenige alte Buchen über den riesigen Jungbestandsflächen, und die so Hitze und Trockenheit ungeschützt ausgesetzten Baumveteranen weisen oft große Kronenschäden auf oder sind gar abgestorben. Natürlich liegt die Ursache dafür in den heißen, trockenen Sommern seit 2018, aber die starke Freistellung hat diese alten

Im romantischen Tal der Wilden
Endert wandere ich 20 Kilometer
aus der Eifel an die Mosel.

Vollmond im Hunsrück

Unterwegs entdecke ich Spuren der Wald-
krise, wie riesige Flächen mit toten Fichten.

Die Douglasie aus Nordamerika gilt
als klimarobuste Wunderbaumart –
doch ist sie das wirklich?

Aufgelichtete Buchen sind geschwächt.

Bodenzerstörung im Harz

An anderen Orten gibt es tollen Mischwald.

Fast jede Nacht verbringe ich im Wald unter freiem Himmel, mit minimalem Schutz.

Im Saarland wird aus Winter …

… langsam Frühling.

Im Stadtwald Baden-Baden

Waldbloggen: Jeden Tag erzähle ich live von meiner Wanderung.

In der Wutachschlucht

Auf der Schwäbischen Alb

Kalte Küche: Meine Mahlzeiten sind einfach, aber kalorienreich.

Bei Regen und Nebel
auf den Feldberg

Zuflucht vor dem Sturm
auf der Schwäbischen Alb

Bergmischwald im Allgäu

Am Alpsee

Schlammschlacht

Im Voralpenland

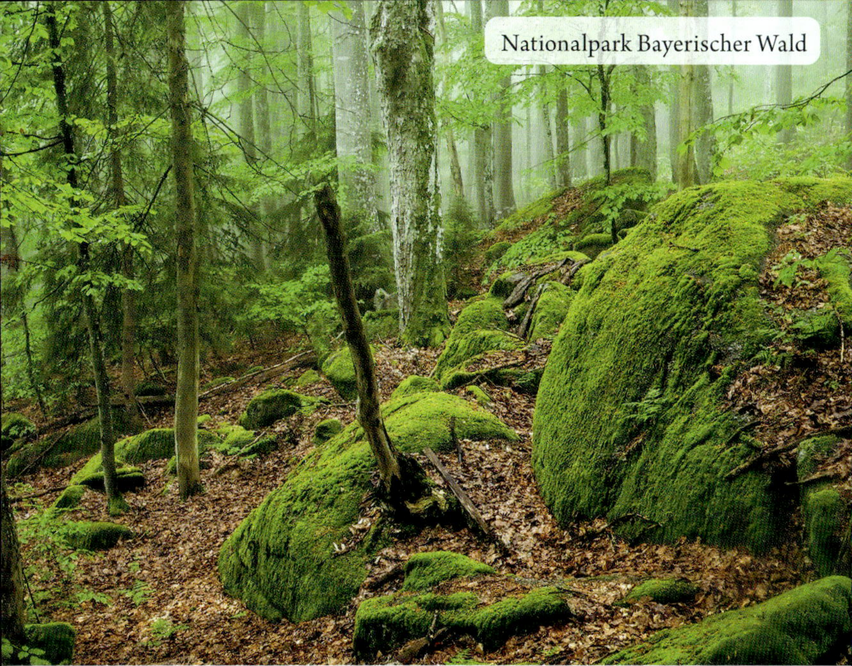
Nationalpark Bayerischer Wald

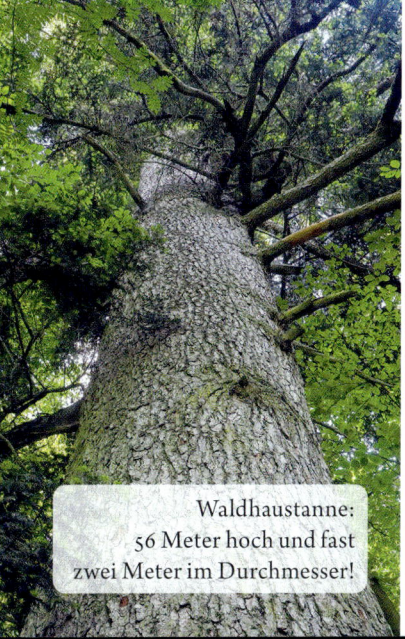

Waldhaustanne:
56 Meter hoch und fast
zwei Meter im Durchmesser!

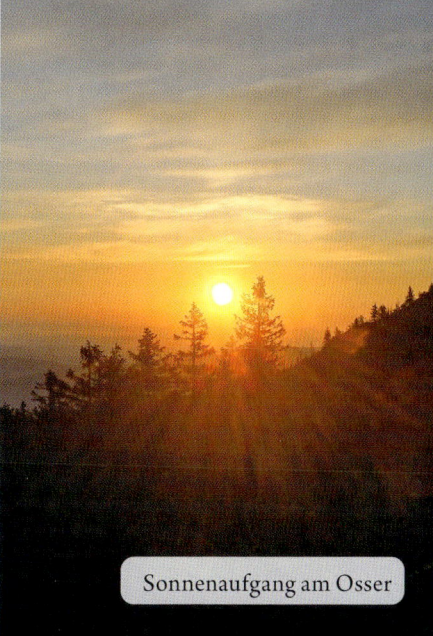

Sonnenaufgang am Osser

Morgenrot im Thüringer Wald

Michael Kunkel zeigt mir
einen Schwefelporling.

Klatschmohn

Schönbär

Blauflügel-
Prachtlibelle

Blindschleiche

Wasser!

Kurze Pause in der Thüringer Rhön

Wolfsfährten in der Königsbrücker Heide

Staunen im Müritz-Nationalpark

Auf dem Darß

Altweibersommer

Nach einer Frostnacht am Brocken

Bäume in eine sehr ungünstige, naturwidrige Position gebracht und jeglichen Schutzes beraubt.

Bei bedecktem Himmel wandere ich am nächsten Morgen weiter durch die Hainleite. Der Wald ist im Schnitt viel jünger als im Hainich und wirkt durch die extrem hohe Rückegassendichte oft wie zerrupft. Unter einem richtigen Buchenwald stelle ich mir etwas anderes vor! Immerhin wurden da und dort einige alte Giganten entlang der Wege stehen gelassen, die eine Ahnung davon vermitteln, wie der Wald aussehen könnte.

Obwohl die älteren Bestände meist stark aufgelichtet und entsprechend geschädigt sind, wurden dort noch in diesem Winter weiter Bäume gefällt. Dabei sind oft tiefe, mit Wasser gefüllte Fahrspuren entstanden. Um es noch einmal ganz klar zu sagen: Solche alten Buchenbestände sollte man in diesen Zeiten ganz in Ruhe lassen, jeder Eingriff bedeutet eine zusätzliche Schwächung! Der Walderhalt muss im Vordergrund stehen und nicht die paar Euro, die man durch das Abräumen der Altbuchen in die Kasse bekommt.

Ich komme auf andere Gedanken, als ich auf dem Weg zur Arnsburg plötzlich einer Hirschkuh gegenüberstehe. Aus runden Augen schaut sie mich an, dann verschwindet sie rasch im Unterholz. Damwild bin ich auf dieser Wanderung bisher noch nicht begegnet. Diese Hirschart liegt größentechnisch zwischen Reh und Rotwild und ist nur in manchen Gegenden Deutschlands verbreitet. Bei der Arnsburg angekommen, kann ich bis zum Wipperdurchbruch schauen. Aus den schütter bewaldeten Hängen ragen graue Kalksteinwände hervor. Das sind sehr trockene Standorte, daher ist es kein Wunder, dass etliche Buchen abgestorben sind oder trockene Äste in den Kronen tragen. Vorbei an dem Dörfchen Seega überquere ich die Wipper und steige zum nächsten Höhenzug auf.

Schließlich gelange ich auf einem unbefestigten Erdweg in ehemalige Niederwaldbereiche, die schon lange nicht mehr genutzt werden. Als Niederwald bezeichnet man Wald, der nicht aus Samen entstanden ist, sondern aus den nach dem Abschneiden der Bäume ausgetriebenen Schösslingen. Diese Art der Waldnutzung war früher weitverbreitet, wird heute aber kaum noch praktiziert. Niederwälder wurden etwa alle 20 Jahre kahl geschlagen, hauptsächlich, um Brennholz zu erhalten. Ein bis drei Jahre nach dem Kahlhieb wurden dann sogar anspruchslose Getreidesorten wie Buchweizen auf den offenen Flächen ausgesät.

Heute schlage ich mein Lager an der Kante eines Steilabbruchs auf, wo der Boden von weißen Kalksteinchen übersät ist. Als die Sonne am nächsten Morgen als orangefarbener Ball am Horizont erscheint, der sein Licht auf die zahlreichen toten Bäume im Hang wirft, ist das für mich ein schaurig-schöner Anblick. Noch vor drei Jahren waren all diese Bäume grün!

Nachdem ich die Unstrut überquert habe, folge ich einem Waldrand und muss dann ein Stück weglos hangaufwärts laufen. Meistens funktioniert so etwas in Deutschland ganz gut, aber hier muss ich mich durch ein regelrechtes Brombeerdickicht quälen. Bei dem schönen Wetter wandere ich natürlich in kurzer Hose, mit der Folge, dass meine Beine schon bald so aussehen, als hätte ich gerade ein Sadomasostudio besucht … Jetzt, Mitte Juli, ist es sommerlich heiß, genau das passende Wetter für diesen offenen Kalkhöhenzug, der mit einer steppenähnlichen Vegetation bewachsen ist. Thüringen ist bekannt für den Reichtum seiner Flora, und das hier ist bestimmt ein Hotspot, in dem im Frühjahr viele Orchideen wachsen.

Wieder im Wald, höre ich nicht allzu weit entfernt das Röhren von Geländemotorrädern. Krass, dass hier am Sonntagnachmittag einem so offensichtlich verbotenen Vergnügen nachgegangen wird. Rasch mache ich meine Kamera »schussbereit«, und dann erscheinen auch schon die beiden Motorradfahrer. Während der eine abdreht, gibt der andere Gas und zischt unmittelbar an mir vorbei. Natürlich ist kein Nummernschild angeschraubt, aber wahrscheinlich hätte ich das sowieso nicht erkennen können.

Nach einem kurzen Intermezzo im Offenland erreiche ich das Waldgebiet der Hohen Schrecke. Es ist lange Zeit militärisch genutzt worden, und so sind alte Buchenbestände in erstaunlicher Flächengröße und Geschlossenheit erhalten geblieben. Von den insgesamt etwa 6500 Hektar sind 2500 Hektar komplett aus der Nutzung herausgenommen worden, der Rest soll naturschutzorientiert bewirtschaftet werden, wozu ich morgen sicher mehr erfahren werde. Aber als ich mir einen gerade ausgezeichneten, etwa 100-jährigen Bestand anschaue, trifft mich fast der Schlag: Häufig sind mindestens fünf Baumnachbarn mit Farbstrichen versehen worden. Ein halber Kahlschlag, der das Bestandsklima total verändern und die verbleibenden Bäume noch anfälliger für Hitzeschäden machen wird. Das ist garantiert keine naturverträgliche Bewirtschaftung!

Glücklicherweise ändert sich das Bild, als ich weiter ins Waldgebiet hineinwandere. Der geologische Untergrund besteht meist aus Buntsandstein, der aber von einer dicken Lehmschicht überlagert wird, daher scheint es weniger Baumschäden als in den Muschelkalkgebieten zu geben. Verglichen mit dem Umland, sind die Waldbestände hier viel dichter, allerdings gibt es auch einige abgestorbene Fichtenflächen. Als die untergehende Sonne den Wald später in goldenes Licht taucht, schlage ich mein Freiluftlager an einem sehr schönen Fleckchen mit uralten Eichen und Buchen auf.

Am nächsten Morgen laufe ich nach Braunsroda, wo ich mich auf einem idyllischen Gut im Projektbüro der Naturstiftung David mit Dr. Dierk Conrady treffe. Zunächst erklärt mir der etwa 60-jährige Biologe bei einem Kaffee, was es mit der Naturstiftung auf sich hat: »Die Stiftung David wurde 1998 vom BUND Thüringen gegründet. In der Hohen Schrecke setzen wir seit 2009 ein Naturschutzgroßprojekt im Auftrag des Bundesamts für Naturschutz um. Dabei ist es bisher gelungen, etwa 2500 Hektar in zwei Teilflächen komplett aus der forstwirtschaftlichen Nutzung herauszunehmen. Auf dem Rest des insgesamt 7350 Hektar großen Projektgebiets streben wir eine naturschutzkonforme Nutzung in Zusammenarbeit mit den Eigentümern an.«

Nachdem wir ausgetrunken haben, fahren wir in den Wald. Dort möchte ich wissen, warum die Hohe Schrecke so besonders ist.

»Nun, das liegt sicher zu einem guten Teil an der Nutzungsgeschichte. Lange Zeit war der Wald in adeligem Besitz und diente dann ab 1933 als Truppenübungsplatz, zuletzt der Roten Armee. Diese rodete zwar 850 Hektar für einen Panzerschießplatz, der wurde aber kaum für diesen Zweck genutzt. Ansonsten fand bis zur Wiedervereinigung 1990 keine forstliche Nutzung statt«, erklärt Dierk Conrady. »Nach Abzug der Russen ging das Gebiet in Bundesbesitz über und wurde anschließend dem Land Thüringen übereignet, das große Teile privatisiert hat. Lange Zeit wusste man auch in Naturschutzkreisen nicht, welchen einzigartigen Naturschatz es hier gibt. Die lange unbeeinflusste Entwicklung, Größe, Unzerschnittenheit und der Altbaumanteil in Zusammenhang mit der Tatsache, dass dieser Wald auf dem größten Teil der Fläche nie gerodet wurde, sind für ein Gebiet mitten in Deutschland außergewöhnlich.«

»Dann gibt es hier doch sicher auch ganz besondere Tierarten?«, frage ich.

»Ja, obwohl die Hohe Schrecke etwa im Vergleich zum Hainich noch nicht besonders gut erforscht ist, wurden schon 20 Urwaldreliktarten unter den Käfern nachgewiesen. Diese benötigen über lange Zeiträume sehr hohe Totholzmengen, weshalb es sie im Wirtschaftswald kaum gibt. Auch für Fledermäuse ist die Hohe Schrecke extrem wichtig, nirgendwo in Thüringen gibt es ein besseres Biotop für sie. Unter der Rinde einer einzigen Buche wurden einmal über 600 trächtige Fledermausweibchen entdeckt!«

Dass der Wald der Hohen Schrecke in weiten Teilen urwüchsig ist, war mir schon gestern aufgefallen. Doch nach den Erzählungen von Dierk Conrady scheint mir, dass nach der Wiedervereinigung die einmalige Chance verpasst wurde, auf einfache Art einen Nationalpark in Staatseigentum auszuweisen. Stattdessen wurde offenbar ein großer Teil dieses »Tafelsilbers des Naturschutzes«, dem damaligen Zeitgeist entsprechend, an private Investoren verscherbelt.

Nachdem wir ein Stück weitergefahren sind, wandern wir auf einem durch das Naturschutzgroßprojekt angelegten Pfad in das Wiegental. Mit etwa 200 Jahre alten Buchen und Eichen sowie sehr viel Totholz ist dies einer der wertvollsten Bereiche der Hohen Schrecke. Leider muss Dierk Conrady feststellen, dass seit seinem letzten Besuch einige der alten Buchen abgestorben sind; auch hier hat die Dürre ihre Spuren hinterlassen. Dennoch macht sich der Biologe um das große Waldgebiet als Ganzes keine Sorgen. »Ich denke, dass der Wald mit seinem dichten Kronendach gut in der Lage ist, die Auswirkungen der Trockenheit abzupuffern.«

Das war auch mein Eindruck bei der gestrigen Wanderung. Allerdings ist dabei entscheidend, den Wald nicht durch zu starke Holzernte aufzureißen. Ich zeige meinem Begleiter die markierten Bäume in dem Buchenwald, die mich gestern so verstört haben, und bekomme meine Einschätzung bestätigt: Wenn diese Auszeichnung so umgesetzt werden würde, wäre das ein halber Kahlschlag. Ein absolutes Unding, da es hier nicht nur das Projekt der Naturstiftung David gibt, sondern die Hohe Schrecke sowohl thüringisches Naturschutzgebiet als auch europäisches FFH-Gebiet ist. Dierk Conrady will einen Ortstermin mit dem privaten Waldbesitzer ansetzen, ich bin gespannt, was dabei herauskommt!

WALD-BÜRGERINITIATIVEN
KÖNNEN ETWAS ERREICHEN!

Hinter Obermondra bin ich zurück in der Agrarlandschaft des Thüringer Beckens und wandere zwischen riesigen Maisfeldern, Biogasanlagen und Windrädern. Immerhin entdecke ich eine Rebhuhnmutter mit ihren Küken, die im Gänsemarsch an einem Gehölzstreifen entlanglaufen. Erst am Ettersberg vor Weimar erreiche ich wieder Wald und komme schließlich in das etwa 80 Hektar große Naturschutzgebiet Prinzenschneise, über das einige Tafeln informieren. Lediglich ein kleiner Teil ist Totalreservat, der Rest wird forstwirtschaftlich genutzt. Das Naturschutzgebiet ist sehr abwechslungsreich und besteht überwiegend aus Beständen, die das Alter von 140 Jahren bereits überschritten haben. Neben Buchen, Eschen und Ahornen sind auch zahlreiche alte Eichen vertreten.

2018 entzündete sich an diesem Naturschutzgebiet ein heftiger Streit, über den ich heute Abend noch mehr erfahren werde, denn gegen 17 Uhr erreiche ich Großobringen am Rand des Ettersbergs, wo ich von Prodip Sengupta sehr freundlich empfangen werde. Nachdem ich geduscht habe, sitze ich noch lange mit ihm, seiner Frau Angela sowie Marion und Horst Koch, alle von der Bürgerinitiative Pro Ettersberg, zusammen.

Die Initiative wurde gegründet, als 2018 fast das gesamte Naturschutzgebiet Prinzenschneise durch einen Harvestereinsatz mit Rückegassen im 20-Meter-Abstand erschlossen wurde, wobei verheerende Bodenschäden entstanden, wie mir in einer eindrucksvollen Bilderdokumentation gezeigt wird. Es handelt sich hierbei um Wald in Landesbesitz. Der Initiative ist es gelungen, eine Petition dagegen in den Thüringer Landtag einzubringen. Am Ende der Auseinandersetzung mit dem zuständigen Forstamt Bad Berka verpflichtete sich dieses, jede zweite Rückegasse im Naturschutzgebiet nicht mehr zu nutzen. Zweifellos gelang das nur, weil die Bürgerinitiative permanente Öffentlichkeitspräsenz erreichen konnte – weder ThüringenForst, die zuständige Landesforstanstalt, noch irgendeine andere Organisation möchte ständig negative Schlagzeilen machen. Ein wichtiger Ansatzpunkt für Wald-Bürgerinitiativen! Morgen darf ich die Initiative in den Wald begleiten, wozu sich auch Vertreter des Forstamts und der Medien angekündigt haben.

Nach einem entspannten Frühstück mit meinen beiden netten Gastgebern gehe ich mit Angela zur Prinzenschneise, wo uns bereits einige Bürger, Angehörige der Initiative, der grüne Landtagsabgeordnete Matthias Schlegel sowie die beiden für den Ettersberg zuständigen Förster Wolfgang Grade und Hans Fiedler erwarten. Nach den Berichten von gestern Abend bin ich auf einen ziemlich konfrontativen Termin eingestellt. Umso schöner ist es, dass die Atmosphäre von Anfang an konstruktiv und entspannt ist. Das liegt wahrscheinlich nicht zuletzt daran, dass der 2018 für die Rückegassenanlage verantwortliche Förster inzwischen eine andere Stelle hat.

Während der Kompromiss von 2018 bedeutete, dass jede zweite angelegte Rückegasse im Naturschutzgebiet aufgelassen wird, versprechen die beiden Förster jetzt, dass in Zukunft im gesamten 1360 Hektar großen Ettersberg Fahrlinien in den Waldbeständen nur noch im 40-Meter-Abstand angelegt werden sollen. Ein schöner Erfolg für die Bürgerinitiative! Zwar werden beim gemeinsamen Spaziergang im Naturschutzgebiet Unterschiede im Waldverständnis zwischen Initiative und Förstern sichtbar, aber trotzdem wird verabredet, Habitatbäume gemeinsam zu markieren und die im Winterhalbjahr geplanten forstwirtschaftlichen Maßnahmen jeweils im Frühherbst der Öffentlichkeit vorzustellen.

Anschließend zeigt mir Angela noch ein wenig mehr vom Ettersberg, der neben seiner großen geschichtlichen Bedeutung auch ein wichtiges Naherholungsgebiet für Weimar ist. Zurück bei den

Senguptas, kommen Ann-Sophie, eine Studentin der Forstwirtschaft und Ökologie, die an meinem Projekt interessiert ist, und meine Tochter Marie zum Abendessen vorbei. Gemeinsam mit den Senguptas verbringen wir bei leckerem Essen einen sehr schönen Abend und sitzen auch morgens beim Frühstück noch lange zusammen, es ist einfach zu nett und gemütlich, um mich loszureißen.

Als ich schließlich aufbreche, ist es bereits halb elf. Eigentlich viel zu spät für die vielen Kilometer, die ich in der nächsten Zeit zurücklegen muss, um meinen nächsten Termin einzuhalten. Angela hat mir eine schöne Route verraten, auf der ich den Verkehr Weimars umgehen kann. Über Schöndorf gelange ich nach Kromsdorf an der Ilm, der ich dann längere Zeit Richtung Süden folge. Es gibt Schlösser und ausgedehnte Parkanlagen, in denen sich die Menschen tummeln. Auch Goethe hat hier zeitweise in einem Gartenhaus gewohnt. Der darf in Weimar natürlich nicht fehlen! Der ausgedehnte Park des Schlosses Belvedere geht nahtlos in einen Buchenwald über, und auch danach laufe ich zunächst noch durch ausgedehnte Laubwaldgebiete mit nur wenig Kronenschäden. Hinter Saalborn wachsen dann überwiegend Fichten und Kiefern auf den sandigen Böden.

Am nächsten Morgen folge ich dem Goetheweg weiter zum Schloss Großkochberg, welches der Dichter häufig zu Fuß von Weimar aus besucht hat. Weiter geht es nach Rudolstadt an der Saale, von wo aus ich recht steil zu einem sandigen Kiefernwald aufsteige. An einer Wanderwegekreuzung verkündet eine Tafel, dass hier 1908 eine 88 Zentimeter lange Wildkatze mit einer Falle gefangen wurde. Lange Zeit galten alle Beutegreifer unter den Tieren als Schädlinge und wurden erbarmungslos gejagt. Glücklicherweise hat sich diese Sichtweise heute weitestgehend geändert, auch wenn sicher noch der eine oder andere Luchs oder Wolf illegal erlegt wird.

Am nächsten Tag wandere ich zunächst lange über das Plateau, hoch über dem vielfach gewundenen, steil abfallenden Saaletal.

Jetzt, Ende Juli, ist die Getreideernte in vollem Gang, und einmal komme ich an vier nebeneinanderstehenden Mähdreschern vorbei, deren Fahrer Frühstückspause machen. Auch wenn es in Westdeutschland große Agrarlandschaften gibt, Felder bis zum Horizont findet man nur im Osten, auf den Flächen der ehemaligen LPGs.

Am Steilhang oberhalb von Ziegenrück bieten sich mir schöne Ausblicke über den Hohenwarte-Stausee, der sich zwischen den bewaldeten Hängen hindurchzieht. Die Saale wurde hier zu einer Kette von fünf Seen gestaut, dem Thüringer Meer, das sich fjordartig an den steilen, trockenen Schieferhängen entlangschlängelt. Mit insgesamt 80 Kilometer Länge ist die Saalekaskade eines der größten künstlichen Gewässer Europas. Die älteren Fichtenbestände an den Hängen sind mit zahlreichen borkenkäferbedingten Kahlflächen gesprenkelt, aber noch erscheint die Situation hier nicht katastrophal.

Auch am nächsten Tag folge ich noch lange der Saale. An der Bleilochtalsperre vorbei komme ich auf den Kammweg Erzgebirge-Vogtland, der mich durch das Erzgebirge führen soll, mein nächstes Ziel. Doch erst einmal verläuft die Route auf dem ehemaligen Kolonnenweg aus DDR-Zeiten, der jetzt das Grüne Band ist. Nachdem ich in Hirschberg eingekauft habe, sieht es stark nach Gewitter aus, und so kommt mir ein Felsüberhang ganz recht, von dem ich mir Schutz verspreche. Allerdings bleibt es bis auf wenige Tropfen dann doch trocken.

SACHSEN

Durch Erzgebirge und Sächsische Schweiz in die Lausitz

Bisher zurückgelegte Strecke

3670 km

Zeitraum

Jan	Feb	Mrz	Apr	Mai	Jun	Jul	Aug	Sep	Okt	Nov	Dez

Waldanteil

29 %

Sachsen

WALDUMBAU IM GROSSEN STIL:
DER FORST EIBENSTOCK

Die Nacht bleibt trocken, und früh am Morgen bin ich bereits wieder unterwegs. Am Dreistaatenstein, der die Grenze zwischen Thüringen, Bayern und Sachsen markiert, gelange ich ins sächsische Vogtland, eine abwechslungsreiche, hügelige Landschaft. Auf einem kleinen Parkplatz am Straßenrand steht ein weißer Van mit aufgedrucktem Berglogo, dessen Fahrer gerade seinen Morgenkaffee genießt. Der Mann um die 40 sieht ziemlich relaxt aus, daher beginne ich ein Gespräch: »Hier lässt es sich aushalten, was?«

»Ja, netter Ort, erst recht bei dem tollen Wetter«, lacht er.

»Das kann man wohl sagen. Bist du schon länger unterwegs?«

»Unterwegs trifft es nicht so ganz, da ich in meinem Van lebe.«

Das macht mich natürlich neugierig. Wie kommt man denn auf so was?

»Ich bin selbstständiger Programmierer und kann von überall arbeiten. Warum soll ich also den ganzen Tag in einer Wohnung hocken, wenn mir doch die Welt offensteht?«, antwortet Robby, wie der sympathische Mann heißt.

»Darf ich mal einen Blick in deine rollende Wohnung werfen?«

»Ja klar, ich wollte kein richtiges Wohnmobil, das ist mir zu groß und unflexibel, daher habe ich den Van hier ausbauen lassen.«

Tatsächlich sieht das Innere des Wagens erstaunlich komfortabel aus. Mit Solarzellen auf dem Dach erzeugt Robby auch seinen eigenen Strom und kann Wasser zum Duschen erhitzen. Die starke WLAN-Antenne sorgt dafür, dass er an den meisten Orten eine gute Internetverbindung hat, was für ihn natürlich entscheidend ist. Ich gehe ja lieber zu Fuß, dennoch gefällt mir diese Lösung, als »Alltagsnomade« zu leben.

Schließlich verabschieden wir uns voneinander, und ich setze meinen Weg fort. Felder voller weiß blühender Margeriten sind unter dem blassblauen Sommerhimmel ein Fest für meine Augen. Nachdem sich im Vogtland zunächst Wald und Offenland abwechseln, gelange ich hinter Haselrain in ein großes Waldgebiet, wo man es offenbar mit dem Umbau reiner Fichtenbestände ernst meint. An vielen Stellen wurden Buchen und teilweise auch Weißtannen unter die Fichten gesetzt.

Hier schlage ich mein Lager außer Sichtweite der Wege auf, wie ich denke. Umso überraschter bin ich, als ein älterer Mann mit Hund schnurstracks auf mein Cowboycamp zusteuert. Er sieht grimmig aus, doch ehe er sich möglicherweise aufregen kann, komme ich ihm zuvor. »Ich bin nur ein harmloser Wanderer, der für eine Nacht hier schlafen möchte und garantiert keinen Müll hinterlässt«, versichere ich ihm. Der Mann mustert mich streng und antwortet dann: »Gut, das ist kein Problem. Ich will nur nicht, dass unser schöner Wald verschmutzt wird. Ich bin Waldarbeiter beim hiesigen Forstbetrieb, daher achte ich darauf, was hier passiert.« Ich entspanne mich wieder. Erst als der Mann sich entfernt, bemerke ich den Trampelpfad ganz in der Nähe, der mir zuvor gar nicht aufgefallen war.

Ich habe noch 35 Kilometer bis zu meinem morgigen Treffpunkt mit Nora Börding von der *Leipziger Volkszeitung* vor mir, daher klingelt mein Wecker bereits um zwei Uhr nachts. Eine halbe Stunde später bin ich im Schein meiner Stirnlampe wieder unterwegs. Obwohl der fast volle Mond noch scheint, ist es relativ dunkel. Bald komme ich aus dem Wald heraus auf Straßen, die zu dieser frühen Stunde noch fast autofrei sind. Eine ruhige, friedliche Stimmung begleitet mich auf dieser ersten Nachtwanderung meiner Waldbegeisterungstour. Es ist der 28. Juli, und schon gegen 5:30 Uhr wird es langsam hell. Oberhalb der Kleinstadt Adorf erlebe ich einen farbenprächtigen Sonnenaufgang – das frühe Aufstehen hat sich allein dafür gelohnt.

Ich folge jetzt wieder dem Kammweg Erzgebirge-Vogtland durch eine Mischung aus Wald und Wiesen. Leider zieht sich der Himmel bald zu, und es beginnt zu regnen, sodass Regenjacke und -hose mal wieder zum Einsatz kommen. Glücklicherweise ist es aber schon nach einer Stunde wieder trocken.

Als ich Mühlleiten erreiche, regnet es erneut. Ich bin froh, mich in die überdachte Bushaltestelle retten zu können, in der Nora, die junge Fotografin, die mich begleiten möchte, bereits sitzt. Während der Regen aufs Dach prasselt, beschnuppern wir uns erst einmal. Nora ist Aktivistin und hat wie Jannis und Christian gegen die Waldrodung für den Braunkohleabbau im Hambacher Forst gekämpft. Nun möchte sie mich im Rahmen ihres Volontariats bei der *Leipziger Volkszeitung* fotografisch begleiten.

Nach zwei Stunden hört der Regen endlich auf, und wir können losgehen. Von den Hängen steigt milchiger Dunst auf und verleiht den großen, alten Fichtenwäldern einen fast mystischen Charakter. Ob es diese Wälder auch in zehn Jahren noch geben wird? Im Moment scheint das Erzgebirge von Borkenkäfern kaum heimgesucht zu werden, aber die nächste Welle kommt bestimmt. Lange Zeit laufen Nora und ich unmittelbar auf der Grenze zu Tschechien, die ab und zu von einem Stein markiert wird. Das schlechte Wetter ist jetzt endgültig abgezogen, und so schlagen wir unser Lager in einem Fichtenwald abseits des Wegs auf. Es ist warm und feucht und daher kein Wunder, dass es von Mücken nur so wimmelt.

Ich habe heute 47 Kilometer zurückgelegt, wohl der bisherige Rekord auf dieser Wanderung. Zwar rechne ich ja mit einem Durchschnitt von 30 Kilometern pro Tag, aber immer mal wieder liegen Termine so, dass ich auch deutlich mehr laufen muss.

Nach einer trockenen Nacht sind wir schon um sechs Uhr bereit zum Aufbruch. Zunächst folgen wir Forstwegen, bis es, zurück an der tschechischen Grenze, richtig abenteuerlich wird. Ein alter Saumpfad ist durch die jahrhundertelange Nutzung mit Pferdewagen zu einem tiefen Hohlweg geworden, der stark mit Heidelbeeren und anderen Pflanzen überwuchert ist. Ich befürchte, dass wir hier möglicherweise bald nicht mehr weiterkommen, aber Nora verspricht sich von dem zugewachsenen Pfad lebendigere Fotos – also ist klar, welchen Weg wir einschlagen. Stellenweise müssen wir über umgestürzte Bäume klettern und uns regelrecht durchs Dickicht winden. Ach ja, nasse Füße gehören natürlich auch dazu. Aber irgendwie macht es auch richtig Spaß, mal wieder durch eine kleine Wildnis zu streifen. Wir passieren Moorgebiete mit Wollgras und Latschenkiefern, und Nora kann das fantastische Morgenlicht für tolle Fotos nutzen. Vor allem die glockenförmigen Blüten des Fingerhuts haben es ihr angetan.

Schließlich erreichen wir die im Blockhausstil errichtete Butterweghütte, wo wir uns mit Stephan Schusser treffen. Der agile 65-Jährige hat hier im Wald schon 1983 zu arbeiten begonnen und leitet seit Jahrzehnten den etwa 25 000 Hektar großen Forstbezirk Eibenstock, der zum größten Teil aus sächsischem Landeswald besteht. Wie in den meisten deutschen Mittelgebirgen überwiegen auch im Erzgebirge reine Fichtenbestände. Im über 18 Hektar großen Naturschutzgebiet Am Riedert zeigt uns Stephan Schusser dann aber einen ganz anderen Wald: Alte Weißtannen, Buchen und auch Fichten wachsen bunt gemischt nebeneinander.

»Hat der ursprüngliche Erzgebirgswald ungefähr so ausgesehen?«, möchte ich wissen.

Der Forstbezirksleiter antwortet: »Ja, noch im 16. Jahrhundert wuchsen im Erzgebirge Tannen, Buchen und Fichten zu etwa gleichen Teilen. Das hat sich aber durch die menschliche Bevorzugung der Fichte radikal geändert. So habe ich bei meinem Amtsantritt einen Fichtenanteil von 85 Prozent vorgefunden, der Buchenanteil war auf vier Prozent zurückgegangen und die Weißtanne fast ausgestorben. Lediglich 274 Alttannen waren noch erhalten.«

»Aber da die Fichte ja als ›Brotbaum‹ der deutschen Forstwirtschaft gilt, ist ein hoher Anteil dieser Baumart doch super für einen wirtschaftlich arbeitenden Betrieb«, werfe ich ein.

»Das stimmt leider nicht wirklich«, seufzt Stephan Schusser. »Wir haben bei uns mal analysiert, wie hoch der Anteil des Fichtenholzes ist, das bei katastrophalen Ereignissen wie beispielsweise Stürmen und Schneebruch für gewöhnlich anfällt. Das sind immer über 50 Prozent, obwohl die Fichte bei uns ja in gewissem Anteil von Natur aus vorkommt! Seit sich die Katastrophen im Wald, durch die Klimakrise bedingt, in immer schnellerer Folge abwechseln, ist dieser Anteil sogar noch gestiegen. Solches Kalamitätsholz, wie man es in der Fachsprache nennt, ist oft nur mit großen Preisabschlägen zu verkaufen. Außerdem fallen hohe Kosten für die Wiederbewaldung der Kahlflächen an. Selbst aus rein wirtschaftlicher Sicht war der Fichtenanbau schon immer mit einem sehr hohen Risiko verbunden. Waldwirtschaft ist aber langfristig nur rentabel, wenn man die natürlichen Risiken so weit wie möglich senkt. Das war für uns in Eibenstock die entscheidende Motivation, den Waldumbau hin zum Mischwald schon vor 30 Jahren zu beginnen. Kommen Sie, ich zeige es Ihnen mal ganz konkret an ein paar Flächen!« Er winkt Nora und mich mit sich.

Während ich in den meisten Fichtenregionen auf meiner Wanderung nur sehr zaghafte Ansätze für einen Waldumbau erkennen konnte, ist dieser in Eibenstock allgegenwärtig. In den älteren Beständen wachsen in voneinander getrennten Blöcken Buchen oder Weißtannen hoch. Dazwischen gibt es aber auch stets Bereiche, in denen nichts gepflanzt wurde. Dadurch hat sich ein sehr abwechslungsreiches Mosaik ergeben, und man kann sich gut vorstellen, wie sich hier ein robuster Mischwald entwickeln wird. Von Stephan Schusser möchte ich wissen, wie es zu diesem erfolgreichen Waldumbau kam.

»Unsere Ausgangslage vor 1990 war extrem schlecht«, erklärt er mir. »Es gab nur wenig Mischbaumarten im Fichtenwald, und der Rotwildbestand war extrem hoch. Eibenstock, wie auch viele andere Waldgebiete der DDR, war ein sogenanntes Wildforschungsgebiet, eine nette Umschreibung für die Hirschzucht, die hier betrieben wurde, damit die Parteiprominenz ausgiebig jagen konnte. Der extrem hohe Rotwildbestand ließ sich nur durch massive Winterfütterung am Leben erhalten, dennoch wurde fast die gesamte Waldvegetation vom Rotwild gefressen. Selbst die robuste Fichte konnte man nur im Schutz von Zäunen hochbringen, von anderen Baumarten ganz zu schweigen.«

»Und wie gelang es Ihnen dann überhaupt, den Waldumbau einzuleiten?« frage ich den sehr kompetent wirkenden Forstbezirksleiter.

»Der Schlüsselfaktor war für uns die starke Reduktion des Rotwildbestands. Parallel dazu haben wir zunächst versucht, die jungen Bäume mit Zäunen zu schützen. Das war aber sehr unbefriedigend und auch teuer. Wenn man den Waldumbau auf so großer Fläche umsetzen muss, geht das nur über klotzen statt kleckern. So setzen wir jedes Jahr um die 700 000 junge Bäume, hauptsächlich Buchen und Weißtannen, aber auch Bergahorne, Ulmen, Eiben und andere Baumarten. Wo irgend möglich, säen wir aber lieber, da das eine bessere Wurzelentwicklung ermöglicht und durch die daraus resultierende höhere Pflanzenzahl eher genetische Anpassungen an das sich verändernde Klima zu erwarten sind. In zwei Revieren ist der Waldumbau bereits komplett abgeschlossen, aber auch überall sonst haben wir große Fortschritte erzielt. Das ist aber natürlich nicht nur aus den geschilderten wirtschaftlichen Gründen erfolgt:

Die von uns angestrebten Mischwälder haben eine größere Erholungswirkung, sind ein sicherer Speicher für Kohlendioxid, verbessern den Boden, erhalten den Nährstoffkreislauf, fördern die Biodiversität, speichern viel Wasser und erzeugen eine hohe Trinkwasserqualität.«

Leider habe ich auf meiner Wanderung oft den Eindruck gewonnen, dass die Leistungen des Waldes, die Stephan Schusser nennt, eine weitaus geringere Rolle spielen als die Holzgewinnung. In Eibenstock ist das offensichtlich ganz anders. Während in den Fichtenbetrieben fast überall ein Rückegassenabstand von lediglich 20 Metern Standard ist, gelten hier seit Langem 40 Meter als Mindestentfernung zwischen den Fahrlinien. Dann erläutert uns der Forstbezirksleiter an einem weiteren Beispiel, wie eine waldbauliche Entscheidung gleichzeitig positive Effekte auf die Bewirtschaftung und das Waldökosystem haben kann.

»Normalerweise wird in Fichtenbetrieben bei Einschlagsmaßnahmen alles Holz aus dem Bestand an die Waldwege gefahren, vor allem weil man Angst hat, Brutmaterial für die Borkenkäfer zu hinterlassen. Wir haben aber festgestellt, dass das Restholz unter den kühl-schattigen Bedingungen unserer Bestände von Borkenkäfern gar nicht besiedelt wird. Daher haben wir uns entschieden, alles minderwertige, schwache und faule Holz im Wald liegen zu lassen. Das führt einerseits zu günstigeren Erntepreisen und besseren Durchschnittserlösen für das Holz, andererseits fördert das Totholz den Humusaufbau, speichert Wasser und bietet Lebensraum.«

Ich bin ganz fasziniert davon, wie in Eibenstock offensichtlich bei allen Bewirtschaftungsmaßnahmen die Wirkungen auf das Ökosystem Wald umfassend berücksichtigt werden, und bitte Stephan Schusser, mir weitere Beispiele zu zeigen. Dafür fahren wir zu einem kleinen, unscheinbar wirkenden Tümpel.

»Solche Minigewässer«, erklärt unser Begleiter, »lassen sich bei ohnehin notwendigen Wegebaumaßnahmen sehr günstig herstellen. Durch seine Verdunstungsleistung ist solch ein Tümpel im Sommer eine kleine Klimaanlage und trägt dazu bei, das Waldinnenklima kühl zu halten. Gleichzeitig sind Tümpel aber auch wichtige Biotope für zahlreiche Organismen wie Molche, Frösche und Libellen. Allein im letzten Jahr haben wir 268 solche Gewässer angelegt. Außerdem renaturieren wir mindestens einen Kilometer Bachlauf im Jahr durch Entnahme der Fichten und Pflanzung von Erlen. Entlang der Wege pflanzen wir seltene Bäume und Sträucher. Das hat zwar nicht direkt etwas mit der Waldbewirtschaftung zu tun, erhöht aber die natürliche Vielfalt. Jetzt zeige ich Ihnen aber noch einen weiteren Schwerpunkt unserer Arbeit!«

Während wir uns unterhalten, kann sich Nora an den vielfältigen Motiven im Wald von Eibenstock kaum sattsehen und schießt ein Foto nach dem anderen. Gemeinsam fahren wir zu einer offenen Moorfläche, die in der Vergangenheit durch Entwässerungsgräben trockengelegt worden war, um sie dann mit Fichten bepflanzen zu können.

Stephan Schusser erklärt uns nun: »In Eibenstock haben wir 1000 Hektar Moorflächen wie diese hier, die zu einem großen Teil in der Vergangenheit entwässert wurden. Heute wollen wir sie wieder renaturieren. Dazu werden die Fichten gefällt und die Gräben mit Erde verfüllt. Wir hoffen, dass die Flächen nun vernässen, weil die Gräben das Wasser nicht mehr abführen können, und die Moorbildung auf diese Weise wieder in Gang kommt. Das wiederum soll den Birkhühnern helfen, die sich von der tschechischen Seite her ausbreiten. Natürlich profitieren davon auch sehr viele andere an Moore angepasste Arten, wie beispielsweise das Wollgras, das wir hier sehen. Außerdem speichern Moore sehr viel Kohlendioxid, setzen es aber frei, wenn sie entwässert werden. Daher ist Moorrenaturierung ein wichtiger Beitrag zum Klimaschutz.«

Nachdem wir Nora am Busbahnhof in Eibenstock abgesetzt haben, von wo aus sie nach Leipzig zurückwill, fahren wir noch auf den

1018 Meter hohen Auersberg, wo wir zum Abschluss unserer kleinen Exkursion einen schönen Ausblick über die weiten, geschlossenen Wälder des Forstbezirks genießen. Bevor wir uns verabschieden, überreicht mir Stephan Schusser noch etwas sehr Wichtiges: ein neues Paar Laufschuhe, das mein Freund Reimund nach Eibenstock geschickt hat. Das alte ist schwer durchlöchert und die Sohle komplett abgelaufen. Kein Wunder, dass ich mit den neuen Schuhen gleich das Gefühl habe, nur so durch die Landschaft zu schweben, als ich von der Butterweghütte aufbreche. Das ist übrigens das dritte Paar Schuhe auf dieser Wanderung …

Es dauert nicht lange, bis sich etwas vor mir über den Weg schlängelt: eine Kreuzotter! Die prächtige braune, etwa einen Meter lange Schlange trägt ein Muster aus schwarzen Dreiecken auf dem Rücken und lässt sich ausgiebig fotografieren, bevor sie auf der anderen Wegseite verschwindet. Kreuzottern sind zwar giftig, haben aber wie alle Schlangen überhaupt kein Interesse daran, einen Menschen zu beißen, solange sie in Ruhe gelassen werden. Während diese Kreuzotter mich gar nicht beachtet hat, bin ich auf einer Wanderung in Schottland mal einer begegnet, die sich aufrichtete und zischende Laute von sich gab, um mich einzuschüchtern. Das wirkte tatsächlich ziemlich abschreckend!

Um Johanngeorgenstadt, einen Bergort direkt an der tschechischen Grenze, zu durchqueren, verlasse ich kurz den Wald, steige aber schon bald darauf in das nächste große Waldgebiet hoch, wo ich mein Cowboycamp in einem alten Fichtenbestand aufschlage. Am nächsten Morgen laufe ich weiter durch die größtenteils alten Fichtenwälder, die zwar monoton sind, mich aber in ihrer Größe und Geschlossenheit auch ziemlich beeindrucken.

Schließlich steige ich zum 1215 Meter hohen Fichtelberg auf, dem höchsten Gipfel des Erzgebirges. Sowohl eine Straße als auch eine Seilbahn führen hier herauf, und natürlich gibt es die obligatorische Ausflugsgaststätte. Mir herrscht dort zu viel Trubel, deshalb nehme ich rasch den Abstieg in Angriff. An einigen Stellen sehe ich Pflanzungen von umzäunten Buchen und Tannen, aber das alles ist nichts im Vergleich zu Eibenstock. Auch im Erzgebirge gibt es noch viel zu tun, damit aus den instabilen reinen Fichtenbeständen gesunde Mischwälder werden.

Obwohl jetzt, Ende Juli, Hochsaison ist, gelingt es mir, in Bärenstein in einem Gästehaus unterzukommen. Es tut bei der sommerlichen Hitze gut, sich mal wieder unter der Dusche den Schweiß von der Haut zu spülen. Ich schließe Laptop, Powerbank und Handy an den Strom an und reinige meine Kleidung von Hand im Waschbecken. Anschließend gehe ich noch im Supermarkt des Ortes einkaufen und gönne mir ein Bier, nachdem ich meine täglichen Schreibpflichten erledigt habe.

Am nächsten Morgen steige ich in die noch ziemlich feuchten Sachen, was mir aber bei den warmen Temperaturen wenig ausmacht. Bald wandere ich zu dem über dem Ort aufragenden Basaltgipfel des Bärensteins, von wo aus ich zurück zum Fichtelberg und weiter nach Osten über den Erzgebirgskamm blicken kann. Die Landschaft ist jetzt offener, obwohl der Wald immer noch vorherrscht. Die Disteln stehen in voller Blüte und werden von zahlreichen Schmetterlingen umschwärmt. Besonders gefallen mir die großen Edelfalter wie der Admiral mit seinen markanten orangefarbenen Streifen auf den schwarz-weißen Flügeln und das Tagpfauenauge, dem die bunten, runden Flecken an den Flügelseiten seinen Namen geben.

Als ich Schmalzgrube am Gebirgskamm erreiche, hält ein Auto neben mir, und Tomy, der junge Fahrer, fragt, ob es sein könne, dass er mich im Radio gehört habe. Als ich das bejahe, werde ich von ihm und seiner Freundin Lydia spontan zu einem Bier eingeladen, das wir an Ort und Stelle, auf einer Bank sitzend, trinken. Obwohl die beiden mit ihren Kettchen, Nasenringen und Tätowierungen vielleicht nicht unbedingt konventionellen Waldliebhabern entsprechen, sind sie doch sehr an meiner Wanderung interessiert, stellen viele Fragen und freuen sich ebenso über unsere Begegnung wie ich.

Nach einer Nacht wieder im Wald, geht es am nächsten Morgen weiter zum Hirtstein, einer isolierten Vulkankuppe. Ich bewundere die erkaltete Lava, die die Form eines Fächers angenommen hat. Als ich dort oben stehe, beginnt es zu regnen, daher bin ich froh, als ich eine Schutzhütte mit bis zum Boden reichendem spitzen Dach entdecke. Da es sich zunehmend einregnet, rolle ich meine Matte aus und gönne mir noch mal ein Schläfchen. Erst gegen Mittag wird es trockener, und ich laufe erfrischt weiter durch überwiegend jungen, eintönigen Fichtenwald, der vor Kühnhaide von einem Moorgebiet unterbrochen wird, in dem noch bis 1990 Torf abgebaut wurde. Dass das Erzgebirge nicht nur aus Fichtenwald besteht, sehe ich dann später, als ich in das 160 Hektar große Naturschutzgebiet Rungstock komme, wo ein Rest des alten Bergmischwaldes erhalten ist.

Auch wenn es in der Nacht trocken bleibt, ist es am nächsten Morgen erneut grau und feucht und regnet immer mal wieder. Da kommt mir eine liebevoll mit Bank, Stühlen und Tisch eingerichtete Schutzhütte ganz recht. Sogar eine Blumenvase steht auf dem mit einer Decke überzogenen Tisch! So lässt es sich doch gut pausieren.

Nachmittags donnert es, und dunkle Wolken erzeugen eine bedrohliche Gewitterstimmung. In solchen Situationen versuche ich stets, möglichst rasch einen schützenden Unterschlupf zu finden, aber hier gibt es weder eine Hütte noch eine andere Unterstellmöglichkeit. Glücklicherweise zieht das Gewitter aber vorbei, und ich schlage schließlich mein Tarp in einem urigen Buchenwald mit viel Totholz auf.

Jetzt, Anfang August, ist das morgendliche Vogelkonzert fast verstummt, das mich die letzten Monate begleitet hat. Die Vögel singen, um Partner anzulocken und ihr Revier zu markieren, und das nur in der Brutzeit. Mittlerweile ist es im Wald deutlich stiller geworden. Als ich aufbreche, sieht es nach einem schönen Tag aus. Die noch tief stehende Sonne zaubert Lichtflecke in den Fichtenwald, die die zarten Wedel des Schachtelhalms in mattem Glanz erstrahlen lassen.

Hinter Geising komme ich in eine abwechslungsreiche Hügellandschaft aus Blumenwiesen, Hecken und Alleen. Eine Tafel verkündet, dass hier in einem Naturschutzgroßprojekt die Bergwiesen des Osterzgebirges geschützt werden, auf denen seltene Blumen wie Bärwurz und Feuerlilien wachsen. Auch heute gehen häufig Schauer nieder. Manchmal kann ich mich unterstellen, meistens laufe ich aber einfach in meinem Regenzeug weiter. Lange Zeit folge ich dem naturnahen Bachlauf der Gottleuba, eines Nebenflusses der Elbe, der hier von Erlen, dicken Birken, Ulmen und anderen Laubbaumarten gesäumt wird. Ich habe jetzt das Erzgebirge hinter mir gelassen und beginne meine Wanderung durch das Elbsandsteingebirge, das auch Sächsische Schweiz genannt wird.

IM FELSENLAND DER SÄCHSISCHEN SCHWEIZ

An der Hüttenleite stoße ich am nächsten Morgen auf die ersten dunklen Sandsteinfelsen, die so typisch für diese Gegend sind. Bald darauf durchquere ich Hellendorf, den einzigen Ort der heutigen Wanderung, und steige wieder auf zum 551 Meter hohen Zeisigstein, der von einer Felsgruppe gekrönt wird, auf die man über Metallleitern klettern kann.

In der Nähe weist eine Infotafel auf ein sehr interessantes Projekt hin, den Forststeig. Dieser 105 Kilometer lange Fernwanderweg wurde 2018 ausgewiesen und führt mit einem Abstecher nach Böhmen durch die einsame Hintere Sächsische Schweiz. Das Projekt wurde von Sachsenforst in Zusammenarbeit mit der tschechischen Forstverwaltung umgesetzt und ermöglicht Wanderern ein Trekkingerlebnis, wie man es naturnäher in Deutschland kaum findet. Normalerweise ist das Zelten im Wald ja verboten, hier ist es auf sechs Biwakplätzen erlaubt. Außerdem gibt es fünf Hütten, in denen man übernachten kann. Voraussetzung dafür ist allerdings der Kauf eines Trekkingtickets von zehn Euro für jede Übernachtung, egal ob auf einem Biwakplatz oder in einer Hütte.

Als ich dem mit gelben Balken markierten Wanderweg weiter folge, stelle ich fest, dass man sich um eine möglichst naturnahe Wegführung auf schmalen Pfaden bemüht hat. Lange Zeit laufe ich durch farnreiche Wälder, in denen zahlreiche Birken wachsen. Mitunter ist der Weg etwas zugewuchert, aber die Markierungen sind immer gut zu erkennen. Auch der Waldumbau wird offenbar ernst genommen; häufig komme ich an Stellen vorbei, wo Buchen oder Weißtannen unter die Fichten gepflanzt wurden. Jetzt, Anfang August, tauchen auch die ersten Fliegenpilze im Wald auf – zunächst noch in elliptischer Form, bevor sie ihren roten, weiß gepunkteten Schirm entfalten, für den sie bekannt sind.

Hier, dicht an der tschechischen Grenze, kann ich die Waldeinsamkeit spüren, die kein Straßenlärm stört. Immer wieder tauchen unerwartet einzeln stehende Felsen auf, die oft mit einem grünen Algenbelag überzogen sind. Es dauert lang, bis ich auf die ersten Wanderer treffe, häufiger noch scheinen tschechische Pilzsucher unterwegs zu sein, die mit ihren Körben durch den Wald streifen. An der Zehrborn-Quelle gelange ich an einen Biwakplatz mitten im schattigen Wald. Es gibt lediglich zwei überdachte Picknickbänke, ansonsten Natur pur. So sollte Zelten im Wald sein!

Am Nachmittag regnet es. Ich suche Schutz unter einem Felsüberhang, laufe dann aber weiter. Ein Fehler, denn schnell bin ich ziemlich durchnässt. Glücklicherweise erreiche ich bald das Taubenteich-Biwak, wo mir ein interessant aus Holz gestalteter Unterstand auf einer Wiese Unterschlupf bietet. Man kann das Dach der Hütte sogar aufklappen, eine tolle Option bei schönem Wetter! Außer mir ist eine dreiköpfige sächsische Familie da, die erzählt, dass sie den Forststeig gern für kurze Wochenendabenteuer besucht. Erst gegen halb sechs lässt der Regen nach, und ich wandere weiter. Zwar wird dieser Wald im Wesentlichen durch Nadelbäume geprägt, aber an den Wegen stehen mitunter einzelne alte Buchen, die man wohl ganz bewusst erhalten hat und die jetzt wichtige Ausgangspunkte für die Naturverjüngung in den Fichtenbeständen bilden.

Nach einer trockenen Nacht bricht ein sonniger Morgen an. Toll, die glänzenden Wassertropfen überall und die Sonnenstrahlen, die sich im Dunst brechen! Doch meine gute Laune währt nicht lang, denn ich gerate in einen Bereich, in dem die Borkenkäfer gerade zugeschlagen haben. Einige Holzstapel sind begiftet worden, um die Käfervermehrung zu verhindern, wie am Holz angebrachte Schilder warnen. Doch das Kontaktgift, das hier verwendet wird, ist für alle Insekten und auch viele andere Tiere tödlich. Seit einiger Zeit ist das Insektensterben in aller Munde, und eine Hauptursache dafür sind die in der Landwirtschaft eingesetzten Pestizide. Im Wald wurde fast 30 Jahre lang kaum Gift verwendet, erst die Borkenkäfermassenvermehrung seit 2018 hat vielerorts den Griff zur Giftspritze wieder aufleben lassen, obwohl man beim Einsatz von Gift mit erheblichen Folgen für das gesamte Ökosystem Wald rechnen muss und die Wirksamkeit fraglich ist. Meiner Erfahrung nach dienen solche Aktionen eher der eigenen Gewissensberuhigung, als dass sie wirklich helfen. Die beiden Nachhaltigkeitssiegel PEFC und FSC untersagen zwar prinzipiell den Einsatz von Pestiziden, aber eine Ausnahmegenehmigung zu erhalten ist leider kein Problem. Ähnlich wie die zu starke Befahrung des Waldes muss meiner Meinung nach auch der Einsatz von Gift gesetzlich viel stärker reglementiert werden.

Mit diesen düsteren Gedanken im Sinn wandere ich weiter zu den Felsen des Kleinen Zschirns, eines Tafelbergs, von dem aus man eine weite Aussicht über die Wälder hat, die mich sogleich wieder aufmuntert. Das Heidekraut hat gerade begonnen, violett zu blühen, und gedeiht offenbar gut auf dem trockenen Sandstein. Nach einer längeren Pause reiße ich mich von dem tollen Aussichtspunkt los und laufe weiter nach Schöna, wo ich mich mit einem Fernsehteam des ZDF treffe. Ich wurde in die Sendung *klartext* eingeladen, in der Bürger dem Kanzlerkandidaten Olaf Scholz Fragen zu verschiedenen Themenbereichen stellen dürfen. In ein paar Wochen werde ich dazu in Berlin im Studio sitzen, doch der einleitende Trailer für den Klimablock soll jetzt mit mir in der Sächsischen Schweiz gedreht werden.

Ich bin immer wieder erstaunt, wie akribisch Fernsehleute arbeiten. Auch wenn ein Einspieler wie der heutige nur eineinhalb Minuten dauern soll, geht der Dreh über Stunden. Schließlich ist die Redakteurin mit dem Ergebnis zufrieden, und ich setze meinen Weg fort.

Nach einer weiteren verregneten Nacht im Freien empfängt mich der nächste Morgen mit Dunst, aber auch Sonne. Ich wandere den steilen Elbhang hinab Richtung Hirschmühle, von wo aus ich als einziger Gast mit der Fähre nach Schmilka übersetze. Hier beginnt der bereits 1990 ausgewiesene 9350 Hektar große Nationalpark Sächsische Schweiz, der durch den auf der tschechischen Seite angrenzenden Nationalpark Böhmische Schweiz um weitere 7500 Hektar ergänzt wird.

Wenig später stoße ich auf den Malerweg, einen schönen, insgesamt 116 Kilometer langen Wanderweg, und steige 400 Höhenmeter steil auf, um vom Elbufer bis zum Gipfel des Großen Winterbergs zu gelangen, der mit 556 Metern höchsten Erhebung im Nationalpark. Während ich zunächst durch toten Fichtenwald laufe, erstrecken sich um den Winterberg herum großflächige alte Buchenwälder, ein kleiner Rest der ursprünglichen Laubwaldvegetation im Nationalpark.

Wie in den meisten deutschen Nationalparks wurde der Wald auch in der Sächsischen Schweiz durch die Anpflanzung von Fichten stark verändert. Allerdings scheint hier tatsächlich die Chance auf einen Wandel zu bestehen, wie ich hinter dem Winterberg sehe. Zwar überwiegen bei Weitem Nadelbäume, doch gibt es kaum noch lebende Fichten. Überall stehen Baumleichen, nur entlang der Wege hat man mancherorts einen Streifen der toten Bäume aus Sicherheitsgründen gefällt. Häufig werden lediglich die zugefallenen Wege wieder freigeschnitten. Eine Herkulesaufgabe bei den vielen toten Fichten. Zahlreiche Wege sind gesperrt oder nicht freigeräumt, weshalb vom Begehen abgeraten wird. Ein kleiner Trost in dieser krassen Situation besteht allein darin, dass Buchen, Birken oder andere Bäume meist nicht weit sind und sich so bestimmt bald ein bunter, gemischter Wald entwickeln wird.

Nachdem ich lange Zeit durch geschlossenen Wald gelaufen bin, eröffnet sich mir von der Goldsteinaussicht ein herrlicher Ausblick auf die steilen Felswände des Trockentals Großer Zschand und die weiten Wälder des hinteren Nationalparkteils. Graue, lang gestreckte Klippen und einzelne Felstürme fallen in eine dicht bewaldete, ausgedehnte Senke ab, in der frisch abgestorbene Fichten mit ihren gelbroten Nadeln zeigen, dass auch in diesem nasseren Jahr die Borkenkäfer aktiv sind.

Zwar war der Aufstieg von der Elbe anstrengend, aber da ich nach mittlerweile über fünf Monaten Wanderung eigentlich ziemlich fit bin, kommt es mir merkwürdig vor, dass ich mich total schlapp fühle und immer häufiger eine Pause einlegen muss. Irgendwann bleibt mir nichts anderes übrig, als einzusehen, dass es keinen Sinn ergibt weiterzuwandern, und ich lege mich ein Stück abseits des Wegs erst einmal auf meine Matte. Ich nehme an, dass mich irgendein Bakterium angreift, das ich mit verunreinigtem Wasser aufgenommen habe.

Und dann erreicht mich, während ich so dahindämmere, eine wahre Hiobsbotschaft: Anke, die in den rumänischen Karpaten auf Wanderung ist, wurde von zehn Hirtenhunden angefallen und mehrfach gebissen! Zwar wirkt sie am Telefon ziemlich gefasst, aber sie ist schwer verletzt und kann nicht mehr weiterlaufen. Glücklicherweise kam kurz nach dem Vorfall ein Geländewagen vorbei, und die hilfsbereiten Rumänen sind jetzt mit ihr auf dem Weg in ein Krankenhaus. Absoluter Horror! Und ich kann nichts machen! Im Gegenteil, nachdem ich mich aufgerafft habe und ein Stück weitergelaufen bin, wird mir klar, dass ich Fieber habe und mich erst einmal auskurieren muss. In einem kleinen Buchenbestand schlage ich mein Lager auf und hoffe, dass morgen früh alles wieder in Ordnung ist.

In der Nacht regnet es heftig. Ich schlafe schlecht, weil ich mich nicht gut fühle und mir große Sorgen um Anke mache. Aber am Morgen bin ich tatsächlich wieder fit und kann zum ersten Mal seit 24 Stunden etwas essen! Von Anke erfahre ich, dass ihre Bisswunden behandelt wurden und ihre freundlichen Retter sie in ihrem Haus aufgenommen haben. Jeden Tag will die rumänische Familie mit ihr ins Krankenhaus fahren, um sicherzustellen, dass sich keine Entzündung bildet. Vorerst scheint meine Freundin in guter Obhut zu sein, und ich kann etwas entspannter weiterwandern.

Ich folge dem Malerweg und steige über Leitern, Treppen und enge Felsdurchgänge auf zum Kuhstall, einer großen, an zwei Seiten offenen Höhle. Im Bereich der Felsen wechselt das Mikroklima alle paar Meter. Es gibt schattige Klüfte, die kaum jemals ein Sonnenstrahl erreicht, ideal für Moose und Farne, die feuchtkühle Lebensräume lieben. Daneben können dann sonnenbeschienene, sehr trockene Sandsteinfelsen stehen, auf denen nur Pflanzen überleben, denen wasserarme, heiße Bedingungen behagen. So wachsen auf den Felsriffen Kiefern, die unter den Bedingungen der Sächsischen Schweiz sonst eigentlich den Laubbäumen unterlegen wären und daher von Natur aus nur auf Extremstandorten wachsen würden. Obwohl das Nationalparkgebiet durch die Forstwirtschaft stark verändert wurde, sind in unzugänglichen Bereichen zwischen den Felsmassiven eindrucksvolle Laubwaldreste mit dicken Buchen und viel Totholz erhalten geblieben.

Mein Weg führt mich abwärts zur Kirnitzsch, einem weiteren Nebenfluss der Elbe, wo ich den Wasserfall eines Seitenbachs bewundere, bevor ich wieder in die Felslabyrinthe hochsteige. Obwohl heute Sonntag ist, habe ich den Wald bis elf Uhr für mich allein, danach wimmelt es bei herrlichem Sonnenwetter von Besuchern. Das ist aber auch kein Wunder, denn die Felslandschaft ist wirklich spektakulär und bietet immer wieder tolle Ausblicke in die waldreiche Umgebung. Es gibt einen natürlichen Felsbogen, der wie ein kleiner Dinosaurier aussieht, und mitunter ragen hohe graue Sandsteintürme unvermittelt steil aus dem Wald auf. Man kann sich gut vorstellen, dass das beliebte Ziele für Kletterer sind. Allerdings geht es auch für den normalen Wanderer ständig auf und ab, unterstützt von Eisenleitern und Treppenstufen.

Die Topografie der Sächsischen Schweiz mit tiefen Schluchten und flachen Plateaus, die hier Ebenheiten genannt werden, wird mir und vor allem meinen Beinen heute so richtig bewusst. Aber für alle Mühen werde ich durch die eindrucksvollen Schluchten, durch die der Weg führt, mehr als entschädigt. Mit den malerischen Felsen, den plätschernden Bächen und dem üppigen Bewuchs aus Moosen und Farnen sind das ganz besondere Lebensräume.

Oberhalb von Sebnitz und Polenz erstreckt sich der zweite, kleinere Teil des Nationalparks, wo man mehr aktiven Waldumbau hin zum Mischwald betrieben zu haben scheint, was Tafeln am Lehrpfad Hohnstein erläutern. Auch Tannen wurden gepflanzt. In der

Vergangenheit fand man diese Baumart hier durchaus häufig, doch bis vor Kurzem war sie vom Aussterben bedroht. Bei einer Inventur 2019 zählte man gerade noch 1400 Exemplare mit einem Durchmesser von über 20 Zentimetern. Die Frage, inwieweit man überhaupt in den Baumbestand eines Nationalparks eingreifen sollte, stellt sich ja in vielen deutschen Parks. In ganz naturfernen, reinen Fichtenforsten, wie sie in den meisten Nationalparks reich vertreten sind, halte ich persönlich das punktuelle Einbringen von Mischbaumarten für sinnvoll, da ansonsten eine naturnähere Entwicklung unter Umständen erst in sehr ferner Zukunft stattfinden wird.

Durch eine feuchtkühle Schlucht geht es hinab zur Polenz. Anschließend steige ich über viele Treppen und sehr enge Felsdurchgänge durch die Wolfsschlucht auf zum Hockstein. Auf diesem malerischen Aussichtsfelsen verabschiede ich mich vom Elbsandsteingebirge und wandere langsam Richtung Norden in das ostdeutsche Flachland hinein.

DIE WÖLFE SIND WIEDER DA!

Riesige Felder begrüßen mich, aber auch ausgedehnte Waldgebiete. Da das Wetter stabil aussieht, schlage ich mein Lager mal wieder unter freiem Himmel auf. Mitten in der Nacht weckt mich plötzlich lautes Rauschen im Blätterdach über mir, und mir wird klar, dass ich bald nass werden könnte. Da es immer eine Zeit dauert, das Tarp vernünftig aufzuspannen, breite ich die wasserdichte Plane einfach über mir aus. Glücklicherweise regnet es dann aber weder heftig noch lange, ansonsten wäre das sicher ziemlich unangenehm geworden …

Am nächsten Tag machen zunächst zwei Kraniche durch ihre Rufe auf sich aufmerksam, und später entdecke ich noch einen Weißstorch auf einer Wiese. Beides sind Vogelarten, die in Ostdeutschland häufig vorkommen, wie ich auf meiner Wanderung noch feststellen werde. Inzwischen sind die ersten Brombeeren reif, nach Erdbeeren und Himbeeren ein weiterer leckerer Waldsnack.

Hinter Lichtenberg wird die Landschaft hügeliger, und bewaldete Bergketten ragen auf. Ich bin mittlerweile in der Lausitz angekommen, die sich auf deutscher Seite vom Osten Sachsens bis ins südliche Brandenburg zieht und nicht nur Ebenen, sondern auch ansehnliche Granithügel zu bieten hat, wie mir jetzt klar wird. Also steige ich den immerhin 413 Meter hohen Großen Keulenberg hinauf, von dessen Aussichtsturm ich meinen Blick weit über andere Waldhügel hinweg zum Flachland schweifen lassen kann.

Hinter dem Lausitzer Bergland gelange ich dann in ein ganz besonderes Gebiet: die Königsbrücker Heide! Bis 1907 gab es hier neun Orte, die einer nach dem anderen einem Truppenübungsplatz weichen mussten. Bis 1992 durchpflügten die Panzer der Roten Armee den Sand, danach wurde auf fast 7000 Hektar Fläche das größte Naturschutzgebiet Sachsens ausgewiesen. Während in den meisten deutschen Naturschutzgebieten kräftig »gepflegt« und genutzt wird, dürfen sich etwa 75 Prozent der Königsbrücker Heide ohne irgendwelche menschlichen Eingriffe frei zur Wildnis entwickeln. Sogar die Jagd, die ja in allen deutschen Nationalparks noch auf weiten Teilflächen ausgeübt wird, unterbleibt in dem fast 6000 Hektar großen Wildnisteil der Königsbrücker Heide.

Ein markierter Pfad führt mich zu einem Aussichtsturm, der einen weiten Blick über das riesige Gebiet gewährt. Auf meinem weiteren Weg entdecke ich keine Spuren von Menschen, offenbar sind Besucher hier selten. Neugierig schaue ich mich um. In dem seit 30 Jahren entstandenen Wald überwiegt die Birke, doch mich überrascht vor allem der hohe Eichenanteil! Es gibt aber auch weite Bereiche, in denen überwiegend Kiefern wachsen.

Diese offenen, trockenen Wälder haben etwas Savannenartiges, allerdings sind erstaunlich wenig Wildspuren auf den Wegen zu sehen. Immerhin stolpere ich zunächst über weiße, alte Wolfslosung und dann über etwas frischere. Neben den neuen Waldflächen gibt es aber auch große, weitgehend offene Areale, in denen das gerade blühende Heidekraut die Landschaft in einen rosa-violetten Traum verwandelt. Zahlreiche Schmetterlinge beleben die karge Landschaft, darunter sehe ich auch zwei große braune Trauermäntel mit gelbem Flügelrand, die anderswo sehr selten sind.

Einmal kreist ein Seeadler majestätisch über mir. Ich folge ihm verwundert mit dem Blick. Ein Seeadler in dieser trockenen Landschaft? Tatsächlich gibt es in der Königsbrücker Heide Bäche von insgesamt 100 Kilometern Länge, die teilweise von Bibern zu kleinen Seen aufgestaut werden. Die Pulsnitz ist eines dieser Fließgewässer, an deren Ufern Erlen und Weiden wachsen. Im Übergangsbereich zu einem See entdecke ich eine Hirschkuh, der ich mich recht gut nähern kann. Das Tier steht im Wasser und lässt sich von mir nicht beim Planschen stören, eine tolle Beobachtung!

Schon früh schlage ich mein Lager am Rand einer großen Freifläche auf und unternehme dann noch einen Streifzug ohne Gepäck. Dabei begegne ich einer weiteren Hirschkuh und bewundere die Trichter der Ameisenlöwen. Das sind die Larven der libellenähnlich wirkenden Ameisenjungfern, die am Boden ihrer in den Sand gegrabenen Kuhlen darauf warten, dass eine Ameise in den Trichter läuft und ihnen im rutschenden Sand in die Kieferzangen gerät.

Zurück im Lager, genieße ich einen farbenprächtigen Sonnenuntergang. Und dann setzt unmittelbar nach Anbruch der Dunkelheit ein mehrstimmiges, schaurig-schönes Heulkonzert ein. Wölfe! Das Heulen kommt aus verschiedenen Richtungen, ist aber nicht weit entfernt. Offenbar kommunizieren verschiedene Rudel miteinander. Ich habe schon häufiger Wölfe gehört und auch in freier Wildbahn beobachtet, aber immer in anderen Ländern. Dass so etwas inzwischen auch in Deutschland wieder möglich ist, finde ich großartig!

Unabhängig von meiner Begeisterung bin ich auch überzeugt davon, dass die Wölfe einen sehr positiven Einfluss auf die Wildbestände und damit auf die Vegetationsentwicklung haben werden. In der Nacht höre ich sie ein weiteres Mal und auch andere merkwürdige Geräusche wie die »schnurrenden« Klänge des Ziegenmelkers, der heimischen Nachtschwalbenart. Gegen Morgen ertönt dann sogar noch das Trompetenkonzert der Kraniche, mit dem die Vögel den neuen Tag zu begrüßen scheinen.

Es wird sicher spannend zu sehen, wie sich die Königsbrücker Heide in den nächsten Jahrzehnten weiterentwickelt – das Gebiet ist schon jetzt sehr eindrucksvoll! Mit einem lachenden und einem weinenden Auge verlasse ich es nun. Bevor ich meine Wanderung Richtung Brandenburg aber fortsetzen kann, warten andere Verpflichtungen auf mich: Anke fliegt morgen nach Stuttgart. Ich werde meine Tour unterbrechen, zu ihr fahren und mich um sie kümmern.

BRANDENBURG

Von der Lausitz über den Spreewald in die Uckermark

Bisher zurückgelegte Strecke

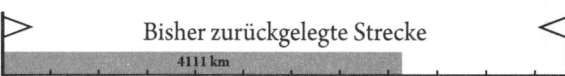

4111 km

Zeitraum

Jan	Feb	Mrz	Apr	Mai	Jun	Jul	Aug	Sep	Okt	Nov	Dez

Waldanteil

37 %

Brandenburg

WIE AUS TRUPPENÜBUNGSPLÄTZEN NEUE WILDNIS ENTSTEHT

Eine Woche später geht es Anke besser, und ich verabschiede mich schweren Herzens von ihr. Nach einer nächtlichen Bahnfahrt komme ich früh am Morgen in Lauchhammer an und setze meine Wanderung durch die Niederlausitz fort. Bald durchstreife ich eine Landschaft, in der zu DDR-Zeiten Braunkohle abgebaut wurde. Davon ist heute allerdings nichts mehr zu sehen. Birkenwälder und weite, offene, sumpfige Graslandschaften beherrschen das Bild. In der Lausitz sind vor etwa 20 Jahren die ersten Wölfe aus Polen eingewandert und haben sich angesiedelt; daher verfügt man hier seit Langem über Erfahrungen mit den großen grauen Raubtieren. Und obwohl andernorts das Ende der Schafhaltung als Schreckgespenst an die Wand gemalt wird, sehe ich hier eine große Schafherde unbehelligt weiden. Natürlich sind die Schafe nicht allein, sondern werden von Hütehunden bewacht.

Die meisten Etappen meiner Wanderung habe ich schon vor meinem Aufbruch festgelegt, aber heute beschließe ich spontan, meine Route zu ändern, als ich eine interessante Informationstafel entdecke: Das Naturschutzgebiet Forsthaus Prösa ist mit fast 4000 Hektar eines der größten Brandenburgs, bis 1988 wurde das Gelände als Truppenübungsplatz genutzt.

Nachdem ich einige Schritte in das Gebiet hineingelaufen bin, hält ein kleiner Geländewagen neben mir, und ein freundlicher älterer Mann spricht mich an. Bald stellt sich heraus, dass er Mitarbeiter des Naturparks Niederlausitzer Heidelandschaft ist, dessen Herzstück das Forsthaus Prösa darstellt. Ich erkundige mich nach etwas, das ich auf der Informationstafel gelesen habe: »Und hier werden Auerhühner wiedereingebürgert? Ich kenne die Tiere eigentlich nur aus dem Mittelgebirge und bin ganz überrascht, dass es sie offenbar auch hier gegeben hat.«

Der Mann nickt und erzählt dann: »Früher haben die sächsischen Könige hier zum reinen Vergnügen Auerhähne gejagt. Nach dem Zweiten Weltkrieg ging die Zahl der großen Hühnervögel aber stark zurück, und Anfang der 90er-Jahre waren sie schließlich komplett ausgestorben. Woran das gelegen hat, weiß man nicht wirklich, aber seit 2013 versuchen wir, Auerhühner, die in Schweden gefangen wurden, anzusiedeln. Mittlerweile gibt es bei uns um die 100 Stück, allerdings setzen wir auch jedes Jahr 60 weitere Vögel aus. Wir denken, dass sich der Lebensraum im Grunde genommen nicht verändert hat, und hegen daher die Hoffnung, dass das Projekt langfristig erfolgreich sein wird.«

»Und welchen Einfluss haben dabei die Wölfe?«, möchte ich wissen.

Der Mann lacht. »Die sind ja schon seit 20 Jahren wieder da und haben hier so viel anderes Wild zu fressen, dass sie sich nicht gerade für die Auerhühner interessieren. Die Jäger jammern zwar kräftig über die Wölfe, tatsächlich ist der Wildbestand in diesen 20 Jahren aber weiter gestiegen, wie man an der Zahl der erlegten Tiere erkennen kann. Allerdings geht das Wild an keine Fütterung mehr, da die Wölfe rasch gelernt haben, dass sie dort einfach Beute machen können. Daher haben es die Jäger wohl auch etwas schwerer … «

Als wir auseinandergehen und ich meinen Weg fortsetze, merke ich bald, dass die Landschaft mit ihrer Mischung aus blühenden Heideflächen und Kiefern-Birken-Wäldern mit vielen Eichen äußerst abwechslungsreich ist. Besonders charakteristisch ist der

400 Hektar umfassende Traubeneichenwald, der bis zu 200 Jahre alte Bäume beherbergt. Er stellt einen wichtigen Lebensraum für seltene Käferarten wie den Hirschkäfer dar; ich hätte nicht erwartet, in dem trockenen Brandenburg auf solch ein Biotop zu treffen. Tatsächlich sind aber die heute weit überwiegenden Kiefernwälder meist menschengemacht, von Natur aus wäre die Eiche in dieser Region deutlich stärker vertreten; Kiefern kämen nur auf den allertrockensten Flächen vor. In Prösa scheint es, dass die Eiche sich ihren Anteil mit Macht zurückholen will. Fast überall wachsen in den Kiefernbeständen junge Eichen, die wahrscheinlich oft von Eichelhähern gesät wurden. Besonders gefällt mir, dass das Gebiet wunderbar still ist. Trotz spektakulärer Heideblüte und markierten Wegen treffe ich nicht einen anderen Wanderer.

Apropos Heide: Diese ist hier durch die frühere Nutzung als Truppenübungsplatz auf zwei insgesamt 200 Hektar großen Flächen entstanden. Obwohl Heideflächen stets menschengemacht sind, beherbergen sie viele angepasste Tier- und Pflanzenarten; Ziegenmelker und Ameisenlöwe habe ich ja schon in der Königsbrücker Heide kennengelernt. Um diese Arten und auch die touristisch attraktive offene Landschaft zu erhalten, wird die Heide mit Schafen beweidet oder mit Maschinen frei gehalten. Ansonsten werden Heideflächen recht schnell wieder von Bäumen verdrängt und zu Wald.

Das ostdeutsche Flachland ist für deutsche Verhältnisse überall dünn besiedelt. Das zeigt sich mir auch hier in Südbrandenburg. Die Entfernungen zwischen den meist kleinen Dörfern sind ziemlich groß. Dadurch entsteht der Eindruck einer einsamen Landschaft, die ich in Westdeutschland so kaum erlebt habe. Vielleicht ist das auch der Grund dafür, dass mir die Menschen besonders freundlich vorkommen. Als ich in Prießen, einem kleinen Dorf im Elbe-Elster-Kreis, auf mein Handy schaue, um mithilfe meiner Karten-App herauszufinden, wie ich weiterlaufen muss, öffnet sich ein

Fenster, und ein Mann mittleren Alters bietet mir seine Hilfe an. Ich bin neugierig und möchte wissen, wie es sich in seinem Dörfchen so lebt.

Der Mann, dem eine kleine Unterhaltung offenbar ganz gelegen kommt, antwortet: »Wenn man die Ruhe liebt, ist es sehr schön hier. Allerdings sah es eine ganze Zeit lang so aus, als ob das Dorf aussterben würde. Alle jungen Leute sind weggezogen, und viele Häuser standen leer. Inzwischen wurden die meisten Häuser aber verkauft, und es gibt sogar Neubürger, die immer im Dorf leben.«

»Wer kauft denn die Häuser?«, frage ich nach.

»Das weiß man gar nicht immer. Oft sind das Leute aus Leipzig oder Berlin, die sich ein Wochenenddomizil oder einen Alterssitz zulegen. Aber es gibt auch Menschen, die ganz bewusst hier leben wollen, eben weil sie die Ruhe schätzen.«

Nach unserem kurzen Plausch gehe ich weiter und werde einige Male freundlich gegrüßt. Als ich auf einer Straße laufe, hält sogar ein Wagen neben mir, und der Fahrer fragt, ob er mich irgendwohin mitnehmen könne – was ich natürlich ablehne, meine Wandererehre ist mir heilig!

Die großen Waldgebiete, durch die ich nun komme, sind zwar überwiegend von Kiefern geprägt, immer wieder sehe ich aber auch Anpflanzungen anderer Baumarten. Besonders freut mich, dass dabei auch die heimischen Eichen berücksichtigt werden. Hier, abseits von touristisch erschlossenen Regionen, begegne ich nie anderen Wanderern oder auch nur Spaziergängern. Dabei haben die weiten Wälder durchaus ihren Reiz. Und ich kann oft auf unbefestigten, sandigen Graswegen laufen, wodurch ich mich der Natur näher fühle als auf geschotterten Forststraßen, denen ich im Mittelgebirge überwiegend gefolgt bin.

Bei Treuenbrietzen gelange ich an eine Fläche, wo im August 2018 ein Waldbrand wütete, ein Ereignis, dessen Wahrscheinlichkeit sich durch zunehmend trockenere Sommer dramatisch erhöht hat. Besonders Kiefernwälder brennen sehr gut, daher ist es immens wichtig, die Brandgefahr durch einen höheren Laubbaumanteil herabzusetzen. Hier in der Nähe von Klausdorf sind 330 Hektar Kiefernwald innerhalb einer Woche den Flammen zum Opfer gefallen. Wie sieht diese riesige, zusammenhängende Fläche drei Jahre später aus?

Von einem Hügel am Rand des Waldbrandgebiets habe ich einen guten Überblick und bin erstaunt, dass fast überall ein dichter grüner Teppich aus jungen Bäumen wächst. Als ich mir das näher anschaue, stelle ich fest, dass das verbrannte Holz von der Fläche geräumt wurde. Sogar die dünnen Äste hat man auf Haufen geschoben. Anschließend wurden Reihen gepflügt, in die man dann dicht an dicht Kiefern gepflanzt hat. Offenbar wollte man genauso weitermachen wie zuvor und ganz auf die Kiefer setzen. Kleinere, eingezäunte Flächen, auf denen Ahorne und Eichen gepflanzt wurden, wirken auf mich eher kosmetisch und nicht so, als wollte man wirklich von der Dominanz der Kiefer wegkommen. Doch selbst die robusten Kiefernpflänzchen konnten unter dem extremen Klima der riesigen Freifläche nicht gedeihen und sind zum Großteil vertrocknet.

Dann konnte die Natur grandios zeigen, wie sie mit solchen Katastrophenflächen umgeht, wenn man sie lässt: Fast überall haben sich Aspen natürlich angesamt. Diese auch Zitterpappeln genannten Bäume rufen den Eindruck des grünen Teppichs hervor, der mir gleich aufgefallen ist. Aspen sind ebenso wie Birken als Pionierbäume daran angepasst, solche Freiflächen schnell wieder in Wald zu verwandeln. Manche der Zitterpappeln sind bereits vier Meter hoch! Ein kluger Waldbauer tut gut daran, diese natürlichen Prozesse auszunutzen und nicht viel Geld und Energie in überhastetes Pflanzen zu verschwenden. Im Schutz der Pionierbäume kann man dann Jahre später immer noch andere Bäume einbringen. Davon abgesehen, hätte es die natürliche Wiederbewaldung erleichtert, wenn man die Flächen nicht komplett von Biomasse freigeräumt hätte. Unmittelbar außerhalb der Brandfläche wimmelt es von jungen Eichen unter den Kiefern, die wahrscheinlich von Eichelhähern gesät wurden. Wenn man auch nur einige dieser Jungpflanzen gegen Wildverbiss schützen würde, könnte man einen wichtigen Beitrag zum Aufbau eines Mischwalds leisten.

Am Rand eines jungen Kiefernbestands schlage ich schließlich mein Lager auf. Auch hier sind die alten Pflugstreifen noch zu sehen, in die die Kiefern gepflanzt wurden. Die Größe der Waldbrandfläche ist sicher ungewöhnlich, aber das System des Kahlschlagens, anschließender Bodenbearbeitung und dichter Pflanzung ist nicht neu und scheint hier noch sehr verbreitet zu sein. Als es langsam dunkel wird, gleiten zunächst zwei Ziegenmelker lautlos wie Eulen an meinem Lager vorbei, und später folgt eine kleine Fledermaus.

In den nächsten beiden Tagen wandere ich über einen ehemaligen, 12 000 Hektar großen Truppenübungsplatz bei Luckenwalde, der sich in zwei Teilgebieten zu einer großflächigen Wildnis entwickeln darf. Als ich am zweiten Morgen bereits um sechs Uhr aufbreche, erleuchtet der volle Mond die Heidelandschaft, über der ein leichter Dunstschleier jetzt, Ende August, bereits das Nahen des Herbstes ankündigt. Die langsam durch den Nebel brechende Sonne lässt die violetten Blüten des Heidekrauts leuchten. Eine ganz besondere Stimmung.

Mir gefällt die parkartige Landschaft aus Birken- und Kiefernsukzessionswald, einigen fast vegetationsfreien Sanddünen und großen Heideflächen ausnehmend gut. Unter Sukzession versteht man in diesem Zusammenhang den Prozess, bei dem Freiflächen zunächst von Pionierbäumen besiedelt werden, denen später andere Baumarten folgen. Einmal begegnet mir ein Rad fahrendes Pärchen, ansonsten habe ich die Wege für mich und kann die Einsamkeit der weiten Landschaft bei herrlichem Spätsommerwetter in vollen Zügen genießen. Zweimal beobachte ich einen Wiedehopf, eigentlich eher ein Vogel Südeuropas, der sich in dieser savannenartigen Landschaft aber offenbar sehr wohlfühlt. Mit langem, gebogenem Schnabel und orangefarbener Haube mit schwarz-weißen Spitzen sieht dieser Vogel ziemlich exotisch aus.

Rund um den Kolmberg gelange ich dann wieder in riesige Kiefernwälder. Kilometerlang wandere ich auf Sandwegen geradeaus. Das mag monoton klingen, hat für mich aber etwas Faszinierendes. Ich liebe weite Wälder! Doch auch die nachfolgende parkartige Landschaft mit verstreuten Birken gefällt mir, der Sandboden ist von Flechten bewachsen. Während ich auf meiner Matte liege, sucht ein krähengroßer Schwarzspecht mit roter Haube in den Bäumen nebenan nach Insekten, und in der Dämmerung höre ich wieder die schnurrenden Geräusche der Ziegenmelker. Die Nacht ist sternenklar und mondhell. Stundenlang könnte ich die Stimmung genießen, aber irgendwann fallen mir die Augen zu …

Während es im geschlossenen Wald nachts trocken bleibt, ist mein Schlafquilt hier am Morgen nass von Tau. Bereits vor Sonnenaufgang bin ich wieder unterwegs und nehme bald eine Bewegung wahr: Eine Gruppe Wildschweine mit noch ziemlich kleinen Frischlingen zieht auf der Suche nach Essbarem durch die Gegend. Die wilden Schweine bemerken mich nicht und laufen in aller Seelenruhe an mir vorbei. Ein tolles Erlebnis!

Hinter Krausnick komme ich schließlich in eine ganz andere Landschaft: den Unterspreewald. Er besteht aus einem Netz von Wasserläufen, die sich durch Erlenwälder und Wiesen ziehen. Am besten kann man diese Landschaft vom Boot aus entdecken, was ich in der Vergangenheit auch schon getan habe. Jetzt erkunde ich jedoch zu Fuß den Naturlehrpfad durch einen Buchenhain. Zu meiner Überraschung wachsen hier tatsächlich viele, auch alte Buchen, an denen leider die Trockenheit der letzten Jahre nicht spurlos vorübergegangen ist. An den Wasserläufen finden sich außerdem Erlen und erstaunlich viele Ulmen. An einer Stelle haben Biber ganze Arbeit geleistet: Das Holz der Buchen wirkt regelrecht geraspelt. Erstaunlich, welch dicke Bäume von den Nagern bearbeitet werden!

Zurück in den Kiefernwäldern, erreiche ich am nächsten Tag einen Parkplatz, an dem der Wildnispfad von Lieberose beginnt. Lieberose war mit 25 500 Hektar der größte Truppenübungsplatz Ostdeutschlands und wurde bis 1992 als Panzerschießplatz von der Roten Armee genutzt. Zunächst wirkt der Wald konventionell bewirtschaftet, was auch kein Wunder ist, da sich lediglich eine Fläche von knapp 4000 Hektar zur Wildnis entwickeln darf. Auch in Lieberose hat man leider die Chance vertan, einen richtig großen Nationalpark einzurichten, was eine Zeit lang sogar diskutiert wurde. Immerhin war der Truppenübungsplatz etwas größer als der Nationalpark Bayerischer Wald!

Die Gegend wurde von der Eiszeit gestaltet, und so gibt es neben weiten Sandebenen auch kleine Hügel, Seen und Moore. Die ehemaligen Wege sind weitgehend verschwunden, und ich bin weit genug von Straßen, Windrädern und Ansiedlungen entfernt, dass ich mich tatsächlich wie in weitläufiger Wildnis fühle. Dazu passt auch die Wolfslosung, die ich entdecke. Elchen, die neuerdings aus Polen wieder einwandern, begegne ich leider nicht, doch nirgendwo in Deutschland könnte ich mir diese großen Hirsche besser vorstellen als hier!

Im Wald gibt es auch Eichen und sogar einige Buchen. Einmal sehe ich eine Rotte Wildschweine mit noch kleinen Frischlingen, aber diesmal nur kurz. Leider wechseln sich wenige sonnige Abschnitte mit heftigen Schauern ab, sodass ich schließlich durchnässt den Rückzug antrete, wohl wissend, dass ich nur einen winzigen Einblick in diese fantastische neue Wildnis erhalten habe.

An den Teichen des Dammer Moors nördlich von Lieberose beobachte ich am nächsten Tag einen Seeadler im Flug, ein in Ostdeutschland gar nicht so seltenes Ereignis. Schon von Weitem sind die mächtigen Vögel mit ihrer Spannweite von zwei Metern unverwechselbar! Dann und wann komme ich an einem See vorbei, aber weiterhin überwiegen Kiefernwälder. Das Bild ändert sich erst in der Märkischen Schweiz um Buckow herum, etwa 70 Kilometer weiter nördlich. Dort hat die Eiszeit eine hügelige Landschaft mit fruchtbaren Böden hinterlassen, auf denen zahlreiche Laubbäume wachsen. Hier wird mir noch einmal klar, dass die Kiefernwälder, die ich in letzter Zeit durchquert habe, eigentlich gar keine richtigen Wälder sind. Zu jung, keine dicken Bäume, kein Totholz. Eben Forste zur Holzproduktion, die die vielen anderen Eigenschaften von Wäldern kaum erfüllen.

Hinter Bad Freienwalde gelange ich in den Nationalpark Unteres Odertal, der einen langen Streifen der Flusslandschaft an der polnischen Grenze einschließt. Es gibt zwar kaum Wald, aber die weite Wiesenlandschaft unter dem weiß-blauen Spätsommerhimmel gefällt mir auch sehr gut. Bald höre ich Vogelstimmen, die ich aus dem Mittelmeerraum kenne: Bienenfresser! Diese hübschen bunten Vögel bilden Kolonien an steilen Lehmwänden, wo sie ihre Erdhöhlen anlegen. Solche Steilwände gibt es hier an der Oder ebenso wie genügend Leben in der Luft, denn die Bienenfresser schwirren eifrig hin und her, um Fluginsekten zu erbeuten.

EINSAME UCKERMARK

Als ich schließlich die Oder verlasse, folge ich Alleen in das weitläufige Hügelland der Uckermark im Biosphärenreservat Schorfheide-Chorin, einem wunderbaren Schutzgebiet mit über 240 Seen und zahlreichen Mooren. Hier erlebe ich mal wieder eine Landschaft, die nichts mit dem üblichen Klischee von Brandenburg als platter Streusandbüchse zu tun hat. Jetzt, Anfang September, kann ich mich an zahllosen Köstlichkeiten laben, die mir die Fruchtbäume gratis zur Verfügung stellen und die sonst offenbar kein Mensch erntet. Äpfel, Pflaumen, Birnen und Mirabellen stellen eine will-kommene, vitaminreiche Aufbesserung meiner Kost dar.

Vorbei an Schmargendorf mit einem Storchennest auf einem Hausdach gelange ich in den Grumsin. Dieses 590 Hektar große Waldgebiet ist eine Kernzone des Biosphärenreservats und zählt wie der Hainich seit 2011 zum UNESCO-Weltnaturerbe der Buchen-wälder. Lange Zeit diente es hauptsächlich der Jagd und wurde daher relativ wenig forstwirtschaftlich genutzt. Da hier störungsempfindli-che Vogelarten wie Seeadler, Schreiadler und Schwarzstorch brüten, darf man nur auf markierten Wanderwegen laufen.

Dies ist kein Urwald, Baumstümpfe als Hinweis auf die frühere Bewirtschaftung sind noch überall zu finden, und der größte Teil des Waldes ist hallenartig dicht. Allerdings gibt es bereits jetzt deut-lich mehr Totholz als im Wirtschaftswald und einen viel größeren Holzvorrat – einzelne Buchenstämme weisen einen Durchmesser von über einem Meter auf. Obwohl seit mindestens 30 Jahren keine Bäume mehr gefällt werden, ist der Wald im Gegensatz zu einem richtigen Naturwald noch ziemlich homogen. Entwicklungen in der Natur können eben lange brauchen, allerdings rechnet man da-mit, dass sich mit zunehmendem Alter des Waldes schon bald eine größere Vielfalt einstellen wird. Diese wird oft durch das Absterben und Zusammenbrechen einzelner Bäume eingeleitet.

Besonders charakteristisch für den Grumsin ist das Nebenein-ander von trockenen Rücken und Senken mit Tümpeln und Sümp-fen. Aufgrund des vielen Wassers wimmelt es allerdings auch von Mücken, die mich fortwährend attackieren. Daher verlasse ich das Gebiet schließlich mit einem lachenden und einem weinenden Auge – die trockenen Kiefernwälder, die nun folgen, sind mir nicht unwillkommen.

Am nächsten Tag zeigt mir Dietrich Mehl, der 54-jährige Leiter der Oberförsterei Reiersdorf, die 22 000 Hektar Staatswald umfasst, ein weiteres, ganz besonderes Waldjuwel: den Faulen Ort. Nach dem Bau der Eisenbahnstrecke von Berlin nach Stettin war dieses kleine Waldgebiet quasi unzugänglich, es wird daher schon seit 100 Jahren nicht mehr bewirtschaftet. Die bisherigen Zuwege wurden durch den Schienenstrang abgeschnitten, und Feuchtgebiete schirmen den Faulen Ort von den anderen Seiten ab.

Da Dietrich Mehl hier etwas zu tun hat, laufen wir in das Gebiet hinein. Die kalkhaltigen Lehme bieten hervorragende Bedingungen für das Waldwachstum, und so wachsen im Faulen Ort wahre Giganten. Selbst mein 1,90 Meter großer Begleiter wirkt hier fast zwergenhaft. Besonders auffällig ist die Menge an Totholz, die dieser etwa 220-jährige Wald aufweist: Mit knapp 200 Kubikmetern wird ein Wert erreicht, der sonst nur in Urwäldern vorkommt! Dementsprechend gibt es trotz der kleinen Fläche auch etliche Urwaldspezialisten unter den Käfern und Pilzen. Neben den Buchen sind beeindruckende Linden, Ahorne und Ulmen vorhanden. In den moorigen Quellbereichen wachsen Erlen, darunter ein kerzengerades Exemplar, das 40 Meter Höhe erreicht!

Von diesem beeindruckenden Ort fahren wir weiter zu einem ausgedehnten Buchenbestand, in dem Holz genutzt wird. Hier interessiert mich, welche Erkenntnisse aus dem Naturwald Dietrich Mehl in die forstliche Bewirtschaftung des Gebiets einfließen lässt. Der sympathische Forstbetriebsleiter antwortet mit ruhiger Stimme: »Uns ist daran gelegen, den Wald dicht und vorratsreich zu halten, da ihn das in Trockenzeiten widerstandsfähiger macht. So ist der Vorrat in den Buchenbeständen mit etwa 440 Kubikmetern erheblich höher als sonst üblich. In den Dürrejahren 2018 bis 2020 haben wir den Buchenwald im Übrigen gar nicht angetastet.«

Im Biosphärenreservat Schorfheide-Chorin spielt auch die Forschung eine große Rolle, daher frage ich, ob es Studien zum Faulen Ort gibt. Dietrich Mehl hat gleich etwas parat: »Besonders interessant ist für uns eine wissenschaftliche Untersuchung, in der Zusammenhänge zwischen Bewirtschaftung und naturschutzfachlichem

Wert hergestellt wurden. Dabei stellte sich heraus, dass seit Langem unbewirtschaftete Flächen wie der Faule Ort in ihrem Wert aufgrund von Totholzmenge, Flächenstruktur und Baumalter im Wirtschaftswald nicht erreicht werden können. Völlig unbewirtschaftete Flächen sind unverzichtbar, wenn man die ganze Artenpalette langfristig erhalten will, aber auch die Art der Bewirtschaftung hat ganz erstaunliche, schon kurzfristig wirksame Effekte. Zwei Sachverhalte traten dabei besonders hervor. Zum einen ist eine Fläche für die Artenvielfalt umso wertvoller, je inhomogener sie ist: In Naturwäldern wie dem Faulen Ort ist dieses Mosaik der unterschiedlichen Bedingungen extrem kleinräumig ausgeprägt, aber auch im Wirtschaftswald lässt sich einiges in der Richtung erreichen, wenn man Homogenisierungen vermeidet, die leicht bei zu starker Nutzung entstehen. Zum anderen muss man ganz gezielt darauf achten, Mikrohabitate zu erhalten, dazu zählt eine ganze Fülle von Kleinstrukturen wie Pilzkonsolen, Blitzrinnen, Mulmtaschen oder auch wassergefüllte Höhlungen.«

»Haben diese Erkenntnisse denn weitere Verbreitung gefunden?«, frage ich nach.

»Ja, aus dem Forschungsprojekt ist das ›Praxishandbuch Naturschutz im Buchenwald‹ entstanden, in dem die Mikrohabitate und ihre Bewohner ausgezeichnet beschrieben werden. Biosphärenreservate sind Modellregionen, in denen Vorbilder für die Bewirtschaftung auch außerhalb von Schutzgebieten erarbeitet werden. Im Fall der Buchenwälder ist das hervorragend gelungen, denn seit 2015 sind die Vorgaben aus dem Praxishandbuch im Landeswald Brandenburgs verbindlich!«

Dass es Dietrich Mehl offenbar sehr gut gelingt, den Naturschutz in die Bewirtschaftung zu integrieren, beweist mir der Ästige Stachelbart, ein weißer Pilz, der nur dort vorkommt, wo es viel Totholz gibt, und der hier tatsächlich zu finden ist. Die Buchenwälder sind besonders schön, aber mit 67 Prozent nimmt die Kiefer eine wesentlich größere Fläche ein, dabei ist der Waldumbau wie bei Fichten- auch in Kiefernbeständen dringend geboten.

Dietrich Mehl erläutert mir, warum er gerade hier so wichtig ist und wie die Oberförsterei dabei vorgeht: »Teile der Oberförsterei liegen in der Schorfheide, einem großen kiefernforstdominierten Waldgebiet. Untersuchungen haben gezeigt, dass der Grundwasserstand selbst unter den gegenwärtigen Klimabedingungen, also ohne Berücksichtigung des weiteren Klimawandels, bis 2035 um mehrere Dezimeter, lokal sogar über 1,5 Meter absinken wird. Dagegen könnte ein zügiger Umbau zu mehr Laubbäumen die Grundwasserstände auf fast der ganzen Fläche um 20 bis 80 Zentimeter ansteigen lassen. Ohne Waldumbau würden die Moore austrocknen und viele Seen fast vollständig verschwinden. Um das zu verhindern und weil Laubbäume viele weitere positive Wirkungen haben, betreiben wir den Waldumbau schon seit langer Zeit. Oft reicht eine Reduzierung des Wildbestandes, um die Naturverjüngung in Gang zu bringen, stellenweise haben wir aber auch Buchen und Eichen gepflanzt. Auf lediglich etwa 30 Prozent der Fläche gibt es noch Defizite, aber wir hoffen, in 10 bis 15 Jahren mit dem Umbau fertig zu sein.«

Dass der Waldumbau zur Reduzierung der Waldbrandgefahr im Kiefernwald wichtig ist, war mir bekannt, aber dass er so drastische Auswirkungen auf den Grundwasserstand hat – damit hatte ich nicht gerechnet. Jetzt interessieren mich aber noch die von Dietrich Mehl erwähnten »weiteren positiven Wirkungen«.

Der sehr kompetente Forstmann erklärt: »Messungen ganz in der Nähe haben ergeben, dass alte, totholz- und vorratsreiche Laubwälder im Sommer bis zu zwölf Grad Celsius niedrigere Oberflächentemperaturen aufweisen als vorratsarme Kiefernbestände. Abgesehen von der Kohlenstoffspeicherung, können Wälder also große Auswirkungen auf das lokale Klima haben.«

Als wir schließlich zurück an der Oberförsterei im winzigen Reiersdorf sind, stellen wir fest, dass wir beide der Ansicht sind, dass in Zukunft wesentlich weniger Holz genutzt werden sollte als heute, um den Wald für die Klimakrise stabiler zu machen und seinen Funktionen jenseits der Rohstoffversorgung mehr Raum zu geben. In diesem harmonischen Zweiklang endet unser Treffen, und ich mache mich wieder auf den Weg. Es ist schon spät am Nachmittag, daher laufe ich nicht mehr allzu weit und schlage mein Freiluftlager im Kiefernwald auf, wo später noch Damwild vorbeiwechselt.

Am nächsten Morgen setze ich meine Wanderung durch die weite, einsame Landschaft der Uckermark fort. Während in Deutschland im Schnitt über 200 Menschen auf einem Quadratkilometer leben, sind es hier nur etwas über 30, und das merkt man. Ich kann den ganzen Tag lang wandern und komme vielleicht nur einmal durch ein Dorf. Dabei ist die Gegend in ihrer Weitläufigkeit sehr abwechslungsreich. Natürlich gibt es viel Kiefernwald, aber bei genauerem Hinsehen erkenne ich unter der alten Baumgeneration an vielen Stellen eine bunte Mischung aus Buchen, Eichen, Birken und natürlich auch Kiefernnaturverjüngung. Hier wächst ein vielfältiger Mischwald heran!

Allerdings treffe ich nicht nur auf Wald. Vor Dargendorf wandere ich zum Beispiel am Rand großer, sumpfiger Wiesenflächen entlang, aus denen die Kraniche rufen. Dann gelange ich in die Buchheide, ein weitläufiges Naturschutzgebiet, das seinen Namen ganz zu Recht trägt. Neben den zahlreichen Buchen gibt es aber auch alte Eichen. Eine weitere Nuance setzt der fast tropisch anmutende üppige Erlenbruchwald an dem kleinen Bachlauf Schulzenfließ. Tatsächlich bilden die Erlen hier bisweilen Stelzwurzeln aus, ähnlich wie Regenwaldbäume.

Jetzt, Anfang September, sprießen die Pilze aus dem Boden. Tintlinge mit weiß geschuppten, spitzen Hüten stehen neben Steinpilzen mit ihren braunen Kappen. Obwohl Letztere eine leckere Delikatesse sind, begegnen mir nur einmal Pilzsucher, deren prall gefüllte Körbe verraten, dass sie reiche Beute gemacht haben.

An den Rarangseen vorbei komme ich am nächsten Tag in die Schorfheide, das große, geschlossene Waldgebiet, das ich schon seit langer Zeit kenne und teilweise von der Oberförsterei Reiersdorf bewirtschaftet wird. Gleich nach der Grenzöffnung im November 1989 bin ich nach Ostdeutschland gereist und habe diese Region erkundet, die ich mit den Jahren kennen- und lieben gelernt habe – sogar meine Diplomarbeit habe ich hier geschrieben. Für mich ist es deshalb etwas ganz Besonderes, sie in meine Waldbegeisterungstour zu integrieren. Seit jeher war die Schorfheide ein herrschaftliches Jagdgebiet, und das hatte sich auch in DDR-Zeiten nicht geändert. Unglaublich, welche Massen an Wild es damals gab, ich glaubte manchmal fast, in der Serengeti zu sein. Doch was auf mich eindrucksvoll wirkte, war für den Wald sehr schlecht. Kilometerweit gab es fast keinen Unterwuchs, die Schorfheide war regelrecht leer gefressen!

Jetzt bin ich gespannt, wie es heute hier aussieht. Sofort stechen mir die großen Waldumbauflächen ins Auge. Vielerorts wurden Eichen unter die Kiefern gepflanzt. Das geschah zum Schutz vor Wildverbiss zunächst hinter hohen Zäunen, mittlerweile funktioniert es aber auch ohne solche Schutzmaßnahmen, wie ich ja gestern von Dietrich Mehl erfahren hatte. An den Köllnseen erreiche ich eine 450 Hektar große, seit 1990 unbewirtschaftete Kernzone des Biosphärenreservats Schorfheide-Chorin. Darüber hatte ich damals meine Diplomarbeit verfasst, die in den Pflege- und Entwicklungsplan des Reservats aufgenommen wurde. Was hat sich seitdem verändert? Die Seen wirken so einsam und unberührt wie eh und je, aber der Wald ist anders. Während es damals an vielen Stellen nichts als Sand und Nadelstreu gab, wächst jetzt eine üppige Bodenvegetation. Fast überall gedeiht die Heidelbeere in dichten Polstern und trägt Früchte. Der Hauptgrund dafür ist sicher die Reduzierung des Wildbestands. 1990 konnte man Rotwild, Damwild und auch Muffelschafe fast an jeder Ecke sehen. Solche Begegnungen sind heute viel seltener geworden, und Muffelwild gibt es gar nicht mehr, wie mir Dietrich Mehl gestern erzählt hat.

Ursprünglich stammen diese Wildschafe aus Korsika und Sardinien, in Deutschland wurden sie vielerorts aus jagdlichen Gründen eingebürgert. Seit fünf Jahren gibt es im Gebiet des Biosphärenreservats drei Wolfsrudel, und diese haben es offenbar geschafft, das Muffelwild auszurotten. Die Wildschafe hatten in ihrer bergigen Heimat nie eine Strategie im Umgang mit Wölfen entwickelt und waren daher leichte Beute. Für den Wald ist das eine durchaus positive Entwicklung, da Mufflons durch Verbiss großen Einfluss auf die Waldvegetation haben.

Auf die Frage, inwiefern die Wölfe auch auf die Bestände anderer Wildarten einwirken, lässt sich wohl noch keine abschließende Antwort geben, doch da nur vergleichsweise wenige Wölfe auf große Territorien kommen, wird ihr Einfluss auf das Beutetiervorkommen entsprechend gering sein. Indirekte Effekte sind bedeutender: So zieht das Wild aufgrund der Bedrohung durch die großen Beutegreifer wahrscheinlich stärker umher, wodurch sich der Verbiss auf größere Flächen verteilt, was insgesamt zur Entlastung der Vegetation führt. Unter Umständen werden offenere Wälder, wo die Wölfe gut jagen können, nur noch selten vom Wild aufgesucht, was ebenfalls zu weniger Verbiss führen kann. Je nach Region ist der Einfluss der Wölfe sehr unterschiedlich, daher ist es schwierig, zu diesem Thema pauschale Aussagen zu machen.

Schließlich erreiche ich den Kienhorst, wo auf einem Dünenzug etwa 240-jährige Kiefern wachsen. Schon Anfang der 90er-Jahre waren einige dieser Baumveteranen abgestorben, und ich hatte befürchtet, dass heute kaum noch einer der Methusaleme am Leben wäre. Tatsächlich sind einige Baumruinen hinzugekommen, aber es gibt auch noch sehr vitale Altbäume! Und darunter befindet sich bereits eine stufig aufgebaute Schicht aus jüngeren Kiefern, die mittlerweile das Bild dominieren. Ich entdecke außerdem einen

Eichensämling, aber es wird wohl noch sehr lange dauern, bis der Kienhorst sich zum Laubwald entwickelt – auf lange Sicht wird das allerdings sehr wahrscheinlich geschehen.

Auch in der Schorfheide sind die Kiefernforste fast ausschließlich menschengemacht. Als ich meine Diplomarbeit schrieb, war ich daher skeptisch, ob es sinnvoll ist, eine 450 Hektar große, fast reine Kiefernwaldkernzone als Totalreservat auszuweisen; in meinen Augen hätte es natürlichere Waldgebiete gegeben, die sich besser geeignet hätten. Heute sehe ich das anders. Wenn der Waldumbau in der Schorfheide weiterhin intensiv fortgeführt wird, dauert es wohl nicht mehr lange, bis diese Kernzone als letztes großes, reines Kiefernwaldgebiet übrig bleibt, in dem man sehen kann, wie sich ein solcher Wald ohne menschlichen Einfluss entwickelt.

Nachdem ich die Kernzone verlassen habe, sehe ich tatsächlich überall wieder Laubbäume. Unter einem von ihnen schlage ich mein Cowboycamp auf, weil das Wetter gerade so schön und stabil ist. In der Nacht wache ich auf und glaube, rufende Rothirsche zu hören, bin mir aber nicht ganz sicher. Doch als ich dann bei Sonnenaufgang losgehe, wird mir schnell klar, dass in der Schorfheide die Brunft, also die Paarungszeit, des Rotwilds begonnen hat. Die Hirsche brüllen eindrucksvoll in den Morgen hinein, dazu trompeten die Kraniche, was für ein Konzert!

In diesem Teil der Schorfheide, unweit des Werbellinsees, gibt es 1300 Alteichen, die bis zu 400 Jahre alt sind und häufig noch aus der Zeit vor den großflächigen Kiefernaufforstungen stammen, als der Wald, bedingt durch Vieheintrieb, viel lichter war. Man brachte die Nutztiere damals in den Wald und ließ sie dort weiden. Da durch den Verbiss des Viehs keine jungen Bäume mehr hochwachsen konnten, entstanden so stark aufgelichtete Wälder mit einzelnen, fast frei stehenden Eichen, die sich ohne nachbarschaftliche Konkurrenz zu sehr eindrucksvollen Baumindividuen entwickeln konnten. Vor dem ehemaligen Jagdschloss Hubertusstock lege ich an der stärksten Eiche mit über fünf Meter Stammumfang und einem Alter von mehr als 400 Jahren eine längere Pause ein.

Nachdem ich in Groß Schönebeck eingekauft und übernachtet habe, durchquere ich die Schorfheide ein weiteres Mal in Richtung Norden. In der zentralen Schorfheide treffe ich dann doch noch auf große Bereiche reinen Kiefernwalds; immerhin sind oft auch einige Birken darunter. Mittlerweile zaubern mancherorts die orangegelben Farnwedel eine herbstliche Note in den Unterwuchs. Bei Kurtschlag verlasse ich schließlich das große Waldgebiet. Was für einsame, abgelegene Dörfer es hier gibt!

An der Havel, die sich wunderschön durch die Wälder schlängelt, erreiche ich die Schleuse Kannenburg und wandere auf einem sandigen Pfad oberhalb der Milnitz-Senke weiter. Toll, wie sich hier trockene Kiefernheide, ein Eichenwaldgürtel und die Feuchtlebensräume um die Seen zu einer Einheit verbinden! Auf offenen Flächen steht die Heide noch in voller Blüte – ein Traum in Lila. Zu meinem nächsten Termin ist es nicht mehr weit, weshalb ich eine ausgiebige Mittagspause unter einer Birke einlege. Von hier kann ich das darunterliegende Gewässer mit seinen schwimmenden Riedinseln überblicken sowie die gegenüberliegende trockene Heideböschung. Eine ganze Zeit lang sehe ich einem Reiher zu, der unbeweglich im flachen Wasser auf seine Chance wartet, einen Fisch zu erbeuten. Es ist noch sommerlich warm, allerdings war es in den letzten Tagen morgens häufig bereits herbstlich dunstig.

Ich gelange jetzt in den Naturpark Uckermärkische Seen, der sich malerisch um Lychen herum erstreckt. Kein Wölkchen zeigt sich am Himmel, als ich auf dem Märkischen Landweg, einer 217 Kilometer langen Wanderstrecke einmal quer durch die Uckermark, auf Pfaden und Sandwegen durch die abwechslungsreiche Landschaft aus Seen, Wäldern und Feuchtgebieten laufe. Eine der hiesigen Besonderheiten ist der Küstrinchenbach, der erstaunlich schnell fließt und einige Seen miteinander verbindet. In seinem

glasklaren Wasser tummeln sich Fische, und Blauflügel-Prachtlibel-
len genießen die Wärme des Spätsommers.

Bei Carwitz baden trotz der frühen Morgenstunde bereits ein
paar Leute im traumhaft schönen Schmalen Luzin, der sich fjordartig zwischen bewaldeten Hängen erstreckt. Sein klares Wasser
ist einfach zu verlockend, daher lege auch ich eine Schwimmpause
ein. Nach einem ausgiebigen Bad wandere ich erfrischt weiter nach
Feldberg in Mecklenburg-Vorpommern, wo ich mir eine Schale
Schoko-Kokosnuss-Eis gönne. Wieder einmal kann ich mein Wanderleben so richtig genießen!

MECKLENBURG-VORPOMMERN

Von der Müritz nach Rügen und an der Ostseeküste entlang nach Westen

Bisher zurückgelegte Strecke

4767 km

Zeitraum

Jan	Feb	Mrz	Apr	Mai	Jun	Jul	Aug	Sep	Okt	Nov	Dez

Waldanteil

24 %

Mecklenburg-Vorpommern

UNTERWEGS IN DEUTSCHLANDS GRÖSSTEM NATIONALPARK

Auf einem Radweg verlasse ich Feldberg und gelange bald wieder in einen überwiegend aus Buchen bestehenden Wald. Offenbar wird hier schon seit Langem im Schirmschlagverfahren gearbeitet, bei dem der Wald stark aufgelichtet wird. Eine Tafel zeigt den Beginn der Heiligen Hallen an, eines Waldgebiets, das bereits vor 150 Jahren durch Großherzog Georg von Mecklenburg-Strelitz aus der Nutzung herausgenommen wurde, weil es derart durch seine Schönheit bestach. Der adelige Waldliebhaber war offenbar stark von den mächtigen, säulenförmigen Stämmen der Buchen begeistert, die zur Zeit des Dreißigjährigen Krieges vor etwa 350 Jahren gekeimt waren. Damit ist dies der älteste Buchenwald Deutschlands! Die eindrucksvollsten Bäume erreichen 53 Meter Höhe und fast zwei Meter Durchmesser. Wie im Faulen Ort gibt es auch in diesem Naturwaldreservat eine große Totholzmenge, und ich bin von der Vielfalt der Pilze schwer beeindruckt, die überall auf dem vermodernden Holz wachsen. Obwohl inzwischen viele der alten Riesen ihr natürliches Alter erreicht haben, ist der Holzvorrat mit circa 600 Kubikmetern immer noch außergewöhnlich hoch.

Wie auch andere unbewirtschaftete Laubwälder, die ich auf meiner Wanderung gesehen habe, wirken die Heiligen Hallen sehr vital und von der Dürre der letzten Jahre weitgehend unbehelligt. Gerade in der Klimakrise ist es entscheidend für den Fortbestand solcher relativ kleinen alten Buchenwälder, dass ihr extrem wichtiges feuchtkühles Innenklima nicht durch Auflichtungen in ihrer nächsten Umgebung gestört wird. Der Kernbereich der Heiligen Hallen umfasst nur 25 Hektar, und man kann sich gut vorstellen, dass forstwirtschaftliche Maßnahmen außerhalb des Reservats direkte Auswirkungen auf den geschützten Bereich haben. Leider wurden bis vor Kurzem die Buchenbestände im Umfeld dennoch stark aufgelichtet. Das hat zu heftigen Protesten geführt, sodass in Zukunft schonender gearbeitet werden soll. Obwohl die Heiligen Hallen naturschutzfachlich sehr wertvoll sind, sind sie aufgrund ihrer geringen Flächengröße nicht in das UNESCO-Naturerbe aufgenommen worden.

Da es stark nach Gewitter aussieht, schlage ich mein Lager schon früh außerhalb des Altwaldbereichs auf; es regnet dann aber nur wenige Tropfen, und ich bleibe trocken. Früh am nächsten Morgen nehme ich aus dem Augenwinkel eine Bewegung wahr und sehe dann zwei imposante Damhirsche mit mächtigen, elchartigen Schaufelgeweihen über den Weg an mir vorbeiziehen.

Bereits nach wenigen Kilometern habe ich die Grenze des Müritz-Nationalparks erreicht. Ebenso wie viele weitere Schutzgebiete im Osten Deutschlands wurde der Nationalpark 1990 in den letzten Tagen der DDR gegründet und hat eine beeindruckende Fläche von 33 200 Hektar. Er ist damit – abgesehen von den Meeresnationalparks – der größte Nationalpark Deutschlands. Der Müritz-Nationalpark besteht aus zwei Teilflächen, von denen der Waldteil Serrahn, in den ich jetzt gelange, mit 6200 Hektar der kleinere ist. Hier werden in erster Linie die Buchenwälder geschützt, und ich denke, dass es durchaus sinnvoll sein könnte, die Heiligen Hallen über einen Korridor aus naturnah genutzten Wäldern mit dem Nationalpark zu verbinden.

Hinter dem Jugendwaldheim Steinmühle entdecke ich Schilder, auf denen man vermerkt hat, wann die jeweils danebenliegende Buche umgestürzt ist. So kann man schön sehen, wie lange der Zersetzungsprozess des Holzes dauert. Während eine 2006 durch einen Sturm gefällte Buche in ihrem Umriss noch erhalten ist, hat sich eine vor 30 Jahren umgefallene Buche fast vollständig in Humus verwandelt. Erstaunlich, dass das auch bei den im Vergleich zu Eichen schnell verrottenden Buchen so lange dauert! Mit der Holzzersetzung wird auch das gebundene Kohlendioxid wieder freigesetzt. Von Forstseite wird deshalb eine stärkere Holznutzung als effektive Klimaschutzmaßnahme propagiert, denn das gespeicherte Kohlendioxid würde so ja in Holzmöbeln oder Dachstühlen erhalten bleiben. Dazu muss man aber wissen, dass etwa die Hälfte des Holzaufkommens innerhalb kürzester Zeit verbrannt wird, weil daraus nur kurzlebige Produkte, etwa Verpackungen hergestellt werden – bei Laubbäumen sind es sogar 70 Prozent! Für das Klima ist es aber egal, ob das Kohlendioxid durch die Verbrennung von Holz oder fossilen Energieträgern freigesetzt wird. Zwar wächst bei nachhaltiger Forstwirtschaft die genutzte Holzmenge nach, aber wie ich ja auf meiner Wanderung schon vielerorts gesehen habe, könnte der Holzvorrat und damit die Menge des gespeicherten Kohlenstoffs in deutschen Wäldern wesentlich höher sein. Verstärkte Holznutzung, vor allem zur Energieerzeugung, setzt die klimawirksame Speicherwirkung des Waldes dagegen herab.

Als ich dem Ufer des Mühlenteichs folge, fliegt ein Seeadler aus einem Baum am Wasser auf und verschwindet. Ein Stück weiter höre ich ein Rauschen, und kleine Äste purzeln herab. Der mächtige Adler hatte sich hier niedergelassen und ist erst weggeflogen, als ich unmittelbar unter dem Baum stand! In der alten Bundesrepublik hatte es lediglich noch vier Seeadlerpaare in Schleswig-Holstein gegeben, deren Horste in der Brutzeit rund um die Uhr bewacht wurden. An so einer Bewachungsaktion hatte ich damals eine Woche lang mit meinem Vater teilgenommen. Ein sehr eindrucksvolles Erlebnis, die imposanten Vögel über lange Zeit beobachten zu können! Mittlerweile haben die Seeadler vielerorts ein grandioses Comeback erfahren, sodass sie auch an Orten wieder heimisch sind, wo sie lange Zeit ausgestorben waren.

Schließlich gelange ich in den 268 Hektar großen Waldteil, der in das UNESCO-Weltnaturerbe »Alte Buchenwälder und Buchenurwälder der Karpaten und anderer Regionen Europas« aufgenommen wurde. Teile der Fläche werden seit rund 60 Jahren nicht mehr bewirtschaftet, aber auch zuvor fällte man schon lange Zeit kaum noch Bäume, da das Gebiet überwiegend zur Jagd genutzt wurde. Der Wald ähnelt den Heiligen Hallen, ist aber mit etwa 200 Jahre altem Baumbestand jünger und dichter. Nichtsdestotrotz gibt es bereits sehr viel Totholz, und erste Lücken haben sich aufgetan. Im Gegensatz zu den Heiligen Hallen stehen hier auch einzelne, oft sehr imposante Eichen. Das Gebiet ist hügelig, und ähnlich wie in Grumsin unterbrechen kleine Seen und Moore die Waldlandschaft, wodurch eine Vielzahl unterschiedlicher Biotope entstanden ist. Als ich mich eine Zeit lang auf einer kleinen Erhebung niederlasse, entdecke ich in der Nähe ein Rudel Damwild, das mich nicht bemerkt, und ich beobachte die Tiere beim Fressen und Ausruhen.

In dem nur aus zwei Wohnhäusern bestehenden Ort Serrahn besuche ich eine interessante Ausstellung der Nationalparkverwaltung zum Thema Buchenwald. Hier wird die große Verantwortung Deutschlands für den Erhalt der auf Europa beschränkten Rotbuchenwälder betont. Denn unser Land beherbergt immerhin 26 Prozent des Gesamtareals der Rotbuche und wäre von Natur aus zu etwa 70 Prozent mit Buchenwäldern bedeckt. Davon existieren heute nur noch acht Prozent, und diese sind überwiegend sehr jung. Ökologisch wichtige Bestände dieser Baumart mit einem Alter von über 160 Jahren finden sich lediglich noch auf 1,3 Prozent der deutschen Waldfläche, und nur auf drei Prozent der Waldfläche dürfen sich Buchenwälder ungestört entwickeln – beschämend wenig für Deutschlands wichtigstes Naturerbe!

Am nächsten Tag erreiche ich hinter dem Prälanksee den größeren Teil des Müritz-Nationalparks. Mit der Müritz verbinde ich Seen und Feuchtgebiete, tatsächlich sind aber über 70 Prozent des Nationalparks bewaldet, in erster Linie mit Kiefern. Seit 2017 gibt es hier keine forstlichen Maßnahmen mehr, und der Wald darf sich jetzt endlich ohne weitere menschliche Eingriffe entwickeln. Auf sandigen Wegen erreiche ich das nette Dörfchen Granzin an der Havel. Gerade passend, denn jetzt beginnt es, heftig zu regnen. Ich finde Unterschlupf in der Dorfkirche, was den Vorteil hat, dass ich nicht nur trocken bleibe, sondern auch Powerbank und Smartphone laden kann.

Nachdem ich in der Nähe des Örtchens unter meinem Tarp übernachtet habe, wandere ich am nächsten Tag lange durch einen großen Bereich des Nationalparks, in dem die alten Wege fast nicht mehr zu erkennen sind, es keine Jagdeinrichtungen gibt und die Kiefernbestände nicht unterpflanzt wurden. Dennoch wachsen fast überall junge Eichen und Buchen unter den Nadelbäumen. Es gibt kleinere Flächen mit älteren Laubbäumen, von denen offensichtlich die Wiederbesiedlung des Kiefernwaldes ausgeht.

Unterwegs kann ich dreimal ein Rudel Damwild beobachten. Die Fellfärbung ist bei dieser Hirschart ziemlich variabel; eines der Tiere ist fast schwarz. Rotwild sehe ich zwar keines, aber den ganzen Tag über begleitet mich das Röhren der Hirsche, denn jetzt, Mitte September, hat die Brunft ihren Höhepunkt erreicht. Obwohl es also offensichtlich viel Wild gibt, das gern an jungen Bäumchen rumknabbert, schaffen es die Huftiere nicht, das Hochwachsen des Laubwaldes zu verhindern. Hatte ich erwähnt, dass dieser große Bereich offenbar gar nicht bejagt wird?

Natürlich kann Jagd einen Einfluss auf Wildbestände haben, besonders wenn sie sehr intensiv ausgeübt wird – was aber nur selten der Fall ist. Dennoch sehe ich immer wieder Beispiele wie hier, wo sich der Wald trotz Verbiss gut natürlich verjüngen kann. Das ist einerseits schön, wirft andererseits aber auch die Frage auf, welche Bedeutung der Jagd in Zukunft beigemessen werden sollte. Diese Frage ist schwierig und regional sehr unterschiedlich zu beantworten, aber ich denke, dass man auf wirklich großen Flächen einmal ausprobieren sollte, was passiert, wenn die Jagd ganz eingestellt wird. Die Nationalparks sollten dabei aufgrund ihres Auftrags, eine Entwicklung ohne menschliche Einflüsse sicherzustellen, ganz vorne stehen, aber ich kann mir solche Versuche auch in vielen anderen Gegenden, wie beispielsweise auf den ehemaligen Truppenübungsplätzen Ostdeutschlands, gut vorstellen. Die Forstbetriebe, die es mit der Wildreduktion wirklich ernst meinen und dabei an der Vegetation sichtbare Erfolge erzielt haben, sollten aber dennoch nicht des Mittels der Jagd beraubt werden.

In der Nähe des Weilers Boeker Sender gelange ich auf den viel befahrenen Radweg entlang des Ostufers des Müritzsees. Obwohl die Urlaubssaison eigentlich zu Ende ist, ist ganz schön was los. Vor allem Senioren auf Elektrorädern flitzen durch die Gegend. Von zwei Aussichtstürmen lassen sich Seen und Schilfflächen überblicken. Leider ist es ziemlich grau und nieselt zeitweise, daher wirkt die weite Landschaft aus Birkenwäldern, Schilf- und Wasserflächen etwas abweisend auf mich. Eigentlich würde ich von hier aus gern Vögel beobachten, aber da auf den beiden Türmen ein ständiges Kommen und Gehen herrscht, laufe ich bald weiter.

Obwohl Wald und Wasser im Nationalpark überwiegen, gibt es auch Grünlandflächen, die durch extensive Beweidung erhalten werden. Lange Zeit wandere ich entlang eines Waldrands durch eine abwechslungsreiche Kulturlandschaft mit alten Eichen und Wiesen, die alle 50 Meter von Heckenstreifen oder mit Schilf gesäumten Gräben unterbrochen werden. Am Warnker See komme ich dann endlich dazu, von einem Beobachtungsstand aus in Ruhe Vögel zu beobachten. Unglaublich, wie viele Kormorane es hier gibt! Sehr viele Uferbäume sind durch deren scharfen Kot abgestorben.

Schließlich verlasse ich den Nationalpark und unterbreche in Waren meine Wanderung, um nach Berlin zu fahren. Dort werde ich bei *klartext*, der Livesendung mit SPD-Kanzlerkandidat Olaf Scholz, zu Gast sein, für die wir in der Sächsischen Schweiz den Trailer gedreht haben.

KLARTEXT IN DER KLIMAFRAGE

Am nächsten Abend in Berlin erklärt mir die ZDF-Redakteurin, dass der Klimablock nicht, wie ursprünglich vorgesehen, zuerst laufen werde, sondern an die letzte Stelle gerutscht sei. Da der Teil der Sendung aber mit meinem Trailer starten solle, würde ich auf jeden Fall ausreichend zu Wort kommen. Das fängt ja gut an, denke ich mir. Dann beginnt die Sendung, und Olaf Scholz beantwortet die Fragen der etwa 60 Bürger in der Runde zu Sozialem, Corona und Afghanistan. Die Sendezeit ist schon fast um, als der Moderator Peter Frey verkündet, dass nun das Klimathema zur Sprache komme, der Einspieler mit mir aber aufgrund der fortgeschrittenen Zeit nicht gezeigt werde. Schade, aber immerhin darf ich jetzt meine Frage stellen, die ich bereits im Vorfeld der Sendung eingereicht habe.

Ich stelle mich kurz vor, gehe auf den Zustand des Waldes ein, erwähne, dass bisher zur Bekämpfung der Klimakrise viel zu wenig gemacht wurde, und möchte dann von Scholz die drei wichtigsten konkreten Maßnahmen hören, mit denen er das Problem angehen will. Seine Antwort enttäuscht mich schwer. Als wichtigstes Instrument nennt er tatsächlich ein Gesetz, mit dem die Industrie verpflichtet werden soll, ihren Strombedarf für 2045 zu prognostizieren. Außerdem betont er die Wichtigkeit von Gesetzen, die den Ausbau der Infrastruktur zur Stromproduktion beschleunigen. Aus meiner Sicht sind das nur kleine Bausteine in der Klimapolitik. Jeder, der sich mit dem Thema beschäftigt, weiß, dass sich der Klimawandel nur noch eingrenzen lässt, wenn jetzt extrem schnell gehandelt wird. Und das funktioniert nicht mit irgendwelchen Zielzahlen für das ferne Jahr 2045, sondern mit der sofortigen Setzung konkreter Rahmenbedingungen. Ein ausreichend hoher Preis für den Ausstoß von Kohlendioxid ist dafür nach Meinung aller Fachleute absolut unerlässlich. Scholz dagegen sieht das Problem des Klimawandels rein technisch, er redet in der Sendung nur vom Bedarf der Industrie, den erneuerbare Energien decken müssten. So behauptet er, dass die chemische Industrie 2045 ebenso viel Strom benötigen werde wie Deutschland insgesamt – was nach einschlägigen Prognosen nicht stimmt.

Leider wird mir nur Gelegenheit zu einer kurzen Entgegnung gegeben. Dabei werfe ich Scholz vor, dass er nicht den Schutz unserer Lebensgrundlagen in den Vordergrund stelle, sondern in erster Linie aus der Perspektive der Industrie spreche. Natürlich verwahrt sich der Politiker dagegen und schildert, wie wichtig es sei, dass Deutschland seine Industrie klimagerecht transformiere – auch als Vorbild für andere Länder. Und dann ist die Sendung auch schon vorbei, wir können das Thema nicht weiter vertiefen. Frustriert trete ich den Weg zurück zu meinem Hotel an.

Selbstverständlich hat Scholz die Gefährlichkeit der Klimakrise erkannt, und was er gesagt hat, ist auch nicht falsch. Allerdings setzt er aus meiner Sicht die falschen Prioritäten. Ob es mit einer so zaghaften und wenig konkreten Politik gelingen wird, die Reduktion der Treibhausgase so schnell wie eigentlich notwendig zu erreichen, erscheint mir sehr fraglich.

Was für eine Antwort hätte ich mir denn gewünscht? Etwas in dieser Art zum Beispiel: »Sie haben recht, bislang hat die Politik den Schutz unserer Lebensgrundlagen nicht weit genug in den Vordergrund gestellt. Ich will das ändern und diesem Thema oberste Priorität geben. Was die Bekämpfung der Klimakrise angeht, sind dies meine drei wichtigsten Maßnahmen: Wir werden die bislang wirkungslose Kohlendioxidsteuer schnell und drastisch erhöhen, um zu erreichen, dass der Energieverbrauch sinkt und sich der Umstieg auf erneuerbare Quellen lohnt. Damit das sozialverträglich geschieht, werden wir an anderer Stelle für Ausgleich sorgen. Weiterhin werden wir den öffentlichen Nahverkehr so günstig machen, dass er eine echte Alternative zum eigenen Fahrzeug darstellt. Um zu zeigen, wie ernst uns der Klimaschutz ist, werden wir gleich am Anfang unserer Regierung ein Zeichen setzen, indem wir ein Tempolimit von 100 Stundenkilometern auf der Autobahn einführen.«

Leider bleibt so eine Antwort vorerst nur ein Traum. Wie er aber Realität werden könnte, geht mir zwei Tage später auf, als ich in Tessenow ein Plakat mit einem Aufruf zum Klimastreik sehe. Die Politik wird effektive Klimaschutzmaßnahmen nur einleiten, wenn der Druck aus der Öffentlichkeit zunimmt. Die Schülerstreiks von Fridays for Future waren ein guter Anfang, jetzt ist es an der Zeit, dass sich auch die erwachsene Bevölkerung dieser Bewegung anschließt und für die Erhaltung unserer Lebensgrundlagen kämpft. Geschieht das nicht, werden die Politiker weiterhin denken, dass den Leuten der vermeintliche Wohlstand über alles geht. Aber ich bin davon überzeugt, dass es genügend Menschen gibt, die eine lebenswerte Zukunft für ihre Kinder und Enkel wollen und bereit sind, dafür notwendige Einschnitte zu akzeptieren.

KREIDEKLIPPEN UND BUCHENWALD
AN DER OSTSEE

Von Berlin fahre ich zurück nach Waren, von wo aus ich meine Wanderung fortsetze. Ich habe schlecht geschlafen und bin immer noch frustriert vom gestrigen Abend. Beim Laufen wird meine Stimmung aber rasch besser. Natur und Bewegung sind stets zuverlässige Helfer! Vor Ulrichshusen öffnet sich der Blick auf die erstaunlich hügelige Landschaft der Mecklenburgischen Schweiz. Die Gegend wird durch adeligen Großgrundbesitz geprägt, daher komme ich in dieser waldarmen Kulturlandschaft immer wieder an alten Schlössern vorbei.

Am Abend regnet es heftig, aber ich entdecke zum Glück eine tolle Übernachtungsmöglichkeit in einem überdachten Beobachtungsstand am Malchiner See. Hier habe ich es nicht nur trocken, sondern kann auch morgens und abends die Kraniche an ihrem Schlafplatz im flachen Wasser des Seeufers beobachten.

Auf Radwegen und Nebenstraßen geht es am nächsten Tag weiter durch die dünn besiedelte Landschaft Richtung Norden. Nur selten wandere ich durch Wald, der meistens von aufgelichteten Buchenbeständen mit geschädigten Kronen geprägt wird. Da die Waldgebiete nur klein sind, bin ich ziemlich überrascht, als ich in der Nacht, nicht weit von Stralsund entfernt, ein wahres Hirschkonzert höre. Am Morgen zieht dann tatsächlich noch ein Rudel Rotwild ganz in meiner Nähe vorbei.

Nachdem ich die Rügenbrücke überquert habe, lande ich auf der größten Insel Deutschlands. Auch auf Rügen folge ich überwiegend asphaltierten Radwegen durch die offene Agrarlandschaft. Immer wieder erschallen die Rufe vorbeiziehender Kranichschwärme, und ab und zu beobachte ich ein Reh, Kormorane oder sogar einen Seeadler. Erst vor Viervitz komme ich endlich wieder in ein größeres Waldgebiet. Mir gefallen auch offene Landschaften, aber aus irgendeinem Grund fühle ich mich im Wald stets besonders wohl.

Bald erreiche ich die 1900 Hektar große ehemalige Militärfläche Prora ganz im Osten der Insel. Über einer offenen Landschaft, die lediglich mit einigen Büschen bewachsen ist, kreisen mehr als 20 Kolkraben und ein Seeadler. Wahrscheinlich liegt dort irgendwo ein totes Tier, auf das es die Vögel abgesehen haben. Ja, sogar die majestätischen Adler verschmähen kein Aas! Der Hauptteil von Prora besteht aber aus Wald, oft alten, naturnahen Buchenbeständen. Eine große Besonderheit zeigt sich mir, als ich auf eine kaum bewachsene Ebene gelange, die von kieselgroßen Steinablagerungen bedeckt wird: Vor rund 4000 Jahren hat eine Sturmflut hier Massen von grauschwarzen Feuersteinen angeschwemmt.

Bis jetzt habe ich nur selten einen Blick auf die Ostsee erhaschen können, aber das ändert sich ein paar Kilometer weiter auf dem Hochufer hinter Mukran, wo ich bei klarem Abendwetter über das azurblaue Meer schaue. Im Wald oberhalb der Küstenlinie sitze ich noch lange in der Dunkelheit, an meinem Blog schreibend, unter dem Sternenzelt. Hier auf Rügen habe ich den nördlichsten Punkt meiner Wanderung erreicht. Obwohl es immer noch weit zurück nach Marburg ist, erscheint es mir jetzt tatsächlich realistisch, diese ungeheure Runde von 6000 Kilometern abzuschließen.

Hinter Sassnitz wandere ich am nächsten Morgen in den Nationalpark Jasmund, mit nur 3070 Hektar der kleinste Nationalpark Deutschlands. Zunächst folge ich dem Weg oberhalb der Steilküste, deren helle Kreideklippen teilweise über 100 Meter tief zur Ostsee abfallen. Besonders beeindruckt mich das dichte Grün des Buchenwalds, der stellenweise fast bis ans Wasser reicht und die Felsen mit seinem Samtteppich überzieht. Immer wieder entdecke ich einmalige Aussichtspunkte mit Blick über Klippen, Wald und Meer. Obwohl Jasmund sehr hohe Besucherzahlen aufweist, bin ich hier fast allein. Das zum Meer abfallende Plateau der Stubnitz wird von einigen tief eingeschnittenen Tälern unterbrochen, in die teilweise sogar Leitern hinabführen. Hier wurde bis zur Unterschutzstellung des Gebiets 1929 Kreide abgebaut. Glücklicherweise haben schon damals weitblickende Menschen die komplette Zerstörung der Naturschätze verhindert, worauf der Nationalpark dann aufbauen konnte.

Schließlich wende ich mich von der Küste ab und laufe durch den Wald landeinwärts. Der Wald auf Jasmund ist zwar kein Urwald, aber immerhin so alt und mit 450 Hektar derart großflächig, dass er in das UNESCO-Naturerbe der Buchenwälder aufgenommen wurde. Wie in Grumsin ist er an vielen Stellen noch hallenartig dicht, was sich mit zunehmendem Alter in den nächsten Jahrzehnten sicher ändern wird.

Als ich mich dem Königsstuhl, der mit 118 Metern höchsten Klippe und größten Touristenattraktion Rügens nähere, wimmelt es mit einem Mal von Menschen. Ich versuche, schnell weiterzukommen, und bin froh, als der Trubel Richtung Lohme nachlässt.

DEUTSCHLANDS WILDESTE KÜSTE

Nachdem ich Rügen wieder verlassen habe und in den nächsten Tagen Richtung Westen zunächst überwiegend durch Agrarland gelaufen bin, erreiche ich nach knapp 100 Kilometern bei Zingst auf der Halbinsel Darß wieder die Ostsee. Über eine Stunde lang folge ich dem Sandstrand nach Prerow. Zwar gilt meine besondere Vorliebe dem Wald, aber eine frische Meeresbrise und das sanfte Rauschen der Wellen haben auch etwas, zumal über dem Meer bereits der blaue Himmel durchgekommen ist, der an Land noch etwas auf sich warten lässt.

Hinter Prerow tauche ich in den 5000 Hektar großen Darßwald ein, der Teil des Nationalparks Vorpommersche Boddenlandschaft ist. Zwar steht der Schutz der Küstenlebensräume im Vordergrund, aber auch der Wald ist vielgestaltig, mit sandigen, kiefernbewachsenen Dünenzügen, zahlreichen erlenbestandenen Senken und alten, markanten Laubbäumen – Überbleibseln aus der Zeit, als der Darßwald hauptsächlich der Viehbeweidung diente. Wie an vielen anderen Orten auch war dieser Wald Anfang des 19. Jahrhunderts heideartig aufgelichtet und wurde dann meist mit Fichten und Kiefern aufgeforstet. Nach Einrichtung des Nationalparks wurden fast

30 Jahre lang Maßnahmen zum Waldumbau durchgeführt, heute darf sich der Wald aber größtenteils frei entwickeln.

Am kilometerlangen Weststrand des Darß wachsen vom Wind gebeutelte Buchen auf dem Sand, unmittelbar hinter dem Strand. Beeindruckt von dieser einmaligen Landschaft, stapfe ich durch den Sand. Der Weststrand mit angespültem Treibholz, weißem Sand und vom Wind geformten Baumkronen ist wirklich eine faszinierende Küstenlandschaft, wie es sie kein zweites Mal in Deutschland gibt. Hier werden dem Walten des Meeres keine Grenzen durch Verbauung gesetzt. So wird am Weststrand die Küste Stück für Stück abgetragen, und dafür entsteht dann an der Nordspitze der Halbinsel neues Land. Das passt natürlich hervorragend zum Motto der Nationalparks: »Natur Natur sein lassen«.

Obwohl es bereits Ende September ist, herrscht sommerliche Wärme, sodass ich noch einmal in T-Shirt und kurzer Hose wandern kann. Am Strand unterhalb des Hochufers bei Ahrenshoop baden sogar ein paar Leute im Meer! Ich lasse diesen besonderen Ort nur schweren Herzens hinter mir und wende mich wieder landeinwärts. Bald erreiche ich die Rostocker Heide, mit 6000 Hektar das größte Küstenwaldgebiet Deutschlands.

Als ich auf einem Waldweg einer größeren Gruppe von Menschen begegne, werde ich neugierig und frage einen jungen Mann, der sich als Adrian Brämer vorstellt, was denn hier los sei. Adrian erzählt: »Es findet gerade eine Aktion des Bergwaldprojekts statt. Den Verein gibt es schon seit 30 Jahren. Während ursprünglich der Schwerpunkt auf Pflanzaktionen in den Alpen lag, ist er längst deutschlandweit aktiv und setzt im Jahr mit 2000 bis 3000 Freiwilligen etwa 150 Projekte um, von der Pflanzung von Bäumen bis zum Abriss von Gebäuden auf ehemaligen militärischen Flächen. Hier pflegen wir junge Eichen, die vom Bergwaldprojekt vor fünf Jahren gepflanzt wurden. Bei allen Projekten setzen wir uns für eine besonders naturnahe Waldbewirtschaftung ein.«

»Wie wird die Arbeit denn finanziert?«, hake ich nach.

»Unsere Projektpartner wie hier der Stadtwald Rostock bezahlen uns etwas für die Arbeit, darüber hinaus sind wir aber auf Spenden angewiesen. Die Teilnehmer müssen lediglich die Anreise bezahlen. Alte und junge Menschen, Männer und Frauen arbeiten bei uns Hand in Hand.«

»Waldarbeit kann ja ziemlich anstrengend sein, warum wirkt die Gruppe denn trotzdem so begeistert?«, möchte ich wissen.

»Für viele ist das natürlich eine gute Gelegenheit, ihren Büroalltag gegen körperliche Arbeit an frischer Luft einzutauschen. Aber ich denke, dass die Hauptmotivation darin besteht, mit eigenen Augen zu sehen, wie man mit seiner Arbeit etwas schafft und noch dazu Gutes für die Natur tut.«

Ich nicke. Auch ich finde, dass das Bergwaldprojekt eine tolle Idee ist, und kann gut verstehen, dass immer mehr Menschen dabei mitmachen möchten.

Bei Nienhagen östlich von Rostock erwartet mich dann der Gespensterwald, der seinen ungewöhnlichen Namen sicher den ausgebleichten Stämmen der Buchen verdankt, die hier wachsen. Die alten Bäume mit ihren hellen Stämmen und den landeinwärts geneigten Kronen trotzen den Elementen auf dem Steilufer oberhalb der Küste. Salzgischt und ein ständiger Wind, der den Boden austrocknet und die schützende Laubschicht wegbläst, machen diesen Platz zu einem schwierigen Standort für den Wald. Nichtsdestotrotz behaupten sich die Buchen, die unter diesen Umständen aufgewachsen sind und sich als äußerst zäh erweisen. Wer die Buche im Klimawandel bereits abgeschrieben hat, sollte mal im Gespensterwald vorbeikommen und sich anschauen, wie sie mit diesen widrigen Bedingungen zurechtkommt.

WARUM DIE FORSTGEWERKSCHAFT FÜR EINE NATURNAHE WALDBEWIRTSCHAFTUNG EINTRITT

Einige Tage später treffe ich mich im Questiner Wald bei Greves-mühlen mit Ulrich Dohle, Revierförster und Bundesvorsitzender der Forstgewerkschaft BdF, sowie mit Peter Rabe, dem hier zuständigen Forstamtsleiter und Landesvorsitzenden der Gewerkschaft. Gleich zu Beginn unserer Unterhaltung möchte ich von Ulrich Dohle, der ungefähr in meinem Alter ist, erfahren, warum die Gewerkschaft eine naturnahe Waldbewirtschaftung unterstützt.

»Zunächst einmal muss man wissen, dass bundesweit im Forstbereich in den letzten 20 Jahren die Hälfte der Stellen gestrichen wurde«, holt er aus. »Das hat viel mit der fortschreitenden Mechanisierung zu tun, aber auch mit der stärker wirtschaftlichen Ausrichtung der nunmehr als Eigenbetriebe geführten staatlichen Forstverwaltungen. Bei dem unbedingt notwendigen Umbau der anfälligen Nadelbaummonokulturen ist die Natur zwar ein großer Verbündeter, es ist aber auch viel Einsatz von menschlicher Intelligenz und Arbeitskraft notwendig. Daher liegt es nah, dass sich eine Gewerkschaft für eine naturnahe Waldwirtschaft einsetzt. Außerdem sind zahlreiche Kollegen zunehmend frustriert, einerseits, weil sie ihre Arbeit kaum noch schaffen, andererseits aber auch, weil sie viele Vorgaben nur noch mit schlechtem Gewissen erfüllen, sei es bei der Erschließung für Großmaschinen oder den ständig steigenden Einschlagsmengen. Viele Förster wünschen sich eine Waldwirtschaft, die sich, anstatt sich wie bisher in erster Linie der Holzerzeugung zu widmen, stärker auf die anderen Leistungen des Waldes wie Klimaschutz, Wasserspeicherung, Erholung und vieles mehr fokussiert.«

Während wir gemeinsam durch den Questiner Wald wandern, diskutieren wir die starken Auflichtungen des Buchenwalds. Ich äußere meine Kritik daran, und die beiden Förster sind ganz meiner Meinung. Sie erzählen, dass sie vor Kurzem gemeinsam mit dem Landwirtschaftsminister von Mecklenburg-Vorpommern, Till Backhaus, eine Erklärung herausgegeben haben, in der dieser eine Waldbewirtschaftung ohne Schirmschlag in Aussicht stellt. Hoffentlich wird die Erklärung auch wirklich in die Praxis umgesetzt!

Peter Rabe weist darauf hin, dass sein Forstamt in einigem Umfang ehemals landwirtschaftliche Flächen aufforstet, gerade im lediglich zu 24 Prozent bewaldeten Mecklenburg-Vorpommern halte ich das für eine gute Sache. Ulrich Dohle bringt in diesem Zusammenhang noch etwas anderes ins Spiel: »Die Zeit ist reif für ein großes staatliches Aufforstungsprogramm, nicht zuletzt aus Klimaschutzgründen. Es gibt keine bessere Möglichkeit, Kohlendioxid langfristig zu speichern, als neuen Wald!« Ich sehe das genauso und freue mich, dass die Forstgewerkschaft dafür arbeitet. Zurzeit werden etwa sieben Prozent des deutschen Kohlendioxidausstoßes vom Wald gespeichert. Diese Menge könnte durch die Anlage von neuen Wäldern erheblich gesteigert werden. Das entspricht im Übrigen auch der Waldstrategie der EU, der zufolge bis zum Jahr 2030 drei Milliarden neue Bäume gepflanzt werden sollen – ein noch ganz schön weiter Weg.

SCHLESWIG-HOLSTEIN, NIEDERSACHSEN UND SACHSEN-ANHALT

Vom Lübecker Stadtwald in die Lüneburger Heide und weiter durch den Harz zum Göttinger Wald

Bisher zurückgelegte Strecke

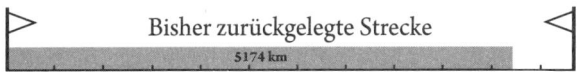

5174 km

Zeitraum

Jan	Feb	Mrz	Apr	Mai	Jun	Jul	Aug	Sep	Okt	Nov	Dez

Waldanteil

11 %   25 %   26 %

Schleswig-Holstein   Niedersachsen   Sachsen-Anhalt

DAS LÜBECKER MODELL: WALDBEWIRTSCHAFTUNG IM EINKLANG MIT DER NATUR

Da ich noch einige Kilometer von meinem Nachtlager bis zum nächsten Termin im Lübecker Stadtwald zurückzulegen habe, gehe ich am nächsten Morgen bereits eine Stunde vor Sonnenaufgang los. Nachdem ich über abwechslungsreiche Feldwege durch die Kulturlandschaft gewandert bin, erreiche ich ein ganz besonderes Waldgebiet: den Schattiner Zuschlag! Er ist zwar nur 43 Hektar groß, aber wunderschön, mit gemischten Laubwaldbeständen im Alter zwischen 120 und 220 Jahren. Aufgrund seiner Lage unmittelbar an der ehemaligen innerdeutschen Grenze wurde hier seit 1946 praktisch keine Forstwirtschaft betrieben. Warum sich das auch nach der Wiedervereinigung nicht geändert hat, erfahre ich etwas später, als ich mich an einem winzigen Parkplatz mit Knut Sturm treffe, einem Förster, der seit 2010 das 5400 Hektar große Stadtforstamt Lübeck leitet, zu dem der Schattiner Zuschlag gehört.

Knut Sturm, ein Mann um die 60 mit weißen Haaren, erzählt: »Schon seit 1994 wird im Stadtwald nach dem sogenannten Lübecker Modell gearbeitet. Umweltverbände wie Greenpeace, WWF und BUND unterstützen uns seit Langem, da sie erkannt haben, dass unser Konzept die naturnächste Waldbewirtschaftungsform in Deutschland darstellt. Kommen Sie, wir gehen in den Wald, dann erzähle ich Ihnen mehr darüber.«

Schon auf dem Weg hierher war mir aufgefallen, dass der Schattiner Zuschlag ein beeindruckender Laubwald mit alten Eichen und Buchen, aber auch vielen anderen Baumarten wie Ulmen, Ahornen und Hainbuchen ist, die auf den nährstoffreichen, lehmigen Böden nebeneinander wachsen. Auch jetzt auf der gemeinsamen Wanderung bin ich davon begeistert. An dem besonders prächtigen Exemplar einer Buche bleiben wir stehen, und Knut Sturm verrät mir mehr über das Lübecker Modell: »Kern unserer Philosophie ist es, die Waldbewirtschaftung möglichst dicht an der Natur zu halten. Dafür haben wir zehn Prozent des Stadtwaldes als Referenzflächen aus der Nutzung herausgenommen, von denen wir uns abschauen wollen, wie die Natur funktioniert. Die Flächen müssen mindestens 20 Hektar umfassen, die größte erreicht immerhin 185 Hektar! Dass der Schattiner Zuschlag schon so lange nicht mehr bewirtschaftet wird, ist ein echter Glücksfall. Um unsere Beobachtungen auf eine faktenbasierte Grundlage zu stellen, haben wir im ganzen Betrieb ein dichtes Netz von fest markierten Kontrollpunkten eingerichtet, auf denen regelmäßig zahlreiche wichtige Parameter zum Wald erhoben werden.«

»Was haben Sie denn bisher aus den Referenzflächen gelernt?«, möchte ich wissen.

»Der Holzvorrat ist eine der wichtigsten Kenngrößen für eine naturnahe Bewirtschaftung. Während dieser im Wirtschaftswald meistens zwischen 300 und 350 Kubikmetern liegt, stehen im Schattiner Holz um die 700 Kubikmeter Holz pro Hektar, und diese Holzmenge wird noch weiter ansteigen. Im ältesten Bestand hat der Vorrat inzwischen über 1000 Kubikmeter erreicht, dreimal mehr als der deutsche Durchschnitt! Zudem haben wir festgestellt, dass auch der jährliche Zuwachs in so vorratsreichen Beständen höher ist als in holzarmen Wäldern. Und wir konnten ein anderes Mantra der konventionellen Forstwirtschaft erschüttern, nach dem Bäume mit steigendem Alter stark im Wachstum nachlassen. Das Gegenteil ist in vorratsreichen, gemischten Wäldern der Fall! Weiterhin verschlechtert sich die Holzqualität der Bestände keineswegs durch weniger Pflege – Sie sehen ja, was für tolle Bäume hier stehen!«

Das alles hört sich beeindruckend an und wird durch das, was ich im Wald sehe, noch unterstrichen. Doch jetzt möchte ich von Knut Sturm wissen, wie die aus den hier gewonnenen Erkenntnissen betriebene Waldwirtschaft konkret aussieht.

»Ein Ziel ist, uns der natürlichen Vorratshöhe möglichst weit zu nähern. Daher schlagen wir nur die Hälfte des zuwachsenden Holzes ein, so konnten wir den durchschnittlichen Vorrat im Betrieb seit 1992 von 290 auf 470 Kubikmeter steigern! Unser Wirtschaftsziel ist die Erzeugung von wertvollem, starkem Holz. Mit möglichst wenig Bäumen möchten wir möglichst hohe Erträge erzielen. Daher greifen wir in junge Waldbestände kaum ein und lassen die Bäume richtig alt und dick werden. In den meisten Betrieben gelten Buchen schon mit 60 Zentimeter Durchmesser als reif und werden gefällt – unser Zieldurchmesser liegt bei 70 bis 85 Zentimetern. Darüber hinaus streben wir eine Habitatbaum- und Totholzmenge an, die 80 Prozent derjenigen des Naturwalds entspricht.«

Natürlich frage ich mich, ob solch eine naturnahe Waldbewirtschaftung ökonomisch erfolgreich sein kann. Knut Sturm überlegt kurz, bevor er antwortet: »Der Lübecker Wald hat immer Geld in die Stadtkasse gespült. Das liegt nicht zuletzt daran, dass wir den Aufwand für Pflanzungen, Pflege und Ähnliches um 75 Prozent reduziert haben und dadurch Kosten sparen. Dadurch, dass wir den Nadelbaumanteil stark verringert haben, ist es uns auch gelungen, das wirtschaftliche Risiko des Betriebs stark zu reduzieren. Was nutzen theoretisch ertragreiche Fichtenbestände, wenn sie vom Sturm gefällt oder vom Borkenkäfer gefressen werden? Außerdem sollte man den Wald nicht nur unter ökonomischen Gesichtspunkten betrachten. Unsere Art der Bewirtschaftung fördert die vielen anderen Leistungen des Waldes – vom Trinkwasser bis zum Klima –

viel stärker, als das eine intensivere Forstwirtschaft vermag. Wenn deutschlandweit so gearbeitet würde, könnte sich der Holzvorrat und damit auch die Speicherung von Kohlendioxid in 40 Jahren verdoppeln. Außerdem zeigen sich naturnahe, dichte Laubwälder als viel weniger empfindlich gegen Dürren. Der Wald erweist sich bei uns in der Klimakrise als sehr widerstandsfähig, wir müssen ihn nur lassen!«

Leider hat der viel beschäftigte Knut Sturm noch einen weiteren Termin, und so gehen wir viel zu schnell wieder auseinander. Ich hätte ihm noch 1000 Fragen stellen können, und mit brummendem Kopf wandere ich zu meiner nächsten Station, dem Lauerholz, dem größten Waldgebiet der Lübecker Forsten. Dabei unterstützt mich Yvonne Bohr von der Naturwald Akademie, die zwischenzeitlich zu Knut Sturm und mir gestoßen ist, indem sie meinen Rucksack mitnimmt. So befreit, laufe ich die zwölf Kilometer nach Wesloe in 100 Minuten und treffe mich dort mit Yvonne, ihren Kolleginnen Loretta Leinen und Eva Blaise sowie Revierförster Eckhard Kropla.

Die Naturwald Akademie besteht seit 2016 und hat es sich zur Aufgabe gemacht, wissenschaftliche Erkenntnisse zu natürlichen Wäldern und naturnaher Waldbewirtschaftung zu verbreiten. Gemeinsam spazieren wir durch das etwa 1400 Hektar große Lauerholz, das durch Aufforstung landwirtschaftlicher Flächen nach 1850 entstanden ist. Die Hansestadt hatte schon damals erkannt, wie wichtig stadtnaher Wald für die Menschen ist. Die damals gepflanzten Eichenbestände sind beeindruckend und heute sehr wertvoll. Besonders auffällig ist, dass man nur bei genauem Hinsehen Rückegassen erkennt. Eckhard Kropla erläutert: »Wir versuchen, den Wald möglichst wenig zu befahren, und setzen daher auch Pferde ein. Bisher beträgt der Mindestabstand zwischen den Fahrlinien 40 Meter, wir wollen aber zukünftig auf 80 Meter gehen.«

Das Lauerholz mit seinen imposanten Eichen ist sehr schön, und die Unterhaltung mit Eckhard und den jungen Frauen macht viel

Spaß, aber ich habe heute noch einen weiteren Termin, daher bringt mich Yvonne zum Lübecker Bahnhof, von wo aus ich nach Schwerin fahren will. Leider verspätet sich der Zug, sodass ich meinen Anschlusszug verpasse. Ich sitze wie auf heißen Kohlen, aber glücklicherweise holt mich die Redakteurin Martina Scheller in Bad Kleinen ab, und so komme ich gerade noch rechtzeitig zum Funkhaus in Schwerin, wo ich als einziger Studiogast im *Nordmagazin* ein Gespräch mit Moderator Thilo Tautz bestreite. Dabei geht es sowohl um den Zustand des Waldes als auch um das Drumherum meiner Wanderung. Was für ein anstrengender, abwechslungsreicher Tag, denke ich, als ich später im Hotel zur Ruhe komme.

Früh am nächsten Morgen fahre ich mit der Bahn zurück nach Lübeck, von wo aus ich meinen Weg entlang des Elbe-Lübeck-Kanals fortsetze. Der Kanal besteht in Teilen bereits seit 1398 und diente ursprünglich dem Transport von Lüneburger Salz nach Lübeck. Zu meiner Freude ist der Radweg am Kanal unbefestigt, und es lässt sich gut darauf laufen. Gegen 17:30 Uhr erreiche ich das Gehöft bei Ritzerau, in dem Dr. Lutz Fähser, mein morgiger Gesprächspartner, wohnt. Er ist noch nicht da, aber sein Sohn zeigt mir den Weg zu einer unweit gelegenen Waldhütte, in der ich übernachten darf.

Am nächsten Morgen schaue ich mir gemeinsam mit Lutz Fähser, dem ehemaligen Leiter des Lübecker Forstamts, den 600 Hektar großen Ritzerauer Wald an. Auch dieser Baumbestand ist im Besitz der Hansestadt und überwiegend schöner Laubwald. Schon beim ersten Blick fallen mir das dicht geschlossene Kronendach und die dicken, säulenförmigen Stämme der Buchen auf. Daher möchte ich von Lutz wissen, ob das Lübecker Modell nur funktioniert, weil der Forstbetrieb eine gute Ausstattung an wertvollen Bäumen geerbt hat.

Der hellwache 77-jährige Forstmann braucht nicht lang überlegen: »Tatsächlich ist eher das Gegenteil der Fall. Als ich 1986 hier angefangen habe, lag der Holzvorrat unter dem bundesweiten

Durchschnitt, und lange Zeit haben wir den Großteil unserer Einnahmen dadurch erzielt, dass wir für den Umbau zum Mischwald die Nadelbaumbestände stärker genutzt haben. Die vielen starken Bäume, die heute das große Kapital des Stadtwalds ausmachen, wären anderswo längst gefällt und zu Geld gemacht worden. Darüber hinaus sind auch andere Forstbetriebe, die nach unserem Konzept arbeiten, ökonomisch erfolgreich. In meiner Doktorarbeit habe ich mich stark mit der ökonomischen Seite der Forstwirtschaft beschäftigt. Dabei wurde mir schnell klar, dass ein guter ökologischer Zustand die Voraussetzung für eine hohe ökonomische Produktivität ist. Im Wald kann man langfristig nur erfolgreich sein, wenn man sich daran orientiert und Maßnahmen, die mit Kosten verbunden sind, weitgehend unterlässt. Du musst dir nur mal anschauen, in welch katastrophaler Situation die ganzen Betriebe sind, die dort auf Nadelbäume gesetzt haben, wo von Natur aus keine wachsen würden.«

Damit gibt mir Lutz ein Stichwort: »Hier stehen wir ja im Laubwald, aber wie sieht es denn in anderen Teilen des Lübecker Waldes aus, wo es auch Nadelbäume gibt? Ich kann mir nicht vorstellen, dass ihr völlig von Stürmen und Borkenkäfern verschont geblieben seid!«

»Komm, ich zeige dir mal, wie wir mit so etwas umgehen«, lädt mich Lutz ein. Nach wenigen Schritten erreichen wir eine junge Waldfläche, die 2007 nach dem Sturm Kyrill entstanden ist. In erster Linie wachsen dort jetzt Birken, aber auch Kirschen, Hainbuchen, Ahorne, Lärchen und Fichten sind vertreten. Ein bunter Mischwald ist entstanden.

Lutz erzählt: »Wir Forstleute neigen dazu, ungeduldig mit dem Wald zu sein, daher haben wir hier den Grundsatz, frühestens nach zehn Jahren etwas auf einer Katastrophenfläche zu pflanzen. Tatsächlich hat sich dann in 80 Prozent der Fälle bereits ganz von allein ein Mischwald gebildet, der unseren Vorstellungen entspricht. Wo das noch nicht der Fall ist, pflanzen wir in kleinen Stückzahlen, beispielsweise Eichen. Allerdings arbeiten wir auch ganz bewusst mit der Birke, die ja vielerorts leider noch als ›Unholz‹ gilt, obwohl sie als Pionierbaum dem Wald sehr förderlich ist.«

Diese Erfahrungen aus Lübeck machen Mut. Ich möchte von Lutz aber noch wissen, ob er denn mit den riesigen Borkenkäferflächen, die während der Dürre entstanden sind, genauso umgehen würde. Er antwortet nach kurzem Überlegen: »Zunächst mal halte ich es für entscheidend, dass man diese Flächen nicht komplett räumt. Bei guten Holzpreisen würde ich zwar auch einen Teil des Holzes nutzen, aber immer sicherstellen, dass noch genügend Biomasse auf den Flächen verbleibt, die wichtig für die Wiederbewaldung ist. Außerdem würde ich punktuell Laubbäume einbringen, vor allem dort, wo keine Samenbäume in der Nähe sind, aber keinesfalls ganze Flächen räumen und komplett bepflanzen.«

Nachdem wir bis zum Einbruch der Dunkelheit gemeinsam durch den Wald spaziert sind, darf ich anschließend noch ein leckeres Abendessen bei den Fähsers genießen, das Gwen, die Frau von Lutz, zubereitet hat.

ALTWEIBERSOMMER IN DER LÜNEBURGER HEIDE

Schleswig-Holstein ist mit lediglich elf Prozent das waldärmste deutsche Bundesland – und dennoch gibt es auch hier größere Waldgebiete. Eines davon ist die Hahnheide, ein Naturschutzgebiet, das überwiegend in Landesbesitz ist. Gerade nach den dichten, geschlossenen Laubwaldbeständen im Lübecker Stadtwald bin ich überrascht, wie aufgelichtet viele der Buchenbestände sind, durch die ich nun wandere. Es gibt aber glücklicherweise auch noch dichtere Wälder, die offenbar seit Kurzem als Naturwälder aus der Bewirtschaftung herausgenommen worden sind. Wunderschön, wie die schrägen Strahlen der Morgensonne zwischen den säulenartig aufragenden Buchenstämmen durchschimmern.

Hinter Trittau gelange ich in den Sachsenwald, das größte Waldgebiet Schleswig-Holsteins. Hier folge ich zunächst dem abwechslungsreichen Lauf der Bille, die sich ohne Verbauungen durch den Wald schlängelt und seltenen Fischarten wie der Groppe eine Heimat bietet. Meist wandere ich auf dem hohen Steilufer oberhalb des Bachs, in dem die farbenprächtigen Eisvögel ihre Höhlen anlegen.

Schließlich schlage ich mal wieder ein Freiluftlager in einem ausgedehnten Laubwald auf. Obwohl am nächsten Morgen ein wunderschöner, sonniger Tag anbricht, dauert es jetzt, im Oktober, schon ziemlich lange, bis die wärmenden Sonnenstrahlen im Waldesinneren ankommen. Der Sachsenwald wäre eigentlich Staatswald, wenn er nicht 1871 vom Kaiser an Otto von Bismarck verschenkt worden wäre, als Anerkennung für dessen politische Dienste. Wie in den meisten deutschen Wäldern stehen ziemlich viele Nadelbäume dort, wo sie von Natur aus gar nicht wachsen würden, dennoch ist der Wald sehr abwechslungsreich, und ich durchquere auch viele ältere Buchenbestände.

An der Elbe berühre ich kurz Hamburger Stadtgebiet und wandere dann durch die Wiesenlandschaft nach Winsen an der Luhe, wo ich mich mit meinem alten Freund Bernd treffe. Bernd ist ein drahtiger Mann in meinem Alter, mit dem ich schon lange Wildnistouren im Himalaja und in Patagonien unternommen habe. Nachdem wir zur Feier unseres Wiedersehens erst einmal eine große Schale Eis aus dem Supermarkt verdrückt haben, wandern wir eine Zeit lang über Straßen, bevor wir die ersten Ausläufer der Lüneburger Heide erreichen. Abseits des Weges suchen wir uns einen Lagerplatz, und dann erwartet mich ein ganz besonderer Genuss: Bernd ist gelernter Koch und hat Gasbrenner und Topf mitgebracht.

Aus Paprika, Zwiebeln, Nudeln, Tomatensoße und Knoblauch zaubert er ein tolles Abendessen – eine schöne Abwechslung zu meiner normalerweise kalten Küche, die mit einer Flasche Wein noch besser schmeckt.

Im Gegensatz zu meiner Gewohnheit, spätestens bei Sonnenaufgang zu starten, lassen wir uns am nächsten Morgen Zeit und wandern erst gegen neun Uhr los. Langsam bricht die Sonne durch den Dunst und bringt Millionen Tautropfen zum Leuchten, die in den silbrig glänzenden Spinnennetzen hängen. Deren graue Farbe hat dieser Zeit zwischen Sommer und Herbst übrigens den Namen Altweibersommer gegeben. Typisch dafür sind kalte Nächte und warme Tage: Bei unserer Mittagsrast am Waldrand könnten wir uns fast in den Sommer zurückversetzt fühlen.

Während ich die Wälder der Lüneburger Heide aus früheren Zeiten als ziemlich monotone Kiefernwüsten in Erinnerung hatte, sieht das heute ganz anders aus. An vielen Stellen wurden Buchen unter die Nadelbäume gepflanzt, die durch vom Eichelhäher gesäte junge Eichen ergänzt werden. Eine Tafel informiert über einen Sachverhalt, den ich bereits aus Brandenburg kenne: Während unter Nadelwäldern der Grundwasserspiegel oft sogar sinkt, können Laubwälder je Hektar und Jahr circa 800 000 Liter Trinkwasser zur Verfügung stellen. Nicht zuletzt ist das hier der Grund für den Waldumbau.

Die nächste Nacht ist so frostig kalt, dass wir morgens zunächst mit Daunenjacke und Handschuhen starten. Bei Egestorf erreichen wir das Naturschutzgebiet Lüneburger Heide. Es wurde bereits 1922 ausgewiesen und umfasst stolze 23 400 Hektar, mehr als viele Nationalparks in Deutschland! Das Gebiet ist zu 60 Prozent bewaldet, aber besondere Aufmerksamkeit gilt dem Erhalt von 4000 Hektar offener Heideflächen, die landschaftlich sehr attraktiv sind und zahlreiche Besucher anlocken. Das stellen auch wir fest, als wir an diesem herrlichen Oktobersonntag nach Undeloh laufen.

Der kleine Ort ist offenbar ein Touristenmagnet, in dem mit Restaurants, Honigverkauf und Kutschfahrten die Anziehungskraft der Heide vermarktet wird.

Uns ist das zu viel Trubel, und so sind wir froh, als wir wieder in ruhigen, abwechslungsreichen Wald gelangen, in dem vielerorts Buchen unter den Kiefern wachsen. Ansonsten stellen wir fest, dass hier im Naturschutzgebiet offenbar konventionelle Forstwirtschaft betrieben wird, mit den üblichen Rückegassen in lediglich 20 Meter Abstand. Richtig erstaunt bin ich über große Flächen, auf denen alte Kiefernbestände sehr stark aufgelichtet wurden, man das unverwertbare Baummaterial streifenweise auf Wälle geschoben hat und der Boden partiell freigelegt wurde. Das soll dazu dienen, der Kiefer gute Keimbedingungen zu bieten, damit sie sich natürlich verjüngen kann. Ein brachiales Vorgehen, das nicht weit von der Kahlschlagwirtschaft der Vergangenheit entfernt ist und einförmige, dichte Kiefernbestände schafft.

In Ehrhorn muss ich mich leider nach nur zweieinhalb Tagen schon wieder von Bernd verabschieden. Dafür werde ich von Annika Böhm im Waldpädagogikzentrum aufgenommen, wo mir die Landesforsten freundlicherweise eine Übernachtungsmöglichkeit bieten. Es gibt sogar eine Waschmaschine, ich kann duschen und kochen – Luxus pur!

Am nächsten Morgen treffe ich mich mit Knut Sierk, dem Pressesprecher der Landesforsten für die hiesige Gegend, und Mathias Aßmann, einem jungen Sachgebietsleiter aus der Zentrale der Landesforsten. Auf einer offenen Heidefläche führt uns Knut Sierk, der hier lange als Revierförster tätig war, in die Geschichte der Lüneburger Heide ein: »Wie ganz Deutschland war die Heide einst überwiegend mit Laubwäldern bedeckt. Der Wald wurde allerdings schon früh gerodet, und die Bauern betrieben Heidewirtschaft. Dabei wurden ganze Erdstücke mit Heidekraut aus dem Boden gestochen und in die Viehställe verbracht. Das mit dem Kot der Tiere angereicherte Material wurde anschließend als Dünger auf den Feldern verwendet. Dieses sogenannte Plaggenstechen führte dazu, dass der ohnehin schon karge Heidesand weiter an Nährstoffen verarmte. Ab Mitte des 19. Jahrhunderts wurden dann riesige Flächen mit der anspruchslosen Kiefer wieder aufgeforstet.«

»Aber heute wachsen hier doch überall Laubbäume!«

Knut Sierk nickt. »Das stimmt, durch die erste Kieferngeneration wurde vielerorts die Bodenqualität so stark verbessert, dass sich Laubbäume wie Eichen und Buchen wieder natürlich verjüngen können, was wir durch Saaten und Pflanzungen unterstützen. Kommen Sie, ich zeige Ihnen ein krasses Beispiel!«

Wir gehen ein Stück weiter zu einem niedrigen Höhenzug, und Knut Sierk erklärt: »Das hier waren noch im 19. Jahrhundert Wanderdünen, die das Dörfchen Ehrhorn zu verschütten drohten, bevor der Sand durch die Kiefernaufforstung stabilisiert wurde. Während wir heute einen Teil der Dünen aus Naturschutzgründen offen halten, wird ein etwa 100 Hektar großer Abschnitt schon seit 50 Jahren nicht mehr bewirtschaftet. Was dort passiert ist, sollten wir uns als Nächstes anschauen.«

Es ist tatsächlich kaum zu glauben: Die extrem trockene und nährstoffarme Düne trägt heute einen dichten Bewuchs aus Buchen, Eichen, Birken und Ebereschen. Die immergrüne Stechpalme bildet regelrechte Dickichte, und man würde nicht vermuten, dass es hier vor für den Wald noch gar nicht so langer Zeit lediglich nackten Sand gab. Ein erstaunliches Beispiel dafür, wie sich der Wald seinen eigenen Standort schafft! Die offene Heidelandschaft kann dagegen nur durch ständige menschliche Eingriffe erhalten werden. Dazu wird eine Kombination aus Schafbeweidung, Feuer und maschinellem Abschälen des Heidebewuchses eingesetzt, die die Heidenutzung der Vergangenheit imitiert.

Nachdem wir in dem idyllischen Dörfchen Wilsede eine Erbsensuppe gegessen haben, schauen wir uns nachmittags weiter im

Wald um. Mich interessiert, ob sich die Forstwirtschaft im Naturschutzgebiet von der außerhalb unterscheidet. Knut Sierk antwortet: »Bereits in den 70er-Jahren war der damalige Forstamtsleiter Hanstein sehr naturschutzfreundlich gesinnt und hat überall Eichelhähertische – auf einem abgesägten Baumstämmchen befestigte offene Kisten – aufstellen lassen, um die Vögel bei der Saat der Eichen als Verbündete zu nutzen, was sehr erfolgreich war und mittlerweile vielerorts praktiziert wird. Darüber hinaus verzichtete er auf das Anpflanzen ursprünglich nicht heimischer Baumarten wie Douglasie und Roteiche, was auf freiwilliger Basis noch heute von den Landesforsten weitergeführt wird. Ferner wirken wir bei der Erhaltung der offenen Heide mit, beispielsweise durch das Auflichten von Vernetzungskorridoren. Ansonsten unterliegt die Forstwirtschaft hier aber keinen Einschränkungen.«

Eine etwa anderthalb Hektar große Fläche mit jungen Eichen finde ich erst einmal positiv, immerhin kann die Lüneburger Heide mehr Laubbäume gut brauchen. Allerdings wurden die Fichten, die hier vorher standen, nicht vom Sturm umgeworfen oder vom Borkenkäfer abgetötet, sondern ganz bewusst kahl geschlagen. Auch wenn man dabei unter der in Niedersachsen gesetzlich maximal möglichen Flächengröße von zwei Hektar geblieben ist, passt Kahlschlag in meinen Augen überhaupt nicht zu einer naturnahen Waldwirtschaft. Ein Umbau des Fichtenbestandes, beispielsweise durch Unterpflanzung mit Buchen, wäre wald- und klimaschonender gewesen.

Dann sehen wir uns stark aufgelichtete Kiefernbestände an, wie sie mir schon gestern an einigen Stellen aufgefallen waren. Ältere Flächen mit dichtem Bewuchs aus jungen Kiefern zeigen, dass die Methode zur Naturverjüngung der Kiefer funktioniert. Meine Gesprächspartner bestätigen, dass man die Kiefernwirtschaft auch hier im Naturschutzgebiet auf nährstoffarmen Standorten fortführen will. Die starken Auflichtungen seien notwendig, um die Kiefer zu verjüngen, und es würden auch noch einige Birken und Eichen aus Naturverjüngung hinzukommen.

Als wir uns schließlich verabschieden, setze ich meinen Weg mit ziemlich gemischten Gefühlen fort. Einerseits wurden hier in den vergangenen Jahrzehnten große Anstrengungen unternommen, um zu einem natürlicheren, gemischten Wald zu kommen. Andererseits wird selbst im Naturschutzgebiet oft noch der Holzproduktion Vorrang gewährt, wie ich an den halb kahl geschlagenen Kiefernbeständen gesehen habe, wo die nächste Waldgeneration wieder fast ausschließlich aus Kiefern bestehen wird.

Nachdem es in der Nacht lange geregnet hat, herrscht am nächsten Morgen eine dunstige, herbstliche Stimmung, als ich durch die weiten Heideflächen zum Wilseder Berg wandere. Dieser Hügel ist mit 169 Metern die höchste Erhebung des nordwestdeutschen Flachlands. Langsam lichtet sich der Nebel, und man kann die Sonne bereits erahnen. Zu dieser frühen Stunde habe ich die Heidelandschaft für mich allein, was sich aber bald ändert, als ich an Wilsede vorbei zu einem Aussichtspunkt über dem Totengrund komme. Jetzt haben sich Sonne und blauer Himmel endgültig durchgesetzt, und ich kann die Aussicht über die weite Mulde so richtig genießen, in der Hunderte von Wacholdern spitzkronig aus dem Heidekraut herausragen. Eine tolle Landschaft – kein Wunder, dass hier viele Besucher unterwegs sind. Es dauert aber nicht lang, bis ich wieder in die weiten Wälder eintauche, in denen es weniger Touristen und erstaunlich viele Fichten gibt, die bisher weitgehend von Borkenkäfern verschont wurden.

Ich durchwandere die Schwindebecker Heide, eine weitere offene Landschaft, und gelange dann an die Quelle des Schwindebachs, mit einem Ausstoß von 60 Litern in der Sekunde die zweitgrößte Quelle Niedersachsens. Eisen- und Manganoxide haben im Quelltopf rostfarbene und grüne Verfärbungen hinterlassen. An manchen Stellen wird der Sand von dem austretenden Wasser wolkenartig emporgewirbelt – ein faszinierender Anblick. Ein Stückchen weiter schlage ich mein Tarp in einem Kiefernwald abseits des Weges auf.

TURBOFORSTWIRTSCHAFT UND
NATURNAHE WALDBEWIRTSCHAFTUNG

Am nächsten Tag wandere ich an Amelinghausen vorbei in den Süsing, ein großes Waldgebiet im Besitz des Landes Niedersachsen. Sofort fällt mir auf, dass hier ziemlich intensiv gearbeitet wird. An vielen Stellen wurden die Kiefern- und Fichtenbestände stark aufgelichtet und anschließend überwiegend Douglasien und Küstentannen darunter gepflanzt, allerdings auch einige Buchen. Richtig krass wird es, als ich einen großen, alten, dichten Kiefern-Fichten-Bestand erreiche, in dem gerade ein Harvester am Werk ist – mindestens die Hälfte der Bäume wird in einem Zug gefällt! Ein extrem starker Eingriff, der es äußerst fraglich erscheinen lässt, ob der Bestand den nächsten Sturm überstehen wird … Insgesamt ergibt sich das Bild von einem Turbowaldbau, der sehr stark auf nordamerikanische Baumarten setzt.

Was ist hier los?

Seit dem Frühjahr haben sich die Holzpreise wieder stark erholt, und das merkt man hier. Wahrscheinlich denkt man, dass die alten Fichtenbestände die nächste Katastrophe sowieso nicht überstehen werden, daher erntet man sie jetzt, wo der Marktpreis für Holz gut ist. Darüber hinaus hält man die Fichte sowieso für keine Baumart mit Zukunft und die Kiefer für zu schwachwüchsig. Die nordamerikanischen Baumarten sind viel zuwachsstärker und scheinen – zumindest bisher – auch resistenter gegen Stürme und Insekten zu sein.

Was im Süsing passiert, ist exemplarisch für einen Trend in der Forstwirtschaft, der bundesweit Anhänger hat. Mit einem naturnahen Waldbau, der alle Leistungen des Waldes für die Gesellschaft umfassend berücksichtigt, hat das nichts zu tun. Die reine Rohstofferzeugung ist hier das Maß aller Dinge. Doch in einer Zeit, in der der Wald vielerorts abgestorben ist, ein so hohes Risiko weiterer Kahlflächen einzugehen ist unverantwortlich. Außerdem steht zu befürchten, dass die Preise bald wieder einbrechen, wenn viele Betriebe auf diese Art reagieren, was sich schon jetzt abzeichnet. Das ist kein kluges, nachhaltiges Wirtschaften, sondern so werden große Vermögensverluste provoziert.

Zwar wird offiziell stets betont, dass man »fremdländische Baumarten« nur in geringem Umfang anbaue, aber dieser »geringe Umfang« wird hier im Süsing bei Weitem überschritten. Gerade im Zusammenhang mit potenziell invasiven Baumarten wie Hemlock- und Küstentanne, aber auch Douglasie auf den Kiefernstandorten ist in Zukunft eine starke Unterwanderung der einheimischen Waldlebensgemeinschaften zu befürchten. Es gibt überall auf der Welt genügend Beispiele, wo invasive Pflanzen die Ökosysteme dramatisch verändert haben, wie etwa Monterey-Kiefern aus Nordamerika in Südafrika oder Neuseeland. Wollen wir solche Experimente wirklich in unseren Wäldern?

Und was die Dürreresistenz und Widerstandskraft gegen Schädlinge von Douglasie, Hemlock- und Küstentanne angeht: Alle drei Baumarten kommen von der feuchten amerikanischen Westküste. Ob sie wirklich gute Voraussetzungen mitbringen, um sich an veränderte Klimabedingungen anzupassen, wage ich zu bezweifeln. In Rheinland-Pfalz, dem Bundesland mit dem höchsten Douglasienanteil, habe ich ja bereits gehört, dass man dort heute nicht mehr auf diese Baumart setzen würde … Für noch viel wichtiger halte ich aber die Auswirkungen von Nadelbaumbeständen auf den Wasserhaushalt. Nicht umsonst bestehen Trinkwasserwälder überwiegend aus Laubbäumen, und im Biosphärenreservat Schorfheide-Chorin ist mir ja sogar erklärt worden, dass die meisten Feuchtgebiete dort austrocknen werden, wenn man von der Nadelholzwirtschaft nicht abrückt. Nachdenklich und entsetzt darüber, wie sich dieses große Waldgebiet, das ich aus der Vergangenheit gut kenne, verändert hat, schlage ich schließlich mein Lager unweit des Waldrands auf.

Als ich am nächsten Tag Ebstorf erreiche, werden alte Erinnerungen wach: Hier habe ich mein Fachabitur in Forstwirtschaft gemacht! Tatsächlich existiert meine Schule, die Georgsanstalt, immer noch, die Rathaustreppe, auf der wir uns damals oft trafen, hat sich nicht verändert, und über der ehemaligen Kneipendisco Rasputin, in der ich Dauergast war, hängt noch das Originalschild …

Am Ortsrand treffe ich mich mit Dr. Hans-Martin Hauskeller, dessen Vater damals einer meiner Lehrer war. Er ist seit einneinhalb Jahren Leiter der Abteilung Wald und Umwelt bei den Landesforsten Niedersachsen und nimmt sich die Zeit, mit mir durch den Bobenwald nach Uelzen zu wandern. Bald gelangen wir in ausgedehnte Eichen- und Buchenbestände, die an einem fruchtbaren Standort wachsen, der eigentlich gut für die Landwirtschaft geeignet wäre, aber nicht gerodet wurde, da er sich seit dem Mittelalter in klösterlichem Besitz befand.

Hans-Martin Hauskeller hat meinen Blog teilweise gelesen, und so diskutieren wir meine Befunde intensiv und in offener Atmosphäre an unterschiedlichen Waldbeständen. Obwohl wir in wichtigen Punkten, wie beim Rückegassenabstand und der Auflichtung der Kiefernbestände für die Naturverjüngung, unterschiedlicher Meinung sind, hält auch er die vielen Leistungen des Waldes abseits der Holzproduktion für wichtig und hebt die Bedeutung der Mischwaldentwicklung hervor, die in Niedersachsen schon seit Anfang der 90er-Jahre betrieben wird. Dabei werden auch Baumarten mit nordamerikanischer Heimat berücksichtigt, aber immer durch einheimische Laubbaumarten ergänzt. Für die Douglasie nennt er acht Prozent als maximalen Anteil an der angestrebten Waldbestockung in Niedersachsen. Die Große Küstentanne wird dagegen auch in Zukunft bei den Landesforsten kaum angebaut werden. Viel größere Bedeutung soll künftig einheimischen Baumarten zukommen, die bisher ein Schattendasein fristen, wie Hainbuche, Flatterulme oder Ahornarten. Die Bilder aus dem Süsing, die ich gestern gesehen habe, kennt er nicht und kann daher auch nichts dazu sagen.

Am Rand von Uelzen verabschieden wir uns. Hier liegt das Uhlenköper-Camp, ein nachhaltig betriebener Zeltplatz, auf dem vor Kurzem das komplett aus Holz errichtete Hotel 11 Eulen eröffnet wurde. Thomas Göllner, der seit 30 Jahren den Stadtwald Uelzen betreut, hat dort ein Zimmer für mich reserviert. Nachdem ich eine Dusche genossen habe, kommt Thomas vorbei. Morgen wollen wir uns gemeinsam seinen Wald anschauen, doch schon jetzt gibt mir der sympathische Endfünfziger einige Informationen über den 860 Hektar großen Stadtwald.

»Bereits mein Vorgänger Ernst Gerlach hat seit 1973 nach den Grundsätzen der ANW gearbeitet«, erzählt mir Thomas. »Schon damals wurde ein Rückegassennetz mit 50-Meter-Abständen angelegt, das ich übernommen und fortgeführt habe. 1997 sind wir dann zum Lübecker Modell übergegangen, nach dem wir auch heute noch arbeiten. Die Steigerung des Holzvorrats ist dabei ein wichtiges Ziel. Wie wir das machen, möchte ich dir gern morgen zeigen.«

Also fahren wir am nächsten Morgen zusammen los. Sofort sehe ich, dass der Uelzener Wald mit vielen deutschen Waldgebieten vergleichbar ist. Zu etwa 80 Prozent überwiegen Nadelbäume, an eher nährstoffarmen Standorten. Es gibt aber auch fruchtbarere Waldteile mit alten Eichen- und Buchenbeständen.

Thomas erklärt: »Man könnte auf den ersten Blick denken, dass wir hier einen ganz normalen Heidewald haben, allerdings muss man sich auch die jüngere Baumgeneration anschauen, die unter den Fichten und Kiefern heranwächst. Hier überwiegen mit 80 Prozent ganz klar die Laubbäume, was auf die Anstrengungen der letzten 50 Jahre zurückzuführen ist. Während die Buchen meistens aus Naturverjüngung entstehen, pflanzen wir jedes Jahr etwa 20 000 Bäume, meist Eichen, aber auch Kirschen, Ahorne und Elsbeeren.«

Ich erzähle Thomas Göllner von den Kahlschlägen und starken Auflichtungen, die ich auf dem Weg hierher gesehen habe. Dazu hat er eine klare Meinung: »Kiefernkronen sind sehr lichtdurchlässig. Wenn man Eichen darunter pflanzen möchte, braucht man keine Auflichtung. So etwas führt immer zu dichter Kiefernnaturverjüngung und hat mit der Entwicklung von Mischwald nichts zu tun. Auch wir haben instabile Fichtenbestände, wo wir uns andere Baumarten wünschen. Anstatt nun aber einen Kahlschlag durchzuführen, nutzen wir kleine Lücken, die es in älteren Fichtenbeständen immer gibt, zur Pflanzung von Eichen.«

Das kleinflächige Arbeiten ist ein wichtiges Merkmal naturnaher Bewirtschaftung. Es ermöglicht, Einzelbäume bis zu ihrem wirtschaftlich sinnvollen Erntedurchmesser wachsen zu lassen. Dieser ist in Uelzen mit 60 Zentimetern bei Kiefern und Fichten sehr hoch, in anderen Forsten gibt man sich oft schon mit 45 Zentimetern zufrieden. Auch bei der Buche fängt man erst ab 70 Zentimeter Stammdurchmesser an, über eine Nutzung nachzudenken, während woanders selbst 60 Zentimeter dicke Stämme kaum vorkommen. Da starkes Qualitätsholz besser bezahlt wird, ist es kein Wunder, dass Uelzen in diesem Bereich hohe Erlöse erzielt und der Stadtwald als Eigenbetrieb, außer in den letzten drei Katastrophenjahren, seinen finanziellen Beitrag zum Haushalt der Stadt leistet.

Während es morgens immer mal kräftig geregnet hat, scheint die Sonne, als ich gegen Mittag weiterwandere. Zunächst durchquere ich das ziemlich ausgedehnte Stadtgebiet von Uelzen und folge dann dem Elbe-Seitenkanal immer stur geradeaus. Nur selten zieht ein Boot an mir vorbei. Als die Sonne unter- und der Halbmond aufgeht, schlage ich mein Lager in einem moosigen Kiefernwald auf.

MOOR, FEUER UND EIN WALDGEBIET IM NIEDERGANG

Es ist Mitte Oktober, ich bin seit mehr als sieben Monaten unterwegs, und die Tage sind bereits so kurz, dass ich morgens im Licht meiner Stirnlampe aufbreche, um mein Laufpensum zu schaffen. Heute gehe ich zunächst durch das große Waldgebiet am Hohen Berg. Selten habe ich auf dieser Wanderung so laubbaum- und unterwuchsarme Kiefernwälder gesehen wie hier. Das ist zum einen auf den sehr nährstoffarmen Endmoränenstandort zurückzuführen, zum anderen bewirken ein Mangel an Samenbäumen und der offensichtlich hohe Rotwildbestand, dass es bei diesem naturfernen Zustand bleibt.

Nachdem ich kurz durch offenere Bereiche gewandert bin, schlage ich einen Weg ins Schweimker Moor ein. Das Moor wurde in der Vergangenheit durch Gräben entwässert, sodass an den meisten Stellen ein Wald mit vielen Birken wächst. Allerdings hat man die Entwässerungsgräben inzwischen weitgehend verschlossen, wodurch die Landschaft wieder deutlich nasser geworden ist. Der Weg, der in meiner Karten-App eingezeichnet ist, ist irgendwann gar nicht mehr zu erkennen, und ich balanciere von Moospolster zu Moospolster, um trockene Füße zu behalten. Ein vergebliches Unterfangen – als ich über einen Graben springe, lande ich mitten im stinkenden schwarzen Schlamm.

Bald scheine ich mich in einem richtigen Labyrinth verrannt zu haben, überall nichts als nasses Moor. Ob ich hier wieder herausfinden werde? Als ich endlich dem Moorwald entkommen bin und auf einen richtigen Weg gelange, atme ich erleichtert auf. So kleine Abenteuer sind im Nachhinein immer nett, aber als ich im Moor festzusitzen schien, fand ich das weniger lustig …

Einst bestanden vier Prozent der Landfläche Deutschlands aus Mooren, das sind 1,4 Millionen Hektar! Davon sind lediglich sieben

Prozent – etwa 100 000 Hektar – noch halbwegs intakt. Niedersachsen ist das bei Weitem moorreichste Bundesland. Vielerorts werden inzwischen Maßnahmen zur Renaturierung betrieben, doch die Fläche, auf der immer noch Torf abgebaut wird, ist tatsächlich größer als die aller intakten Moore zusammen! Auch im Großen Moor bei Sassenburg überwiegen heute Wiesen und Birkenwälder statt intakter Moorflächen, die noch in den 60er-Jahren Hunderten von Birkhühnern eine Heimat boten. Das Birkhuhn ist hier in den 80er-Jahren ausgestorben. Während wachsende Moore mehr als eine Tonne Kohlendioxid pro Jahr und Hektar binden können, setzen entwässerte Moore bei Ackernutzung ungefähr 45 Tonnen Treibhausgas je Jahr und Hektar frei. Allein daran sieht man, wie wichtig Wiedervernässung ist! Durch den gestiegenen Wasserstand abgestorbene Birken zeigen mir, dass auch im Großen Moor mittlerweile viel in dieser Richtung unternommen wird. Werden hier irgendwann wieder Birkhühner leben können?

Nachdem ich bei Stüde den Elbe-Seitenkanal überquert habe, durchwandere ich ziemlich homogenen jungen Kiefernwald. Eine Tafel verrät mir des Rätsels Lösung: 1975 tobte ein Waldbrand, der 200 Hektar Wald vernichtet hat. In jenem heißen Sommer verbrannten in der Lüneburger Heide insgesamt 8000 Hektar Wald. Eine Waldbrandkatastrophe dieses Ausmaßes hat sich seitdem in Deutschland nicht wiederholt. Dennoch ist klar, dass das Waldbrandrisiko in den Kieferngebieten Norddeutschlands bei zunehmend heißeren, trockeneren Sommern steigen wird. Mehr Laubbäume, die schwerer brennbar sind, ist das Gebot der Stunde!

Ich stoße wieder auf den Elbe-Seitenkanal und folge ihm ein Stück Richtung Süden. Dann biege ich in das große Waldgebiet des Barnbruchs ab, das ich sehr gut kenne, da ich dort 1984/85 als Praktikant gearbeitet habe. Ursprünglich wuchsen hier überwiegend nasse Erlenwälder, bis 1863 der Allerkanal gebaut und das Gebiet durch zahlreiche Gräben trockengelegt wurde. Anschließend pflanzte man auf dem Großteil der Fläche Kiefern. Seit 1986 ist der Barnbruch Naturschutzgebiet, und es haben sich seitdem ganz erstaunliche Entwicklungen ergeben. Kranich, Schwarzstorch, Seeadler, Biber, Wolf und Wildkatze, die teilweise seit Jahrhunderten ausgestorben waren, sind ohne menschliches Zutun zurückgekommen. Hätte mir 1984 jemand erzählt, dass diese Tiere 2021 hier leben würden, hätte ich ihn ausgelacht!

Dass es dem Barnbruch, insgesamt gesehen, aber doch nicht so gut geht, zeigt mir Michael Cordes, der hier seit 2017 Revierförster ist. Dabei ist es eine natürliche Entwicklung, dass 50 Hektar Kiefernwald abgestorben sind, nachdem Biber einen Graben angestaut hatten. Als 2018 die Dürre einsetzte, fiel dieser Graben komplett trocken, und auch nach dem nasseren Jahr 2021 gibt es dort immer noch kein Wasser. Die starken Schwankungen des Grundwasserstands scheinen auch die Vitalität der Eichen erheblich herabgesetzt zu haben. Überall sind einzelne Bäume abgestorben, und in fast allen Baumkronen gibt es tote Äste. Generell wirkt der Wald wie zerrupft und stark aufgelichtet, was Michael zufolge teilweise auf einen Sommersturm zurückzuführen ist, der hier vor ein paar Jahren gewütet hat. An vielen Stellen sind Freiflächen entstanden, auf die Eichen und Erlen, aber auch Flatterulmen gepflanzt werden, wie mir Michael zeigt. Große Bereiche überlässt man aber auch der natürlichen Entwicklung. Auf solchen Flächen finden sich meist zunächst Birken ein, wir entdecken aber auch einige Eichen.

Schließlich erreichen wir die Waldhütte, die ich aus meinem Praktikum noch gut in Erinnerung habe. Dort hat Michaels Frau Josefine bereits ein Feuer entzündet, an dem ihre drei Kinder Marshmallows rösten und ich mit Kaffee und Kuchen verwöhnt werde. Nach unserem kleinen Mahl verabschiedet sich die Familie, und ich sitze noch lange allein am Feuer und genieße den Schein der magischen Flammen. Ich erinnere mich an die Zeit vor fast 40 Jahren, als der Meister Willi Neumann zu uns Praktikanten sagte, dass er in solch einer Hütte leben könne, er aber nicht glaube, dass auch wir das schaffen würden. Wenn der wüsste …

Als ich am nächsten Morgen weiterlaufe, fallen mir auch in den Erlenbeständen viele abgestorbene Bäume auf. Trotz der spektakulären Rückkehr zahlreicher Tierarten beschleicht mich das Gefühl, dass sich der Zustand des Waldes im Barnbruch seit meinem Praktikum nicht verbessert, sondern erheblich verschlechtert hat. Das macht mich ziemlich traurig, und ich werde das Gefühl nicht los, dass sich die Welt seit damals insgesamt in einer dramatischen Abwärtsspirale befindet.

STURM UND GOLDENER OKTOBER

An Wolfsburg vorbei wandere ich Richtung Königslutter, und so langsam tauchen wieder die ersten Hügel des Mittelgebirges in der Ferne vor mir auf. Es ist ein schöner, sonniger Tag, und inzwischen zeigen sich deutlich die Farben des Herbstes in all ihren Schattierungen. Diese Pracht lässt mich die bedrückenden Gedanken des Morgens vergessen, und ich bin mir sehr bewusst, wie viel Schönes es noch in unseren Wäldern zu erhalten gilt.

In Rotenkamp bin ich zu Gast bei Karl-Friedrich Weber und seiner Frau Heike. Kalle war von 1961 bis 2007 Förster in Diensten des Landes Niedersachsen, überwiegend als Revierleiter. Daneben engagiert er sich seit sehr langer Zeit im Naturschutz, unter anderem als stellvertretender Landesvorsitzender des BUND. Nachdem ich im Kreis seiner großen Familie zu Mittag gegessen und Kaffee getrunken habe, schauen wir uns den Rieseberg an, den Kalle von Anfang der 70er-Jahre bis zu seiner Pensionierung 2009 als Förster betreut hat. Er hat schon früh den ökologischen Wert dieses ehemaligen Mittelwalds aus Eichen und einer bunten Mischung aus 13 Baumarten erkannt und schaffte es tatsächlich, ihn all die Jahre ohne Holzeinschlag zu bewirtschaften. Das sollte sich 2009 ändern, als ein Forstweg befestigt wurde, Rückegassen bereits markiert und zu fällende Bäume ausgezeichnet waren. Durch Kalles Einsatz konnte der Holzeinschlag abgewendet werden, und seit nunmehr drei Jahren ist der Rieseberg offiziell von den Landesforsten aus der Nutzung herausgenommen. Ein schönes Beispiel dafür, wie der Einsatz engagierter Menschen Natur bewahren kann!

Entlang von Waldrändern, deren Laubbäume mit ihren gelben, orangen und roten Tönen ein wahres Farben-Feuerwerk abbrennen, erreiche ich am nächsten Tag Königslutter am Fuß des Elms, eines etwa 10 000 Hektar großen Mittelgebirges, das überwiegend von Buchenwald geprägt wird. Kalle Weber hat mir erzählt, dass es hier noch vor 30 Jahren ausgedehnte Altbestände mit geschlossenem Kronendach gegeben habe. Davon ist heute allerdings kaum noch etwas zu finden. Junger Buchenwald überwiegt, über dem man häufig sämtliche Altbäume gefällt hat. Das ist auch im Landeswald der Fall, obwohl nach dem Programm zur ökologischen Waldentwicklung der Niedersächsischen Landesforsten bereits seit 30 Jahren eine dauerwaldartige Bewirtschaftung erfolgen sollte. Anspruch und Wirklichkeit klaffen auch hier weit auseinander!

Schließlich gelange ich in einen Bereich, in dem durch die Dürre geschwächte und teilweise bereits abgestorbene Bäume frisch gefällt wurden, ein Rückezug ist gerade dabei, das Holz an die Waldstraße zu fahren. Die meisten Stämme zeigen beginnende Fäule, das Holz hat bereits stark an Wert verloren. An etlichen Stellen wurden mehrere nebeneinanderstehende Stämme gefällt, wodurch teilweise ein neuer Rand zu einem angrenzenden, noch intakten Bestand geschaffen wurde. Buchen reagieren empfindlich auf solch plötzliche Freistellungen, deshalb rechne ich mit einer Art Dominoeffekt, der bald einsetzen wird. Das heißt, die noch gesunden Bäume, die jetzt einseitig freistehen, werden wahrscheinlich die nächsten sein, die absterben.

Warum macht man etwas, das so offensichtlich zur weiteren Schwächung des Waldes führt? Ein Hauptgrund ist die Angst der Förster, dass ganze Waldbestände unbegehbar werden könnten, wenn überall tote Bäume stehen – was tatsächlich passieren kann. Aber für mich ist klar, dass Walderhalt in der jetzigen Situation absolute Priorität haben und man den möglichen Dominoeffekt auf jeden Fall vermeiden muss.

Die bedrückenden Bilder rücken langsam wieder in den Hintergrund, nachdem ich einige Zeit einem Pfad am Südrand des Elms gefolgt bin. Hier gibt es noch markante Baumriesen und Habitatbäume, das hebt meine Stimmung wieder ein wenig. Außerdem kann ich bereits mein nächstes Ziel erkennen: den Harz mit dem flachen Rücken des Brockens. Verrückt, dass ich es schon so weit geschafft habe!

Dann bleibt der Wald zurück, und ich kann mich an den leckeren heruntergefallenen Birnen und Äpfeln der Alleebäume laben. Hinter Dedeleben in Sachsen-Anhalt gebe ich Carsten Reuß vom MDR ein Radiointerview, und er warnt mich vor einem aufziehenden Sturm. Tatsächlich ist es bereits jetzt ziemlich windig, daher bin ich froh, dass ich mein Nachtlager in einer jungen Eichenaufforstung beziehen kann, wo keine Gefahr durch umstürzende Bäume droht.

Als ich am nächsten Morgen im Licht des Vollmonds aufbreche, hat sich der Wind zum Sturm entwickelt, und ich muss mich mit ganzer Kraft gegen die Böen stemmen, um vorwärtszukommen. Als es Tag wird, wechseln sich Sonne und Schauer ab, sodass ein Regenbogen am Himmel über den Feldern erscheint und das Herbstlaub im klaren Licht wunderschön leuchtet. Glücklicherweise lässt der Sturm etwas nach, als ich den bewaldeten, aus Kalkstein geformten Rücken des Huys überschreite. Alle Laubbäume haben jetzt ihr Herbstkleid angelegt. Besonders gefällt mir der Ahorn in intensivem Rot und Zitronengelb.

In den Halberstädter Bergen, die ich wenig später erreiche, kann ich die Spuren, die der Sturm hinterlassen hat, überall deutlich erkennen. Dicke Äste und auch einzelne Bäume blockieren die Wege. Es ist nach wie vor sehr windig, daher möchte ich vermeiden, im Wald zu übernachten, und entdecke schließlich eine geschützte, wenn auch grausige Übernachtungsstätte: die Ruinen eines ehemaligen Außenlagers des KZ Buchenwald. Totenkopf-Schmiereien an den Wänden verbreiten nicht gerade eine kuschelige Atmosphäre, aber immerhin bin ich sicher vor dem Sturm.

Noch im Dunkeln bin ich am nächsten Morgen wieder unterwegs. Der volle Mond spendet mir Licht, später färbt sich der Himmel orange-violett, und dann erscheint der gelbe Ball der aufgehenden Sonne, der die Landschaft in sein Licht taucht. Dennoch ist es immer noch windig und kalt, bis elf Uhr trage ich Daunenjacke und Handschuhe. Hinter Westerhausen zeigt sich das steil aufragende, mit Laubwald bedeckte Harzmassiv eindrucksvoll in seiner vollen Größe. In Thale gelange ich auf den 94 Kilometer langen Hexen-Stieg, der bis nach Osterode führt und dem ich eine Zeit lang folgen will. Bald darauf wandere ich in das Bodetal hinein, ein absolutes landschaftliches Highlight meiner Tour!

Die Bode ist mit etwa zehn Meter Breite der größte Harzfluss und hat sich hier tief in den Granit eingeschnitten. Mal verläuft der Pfad unmittelbar an der Bode entlang, dann wieder oben am Hang über dem Tal. An etlichen Aussichtspunkten öffnet sich der Blick über kahle graue Felsen, die hoch über dem Fluss thronen. Die steilen Hänge sind größtenteils geröllbedeckt und tragen einen schütteren Wald aus Sommerlinden, Ahornen, Eschen und Ulmen. Stellenweise gibt es auch einige Eiben, die in diesen schwer zugänglichen Lagen überlebt haben. Das Wetter ist ziemlich wechselhaft, mal bringt die Sonne das Herbstlaub zum Leuchten, mal werde ich nass. Über sieben Kilometer führt ein sehr abwechslungsreicher Pfad nach Treseburg, wo der spektakulärste Teil des Tals endet.

Später am Nachmittag regnet es heftig, und ich bin froh, als ich eine Schutzhütte an der Talsperre Wendefurth entdecke. Leider fließt das Regenwasser in die Hütte hinein, und das Dach ist auch nicht dicht. So verbringe ich, zusammengerollt auf der schmalen Bank, eine unangenehme kalte und nasse Nacht.

KATASTROPHENGEBIET HARZ

Nachts klart es auf, und es wird richtig kalt. Mein dünner Sommerquilt wärmt mich nicht mehr ausreichend, ich muss mir meine Daunenjacke überziehen, damit die Nacht halbwegs erträglich ist. Ich bin froh, als ich morgens im Licht des Vollmonds wieder aufbrechen kann. Allerdings hat der Sturm etliche Fichten über den Weg geworfen, daher muss ich immer mal wieder über einen umgestürzten Baum klettern. Ich folge dem Bodetal weiter nach Neuwerk, wo die Schornsteine rauchen und die Wiesen vom Frost gezuckert sind. Oberhalb von Rübeland scheint die Sonne, und das bunte Laub ergibt mit den über dem Ort aufragenden Klippen ein fast schon kitschiges Herbstbild.

Bisher war der Laubbaumanteil im Harzwald ziemlich hoch, und die Borkenkäferschäden hielten sich in Grenzen. Jetzt ändert sich das Bild dramatisch. Ich gelange in große Kahlschlaggebiete, bis an die Bode heran wurden sämtliche durch Borkenkäferbefall zum Absterben gebrachten Bäume gefällt. Ich kann überhaupt keine älteren Fichten mehr entdecken! Die kahlen Hänge sind mit einem dichten Netz aus zerfahrenen Rückegassen überzogen. Ich habe das Gefühl, plötzlich in eine weitläufige Steppe geraten zu sein, wo bis vor Kurzem noch alter Fichtenwald stand. Die Landschaft hat sich radikal verändert! In der Vergangenheit wurde offenbar gar kein Waldumbau betrieben. Nirgendwo sehe ich junge Buchen, die unter die alten Fichten gepflanzt worden wären.

Auch die Umgebung der Talsperre Königshütte wurde beim Kahlschlagen nicht ausgespart, obwohl das Wasserschutzgebiet ist. Die Rückegassen verlaufen senkrecht die Hänge hinab bis fast ans Ufer. Dadurch wird bei Starkregen sicher viel Erdreich in die Talsperre geschwemmt, die der Trinkwassergewinnung dient. Hinzu kommt das Problem der Nitratfreisetzung auf Kahlflächen, das zu Gesundheitsbeeinträchtigungen führen kann. Dann sehe ich auch noch eine Öllache. Ich kann mir kaum vorstellen, dass diese riesigen Kahlschläge keine Auswirkungen auf die Wasserqualität haben. Das Betreten des Wasserschutzgebietes ist übrigens verboten …

Vor Drei Annen Hohne passiere ich eine riesige Fläche, auf der man das nach dem Kahlschlag verbliebene Reisig auf Wälle geschoben hat, offenbar, um eine spätere Pflanzung zu erleichtern. Dabei wurde der Boden jedoch komplett befahren. Nicht nur auf den Rückegassen, sondern überall sind Reifenspuren zu sehen. Was für eine krasse Bodenzerstörung!

Und die Zerstörung setzt sich fort, denn auch im Nationalpark Harz, den ich bald darauf erreiche, sehe ich zunächst nur große Kahlschläge. Das ist die übliche Pufferzone, die geradezu lächerlich wirkt, wenn man das Ausmaß an Borkenkäferflächen hier im Harz betrachtet. Weiter oben Richtung Brocken überwiegen dagegen die Flächen mit grauen Baumleichen. Es bleibt zu hoffen, dass dieser Wald ein ebenso großes Comeback hinlegt wie der Bayerische Wald. Dortige Flächen, die schon vor 20 Jahren abgestorben waren und inzwischen wieder Wald sind, geben mir Hoffnung, dass das tatsächlich möglich ist.

Im Harz, dem nördlichsten Mittelgebirge Deutschlands, kommen Fichten übrigens von Natur aus oberhalb von 700 Metern vor und gedeihen bis knapp unter den Gipfel des Brockens. Dieser ist mit 1142 Metern die höchste Erhebung im Harz und im oberen Bereich aufgrund der rauen Bedingungen natürlicherweise waldfrei. Ich erreiche seine niedersächsische Seite an einem sonnigen, aber sehr frostigen Morgen. Unglaublich, welche Massen von Menschen an diesem Sonntag hier unterwegs sind!

Hinter Torfhaus verlasse ich den Nationalpark Harz und wandere weiter nach Altenau, wo ich mich mit Steffi Rohling treffe, die den Nachmittag über mit mir wandern will. Auch sie hat ihre sichere Beamtenstelle aufgegeben und arbeitet nun selbstständig als Coach. Ich mag Leute, die eigene Wege gehen, und wir unterhalten uns intensiv über den Wald und mein Projekt. Auf der niedersächsischen Seite des Harzes hat man offenbar in der Vergangenheit den Waldumbau recht intensiv betrieben. Vielerorts leuchtet das bunte Laub der jungen Buchen aus den Hängen, in denen die Altfichten abgestorben sind. Einerseits sehen wir Bilder von zerfahrenen Kahlflächen, andererseits machen die Buchenpflanzungen und abgestorbenen Fichten, die stehen gelassen wurden und in den Himmel aufragen, Mut, dass man in Niedersachsen etwas anders mit der Borkenkäferkatastrophe umgeht. Die Abendsonne taucht die toten Fichten in intensive rote Farben. Ein schönes, aber auch schauerliches Bild!

Erst als wir in der Dämmerung Buntenbock bei Clausthal-Zellerfeld erreichen, verabschieden wir uns, und ich kehre in der Fellerei bei Kirsten und Tobias Feller ein. Die beiden sind schon früh auf mein Projekt aufmerksam geworden und haben mich netterweise zu einer Übernachtung in ihr nachhaltig geführtes kleines Landhotel eingeladen. Die Fellers hatten vorher in anderen Bereichen gearbeitet und erfüllten sich 2016 mit der Eröffnung des Hotels einen Traum. Da ich am Sonntagabend der einzige Gast bin, sitzen wir noch lange zusammen, und ich darf die erlesene Küche bei einem Glas Wein mit meinen sympathischen Gastgebern genießen. Auch wenn sie trotz der dramatischen Landschaftsveränderungen im Umfeld keinen Einbruch bei den Gästezahlen haben, sind Kirsten und Tobias regelrecht schockiert. Sie hatten von einem grünen Rückzugsort in Ruhe und Abgeschiedenheit geträumt, und jetzt ist wie beinahe überall im Harz der alte Wald auf großer Fläche abgestorben. Sehr traurig, wenn sich die Heimat so stark verändert.

Wie schnell das geht, erfahre ich am nächsten Tag bei Heiner Wendt im Revier Lerbach, das der engagierte Förster schon seit über 30 Jahren betreut. Der Staatswald des Reviers umfasst 780 Hektar Fichtenbestände. Davon waren Anfang des Jahres lediglich noch 150 Hektar halbwegs intakt. Trotz nasserem Wetter hat sich das Fichtensterben auch 2021 ungebremst fortgesetzt, sodass jetzt noch gerade einmal fünf Hektar alter Fichtenwald übrig geblieben sind!

Bei den Landesforsten Niedersachsen gilt die Devise, etwa 30 Prozent der abgestorbenen Fichten stehen zu lassen, um in deren Schutz beispielsweise Weißtannen und Buchen zu pflanzen. Heiner erzählt mir, dass das mittlerweile aber gar nicht mehr so einfach sei. »Bei den wieder stark gestiegenen Holzpreisen muss stets eine sorgfältige Abwägung zwischen den zahlreichen ökologischen Vorteilen des stehenden Totholzes und dem entgangenen Erlös vorgenommen werden. Jedenfalls denke ich, dass es dort, wo beispielsweise Buchen in der Nähe sind und eine natürliche Ansamung in den abgestorbenen Flächen zu erwarten ist, weitaus vorteilhafter ist, die toten Stämme zu belassen.«

Bei der Wiederbewaldung im Westharz geht es einerseits darum zu verhindern, dass in der nächsten Generation wieder überwiegend Fichten wachsen, andererseits ist auch ein zukünftiger hoher Laubbaumanteil wegen der größeren Trinkwasserbereitstellung wichtig. Im regenreichen Harz hat das bisher keine große Rolle gespielt, doch das kann sich bei zunehmenden Dürreperioden durchaus ändern. Heiners Revier reicht bis an die Sösetalsperre, und ein Schild verrät, dass Wasser von hier über eine Leitung bis nach Bremen geführt wird.

Zäune gegen Wildverbiss sind häufig unverzichtbar, aber die andernorts weitverbreiteten Wuchshüllen aus Plastik, in denen jeweils einzelne Bäume geschützt werden, entdecke ich nicht – weil deren Einsatz bei den Niedersächsischen Landesforsten verboten ist! Neben dem vielen Plastik, das nicht in den Wald passt, sind für das Verbot sicher die hohen Kosten der Wuchshüllen ausschlaggebend.

Ich verlasse den Harz am nächsten Tag mit gemischten Gefühlen. Einerseits ist die Waldkatastrophe hier an jeder Ecke greifbar, andererseits habe ich auch gesehen, dass große Anstrengungen unternommen werden, damit der Harzwald in Zukunft gemischter und stabiler wird. Im Gipskarstgebiet des Hainholzes, in das ich nun komme, treffe ich auf eine ganz andere Landschaft. Dort sind im kalkhaltigen Dolomitgestein so ungewöhnliche geologische Phänomene wie Höhlen und Einsturztrichter entstanden. Besonders eindrucksvoll finde ich eine eingestürzte Höhle mit grauen Felswänden, an deren Grund Massen von exotisch wirkenden Hirschzungenfarnen wachsen. Leider kann ich mich nicht lange aufhalten, denn ich habe noch einiges vor mir.

STADTWALD GÖTTINGEN: SO SCHÜTZT MAN DEN WALD IN DER KRISE

Obwohl es erst Ende Oktober ist, hängt morgens jetzt häufig schon grauer Novembernebel über dem Waldboden, und es dauert lange, bis die Sonne ihn verdrängt hat, was immer wieder schöne Lichtstimmungen hervorbringt. Meist ist es schon fast Mittag, wenn sie ihre Lichtflecken in den Wald zaubert, in denen das Herbstlaub zu glühen scheint. Von der Seulinger Warte reicht der Blick zurück zum Harz mit dem Brockenmassiv, während voraus die Muschelkalkplateaus des Göttinger Waldes erscheinen, meines nächsten Ziels.

Nachdem ich den Hengstberg hinter mir gelassen habe, führt mich ein kurzer Anstieg zum steil abfallenden Rand des Göttinger Waldes, dem ich auf schmalen Pfaden folge. Ich habe in Göttingen studiert, daher kenne ich diesen Wald sehr gut. Tatsächlich bin ich begeistert, denn es gefällt mir hier heute noch besser als damals. Spuren der Bewirtschaftung fallen kaum auf, und der Wald hat fast überall ein geschlossenes Kronendach. Unter die Buchen sind zahlreiche andere Baumarten wie Ahorn, Linde, Esche, Elsbeere und Ulme gemischt. Zwar komme ich zunächst kaum an starken Altbäumen vorbei, aber in vielen Bereichen ist der Wald alters- und höhenmäßig bunt gemischt. Seit 1995 wird der 1600 Hektar große Stadtwald nach dem Lübecker Modell bewirtschaftet, und ein großer Teil ist seit 2007 als Naturschutzgebiet ausgewiesen, wie mir eine Tafel verrät. Daher muss die winterliche Holzernte hier schon Ende Februar beendet sein und ein hoher Totholzvorrat angestrebt werden. Ich schlage mein Cowboycamp in einem Buchenwald auf und genieße den Sonnenuntergang, das Funkeln der ersten Sterne und den frischen Nachtwind, der Blätter auf mich herabregnen lässt.

Nach einer frostig klaren Nacht treffe ich mich am nächsten Morgen mit Lena Dzeia, der jungen Forstamtsleiterin, und wandere mit ihr durch den herbstbunten Stadtwald, für den sie seit drei Jahren verantwortlich ist. Als ich Lena erkläre, dass ich gern zur Fällung markierte Bestände oder Flächen, auf denen gerade Holz geerntet wurde, sehen möchte, gibt mir die gut gelaunte Frau eine überraschende Antwort: »Das kann ich dir leider nicht bieten, seit 2019 wird bei uns kein regulärer Holzeinschlag mehr durchgeführt, sondern lediglich Verkehrssicherungsmaßnahmen an den Wegen. Zwar gibt es dürrebedingt im Stadtwald auch geschädigte und abgestorbene Buchen, aber in relativ geringem Umfang. Die Aussetzung des Holzeinschlags ist eine reine Vorsichtsmaßnahme, um den Laubwald durch Auflichtungen nicht empfindlicher zu machen. Die Gremien der Stadt haben für fünf Jahre einen kompletten Einschlagsstopp erlassen.«

Auch wenn ich ja schon von einigen Forstbetrieben auf meiner Wanderung gehört habe, dass der Laubholzeinschlag dürrebedingt zurückgefahren worden ist, habe ich das in dieser Konsequenz noch nirgendwo erlebt und frage Lena, ob sich die Stadt das denn erlauben könne.

Die Forstamtsleiterin braucht nicht lange zu überlegen und entgegnet: »Bereits seit 1995 wurde der Holzeinschlag im Stadtwald halbiert, um den Vorrat aufzubauen, was zeigt, dass langfristiges Denken den Göttingern nicht fremd ist. In der jetzigen Situation soll alles unterlassen werden, was den Wald weiter destabilisieren könnte, zumal uns Erholung und Naturschutz im Wald schon immer sehr wichtig waren. Tatsächlich soll dann nach Ende des jetzigen Einschlagsstopps die jährliche Holzerntemenge noch weiter reduziert werden, denn nur relativ wenige Bäume haben bisher eine wirtschaftlich sinnvolle Zielstärke erreicht. Wollen wir die Bäume wirklich ausreifen lassen, geht das nur über eine Verringerung des Einschlags. Langfristig wird der Göttinger Wald dadurch aber immer wertvoller.«

Von Kollegen bekommt Lena häufig zu hören, dass sie das wertvolle Holz einfach »vergammeln« lasse und damit der Stadt schade. Glücklicherweise ist sie zwar sehr freundlich, bestimmt aber auch durchsetzungsstark. Dennoch kann ich gut nachvollziehen, dass so unfaire Kritik Spuren hinterlässt.

Nach einem gemeinsamen Medientermin am Wildgehege des Stadtwalds verabschieden wir uns schließlich, und ich wandere nach Göttingen, wo ich mich am Abend mit Anke treffe. Meine Freundin möchte die letzten zehn Tage meiner Wanderung mit mir verbringen, und ich freue mich schon sehr auf sie!

HESSEN

Vom Reinhardswald über den Kellerwald nach Marburg

Bisher zurückgelegte Strecke

5808 km

Zeitraum

Jan	Feb	Mrz	Apr	Mai	Jun	Jul	Aug	Sep	Okt	Nov	Dez

Waldanteil

42 %

Hessen

ENDSPURT IM BUCHENLAND

Vor Dransfeld wandern wir am nächsten Morgen gemeinsam in einen vielfältigen, herbstbunten Laubwald, aus dem die mächtigen Stämme einzelner Eichen herausragen. Die Wege sind bereits von einem dichten Teppich herabgefallener Blätter bedeckt. Die vielen unterschiedlichen Größen und Formen der Blätter, selbst von derselben Baumart, sind verblüffend. Erstaunlicherweise tragen auch jetzt noch ganze Zweige ihre grüne Farbe, während der Großteil des Laubs in Gelb und Orange glänzt. Lediglich die gefiederten Blätter der Eschen verfärben sich überhaupt nicht, sondern werden grün abgeworfen.

Hinter Schloss Löwenhagen kommen wir in den Bramwald, ein großes Waldgebiet, das an die Weser angrenzt. Auf einem schönen, schmalen Pfad laufen wir entlang der Nieme durch große Laubwälder. Überall gibt es etwas zu sehen – seien es die rubinroten Blätter der Brombeere, ein Imker, der seine Bienenstöcke winterfest macht, oder der vielstämmige Stamm einer knorrigen Hainbuche. Schließlich schlagen wir unser Cowboycamp in einem offenen Laubwald auf und bereiten uns ein leckeres Abendessen zu, da Anke wieder ihren Gaskocher mitgebracht hat. Auch am nächsten Morgen können wir den Tag relaxt mit einem Kaffee beginnen. Für mich ein seltener Luxus!

Bei Oedelsheim überqueren wir die Weser auf einer Minifähre und treffen uns am anderen Ufer mit meinem alten Freund Stefan aus Marburg, der am Südrand des Reinhardswaldes aufgewachsen ist, in den wir jetzt gemeinsam hineinwandern. Der steil zur Weser abfallende Hang des großen Waldgebiets lässt sich recht gut erklimmen, da sich der Weg in Serpentinen auf die Hochfläche des Reinhardswaldes schraubt.

Hier standen bis 2018 ausgedehnte Fichtenaltbestände. Ein Großteil davon wurde vom Sturm Friederike gefällt oder durch die Massenvermehrung der Borkenkäfer danach zum Absterben gebracht. Glücklicherweise sind Laubbäume hier nie weit entfernt, vor allem die Birke scheint sich gut natürlich zu verjüngen, daneben sehen wir auch viele junge Lärchen. In große, eigens dafür gebaute Gatter wurden hier und da Eichen gepflanzt. Ich frage Stefan, wie er den Zustand des Reinhardswaldes heute im Vergleich zu seiner Kindheit beurteilt.

»Der Wald hat sich in den letzten drei Jahren stark verändert und wirkt vielerorts wie zerrupft«, meint mein alter Freund, »und ich befürchte sogar, dass das in Zukunft noch schlimmer wird, denn der Bau von 18 Windrädern ist geplant, denen bestimmt weitere folgen werden. Der Reinhardswald ist schon jetzt von Windrädern geradezu umringt. Ich frage mich, ob es wirklich nötig ist, diese Insel der Ruhe industriell zu erschließen. Wie wir ja sehen, ist der Reinhardswald dabei, sich von Sturm und Borkenkäfer zu erholen. Auch wenn man die Windräder auf die jetzigen Kahlflächen stellt, wird es nicht ohne neue Rodungen gehen, die den Wald weiter aufreißen werden. Ich glaube zwar, dass wir Windkraft für die Energiewende brauchen, aber dafür starke Beeinträchtigungen des Waldes in Kauf zu nehmen kann nicht richtig sein!«

In nachdenklicher Stimmung wandern wir weiter und erreichen bald eine größere Acker- und Wiesenfläche, an deren Rand sich auf einem Hügel der runde Turm der berühmten Sababurg erhebt, des Vorbilds für das Dornröschenschloss aus dem Märchen der Brüder Grimm. Hier verabschieden wir uns von Stefan, und Anke und ich laufen zum Urwald Sababurg, der ein Stück weiter liegt.

Dieser ist kein Urwald im eigentlichen Sinn, sondern ein sogenannter Hutewald, der früher zum Eintrieb von Vieh genutzt wurde, wodurch er seinen lichten Charakter erhielt, mit ziemlich frei stehenden, tief beasteten gigantischen Eichen und Buchen. Bereits 1907 entstand hier Hessens ältestes Naturschutzgebiet, das heute 90 Hektar umfasst und nicht mehr forstwirtschaftlich genutzt wird. Die knorrigen Baumgestalten und die Ruinen der bereits seit Langem abgestorbenen Bäume sind besonders im Schmuck des Herbstlaubs äußerst fotogen – was auch viele andere Leute erkannt haben. Der »Urwald«, der unmittelbar an einen Parkplatz grenzt, ist voll mit Menschen, die einen Sonntagsspaziergang unternehmen.

Obwohl wir die Schönheit der alten Bäume bewundern, ist uns zu viel los, und so sind wir froh, als wir wieder in einsamere Bereiche gelangen. Häufig wandern wir durch jungen Birkenwald, der offenbar auf alten Sturmflächen hochgewachsen ist. Die breiten Forstwege werden von alten Eichen gesäumt, die man wahrscheinlich bewusst als Futterspender für das Wild stehen gelassen hat.

Im Südteil des Reinhardswaldes passieren wir am nächsten Morgen große Freiflächen, die stellenweise bereits wieder mit Eichen bepflanzt wurden. Das ist zwar grundsätzlich positiv, da Eichen auf den nassen Böden viel stabiler gegen Stürme stehen als Fichten. Allerdings wurde für die Pflanzung auch hier wieder sämtliche nach der Holznutzung verbleibende Biomasse zu Wällen zusammengeschoben und dabei der größte Teil der Flächen befahren. Warum fällt es manchen Förstern offensichtlich so schwer zu begreifen, wie wichtig der Schutz des Bodens ist?

An einer Stelle sehen wir einen großen Forstmulcher, der mit seinen Walzen Restholz und Vegetation zu kleinen Schnitzeln zerhackt. Zunächst befürchte ich, dass er ganze Flächen komplett befährt, dann sehen wir aber, dass er unzählige, bis zu zehn Meter breite, sternförmige Jagdschneisen anlegt. Sie sollen wohl dem angrenzenden Hochsitz ein freies Schussfeld bieten. Das ist nicht unüblich, aber in dem Ausmaß, wie das hier geschieht, doch erschreckend. Jagd hat im Reinhardswald schon immer eine große Rolle gespielt, wobei es nie um die bloße Wildreduktion ging, sondern um das Schießen möglichst kapitaler Trophäenträger. Reste dieser Tradition haben sich offenbar bis heute gehalten. Tatsächlich dienen solche Schussschneisen überwiegend der wenig effektiven Ansitzjagd, bei der der Jäger dem Wild auflauert. Je häufiger der Sitz jedoch frequentiert wird, desto scheuer und schwerer zu bejagen wird das Wild.

In das Bild vom feudalen Jagdzirkus passt auch, dass der Staatswald im Reinhardswald nach wie vor eingezäunt ist und mit Anordnung von 2014 sogar zum Wildschutzgebiet erklärt wurde. Danach ist das Betreten des Waldes in der Dämmerung und bei Nacht für Besucher verboten. Weder das Rotwild noch andere hier lebende Wildarten sind bedroht und bedürfen einer solchen Maßnahme. Es drängt sich der Verdacht auf, dass behördlicherseits lediglich eine bestimmte Jagdkultur unterstützt wird, die ohne Zweifel selbst die größte Unruhequelle für die Tiere ist. Ich halte das allgemeine, freie Waldbetretungsrecht in Deutschland für ein sehr hohes Gut, was nur durch wirklich triftige Gründe eingeschränkt werden darf. Die Jagd gehört in meinen Augen nicht dazu.

Als wir das große Waldgebiet verlassen, sehen wir vor uns bereits die Basaltkegel des Habichtswaldes aufragen, unseres nächsten Ziels. In der Nähe von Schloss Wilhelmsthal erreichen wir schließlich das Forsthaus, in dem Dagmar Löffler wohnt, eine langjährige Revierleiterin bei HessenForst, einem landeseigenen Betrieb, und Vorsitzende der ANW Hessen. Wir werden sehr freundlich empfangen und unterhalten uns bei einer leckeren Suppe noch lange, natürlich in erster Linie über den Wald.

Am nächsten Tag schauen wir uns einige Waldbestände an, die Dagmar viele Jahre lang bewirtschaftet hat. Hier zeigen sich ganz gut die Unterschiede zwischen den ANW-Prinzipien und dem

Lübecker Modell. Generell ist die Vorratshöhe bei der ANW viel niedriger, dafür gibt es aber überall alters- und höhengemischte Naturverjüngung. Wie beim Lübecker Modell werden auch hier in Altbeständen stets nur einzelne starke Bäume gefällt. Die weitverbreiteten starken Auflichtungen gibt es in beiden Modellen nicht. Bei der ANW wird auch in jüngeren Beständen viel durchforstet, zum einen, um qualitativ gute Bäume zu begünstigen, zum anderen, um die wertvolleren Baumarten wie Ahorn und Elsbeere gegenüber den Buchen zu fördern.

Welchen Ansatz halte ich nun für sinnvoller?

In meinen Augen sind beide Bewirtschaftungsformen eine erhebliche Verbesserung gegenüber dem weitverbreiteten Status quo, der meist mit starken Auflichtungen in alten Wäldern einhergeht. Bei dem dringend notwendigen Umbau der reinen Nadelwälder kann ein aktiveres Vorgehen mit stärkeren Durchforstungen und mehr Pflanzung je nach den örtlichen Verhältnissen durchaus sinnvoll sein, was aber bei beiden Modellen prinzipiell möglich ist. In Bezug auf die Herausforderungen der Klimakrise halte ich aber dichte, vorratsreiche Laubwaldbestände wie im Lübecker Modell für zielführender.

Während Anke und ich noch über das Gesehene diskutieren, wandern wir auf Märchenlandweg und Habichtswaldsteig westlich von Kassel weiter. Die Namen sind Programm: Wir kommen durch weite Laubwälder, aus denen mitunter dunkle Basaltfelsen aufragen. Die Wanderwege – der eine 440, der andere fast 90 Kilometer lang – sind überraschend schön und führen teilweise auf naturnahen Pfaden über weite Strecken an Waldrändern entlang. Hessen hat zusammen mit Rheinland-Pfalz von allen Bundesländern den höchsten Waldanteil: 42 Prozent des Landes bestehen aus Waldflächen, auf denen Laubbäume zu 60 Prozent überwiegen. Allein die Buche hat einen Anteil von 30 Prozent, damit ist sie die häufigste Baumart – einzigartig in Deutschland und für das Bundesland

Hessen eine große Verantwortung, unser wichtigstes Naturerbe zu erhalten!

Als wir von der eindrucksvollen Weidelsburg weit ins Land schauen, finden wir das auch aus der Vogelperspektive bestätigt. Wenn man bedenkt, dass ich auf meiner Wanderung über riesige Strecken hauptsächlich durch Nadelwald gelaufen bin, sind die großen Laubwälder hier wirklich etwas Außergewöhnliches.

Bei Waldeck erreichen wir dann ein ganz besonderes Waldjuwel: den Nationalpark Kellerwald-Edersee, der 2004 ausgewiesen und 2020 um ein Drittel auf jetzt 7688 Hektar vergrößert wurde. Von einem Aussichtspunkt haben wir einen fantastischen Blick über den sich fjordartig unter den bewaldeten Hügeln erstreckenden Edersee, den zweitgrößten Stausee Deutschlands. Die steilen, trockenen Schieferhänge wurden nie wirklich bewirtschaftet und sind mit knorrigen, kurz gewachsenen Eichen und Buchen sowie Linden bestanden. Auf einem Absatz unter einer Klippe unmittelbar oberhalb der Staumauer schlagen wir für diese Nacht unser Lager auf.

Hier am Edersee bewegen wir uns bereits in einer mir gut bekannten Gegend. In mir steigt etwas Wehmut auf, dass die lange Wanderung jetzt tatsächlich zu Ende geht. Auch wenn das Wandern in Deutschland nicht immer nur schön ist, geht doch kaum etwas über die Freiheit, im Wald ein einfaches Lager aufzuschlagen, in dem man der Natur ganz nah sein kann.

Während wir beim Kochen auf der Matte zusammensitzen, fragt Anke mich nach den Höhepunkten meiner Wanderung: »Was war denn das Schönste für dich in diesen acht Monaten?« Ich muss zunächst etwas überlegen und antworte dann: »Das ist gar nicht so einfach zu sagen, es gab so viele tolle Momente. Die schönsten Wälder waren für mich das Weberstedter Holz im Hainich und der Urwald Mittelsteighütte im Nationalpark Bayerischer Wald. Was Tierbegegnungen angeht, hat das Wolfskonzert in der Königsbrücker Heide mich am meisten begeistert.« Anke hakt nach: »Und wel-

cher Waldmoment ist dir am stärksten in Erinnerung geblieben?«
»Da könnte ich auch unzählige nennen, aber gerade erinnere ich
mich besonders an den Morgen mit Bernd in der Lüneburger
Heide, als die Sonne den Morgendunst durchbrach und Millionen
von Spinnennetzen zum Leuchten brachte.« Jetzt im Gespräch mit
Anke wird mir noch mal ganz deutlich, was für intensive und einmalige Erlebnisse ich in den vergangenen Monaten hatte.

Am nächsten Morgen wandern wir auf schmalen Pfaden steil
aufwärts in den alten Hauptteil des Nationalparks. Dieser ist zwar
nicht besonders groß, aber im Gegensatz zu vielen anderen deutschen Nationalparks besteht er zu etwa 80 Prozent aus ursprünglich hier heimischen Buchenwäldern, die noch dazu besonders alt
sind. Um die 20 Prozent der Fläche ist mit über 160-jährigen Buchen bestanden. Allerdings sind die meisten Bäume nicht besonders dick, was daran liegt, dass sie auf den nährstoffarmen, trockenen Tonschiefer- und Grauwackeböden nur langsam wachsen.

Die wenigen Fichtenbestände, an denen wir vorbeikommen,
sind bereits abgestorben und werden in Zukunft wohl meist zu Buchenwald werden, auch wenn stellenweise viele junge Fichten nach-
wachsen. Wie in etlichen noch recht naturnah erhaltenen Waldgebieten Deutschlands wurde auch der Kellerwald lange Zeit überwiegend als fürstliches Jagdrevier genutzt und daher relativ wenig
forstwirtschaftlich verändert. Weite Bereiche des Nationalparks werden schon seit Langem gar nicht mehr bewirtschaftet. Diese bilden
heute den Kern der 2011 ausgewiesenen, 1167 Hektar großen Weltna-
turerbefläche – womit ich den letzten der fünf deutschen Wälder des
UNESCO-Weltnaturerbes »Alte Buchenwälder und Buchenurwälder der Karpaten und anderer Regionen Europas« erreicht habe. Es
ist herrlich, die großen Laubwälder des Nationalparks entlang trockener Rücken und tief eingeschnittener Täler zu durchstreifen.

Gegen Mittag treffen wir uns mit Norbert Panek auf einem Parkplatz am Südrand des Nationalparks. Der 67-Jährige setzt sich seit

Jahrzehnten als Landschaftsplaner und Buchautor intensiv für den Schutz unserer Wälder ein. Vor allem der Buchenwald hat es ihm angetan, und letzten Endes ist auch die Einrichtung des Nationalparks Kellerwald-Edersee nur aufgrund seiner hartnäckigen Initiative möglich gewesen. Gemeinsam fahren wir in die Nähe von Hundsdorf und schauen uns einen großen Buchenwaldbereich an, wo nur wenige Altbäume über der dichten Naturverjüngung stehen gelassen wurden. Ich möchte von Norbert Panek wissen, ob das ein für hessische Verhältnisse typisches Bild sei.

Er nickt bedächtig. »Ich habe die Daten der Bundeswaldinventur ausgewertet, mit der der Waldzustand etwa alle zehn Jahre zahlenmäßig erfasst wird. Daraus ergibt sich, dass die 140- bis 160-jährigen Buchenbestände in keinem Bundesland stärker genutzt wurden als in Hessen. Diese Altersphase ist sowohl ökologisch als auch wirtschaftlich besonders wichtig, da in der Regel erst dann höhere Baumdurchmesser erreicht sind. In Hessen wird in Buchenbeständen dieses Alters 30 Prozent mehr Holz als im Bundesschnitt entnommen, und das führt zu solchen Bildern. Damit wird Hessen seiner Verantwortung als buchenreichstes Bundesland überhaupt nicht gerecht.«

»Und wie sieht die Situation hier im Umfeld von Nationalpark und Weltnaturerbe aus?«, hake ich nach.

»Leider gar nicht gut! In einer Studie sind wir genau dieser Frage nachgegangen. Der Kellerwald zählt zu den buchenreichsten Regionen Mitteleuropas. Fast überall haben starke Einschläge zu einem massiven Vorratsabbau geführt, der oft mit kahlschlagartigem Vorgehen einherging, was zur Verdrängung waldtypischer Lebewesen geführt hat. Selbst im FFH-Gebiet Hoher Keller war kein Unterschied in der Bewirtschaftung zu Flächen außerhalb dieses europäischen Naturschutzgebiets zu erkennen!«

Ich bin entsetzt darüber, was Norbert Panek uns hier zeigt und erzählt. So schön und ökologisch wertvoll der Nationalpark Kellerwald-Edersee auch ist, seine Fläche ist trotz Erweiterung nur sehr klein. Umso wichtiger wäre eine naturschutzgerechte Bewirtschaftung in der ihn umgebenden Region. Dass diese offenbar bisher nicht erfolgt, liegt in der Regel nicht am bösen Willen der Förster, sondern an viel zu hohen Nutzungsvorgaben, die eine naturnahe Wirtschaftsweise unmöglich machen. In den alten Buchenbeständen ist eine Reduzierung des Holzeinschlags aus Naturschutz- und Klimaschutzgründen unbedingt erforderlich.

Da die Tage jetzt, Anfang November, schon ziemlich kurz sind, bringt uns Norbert Panek bereits am späten Nachmittag zurück zum Parkplatz Kellerwalduhr, von wo aus Anke und ich weiterlaufen.

Als am nächsten Morgen nach einer frostigen Nacht die Sonne den über den Tälern liegenden Dunst durchbricht, ergeben sich spektakuläre Bilder. Selbst im Spätherbst hat der Wald noch viel zu bieten! Das sehen wir auch, als wir hinter Löhlbach in Wald gelangen, der von den Stiftungsforsten Kloster Haina bewirtschaftet wird. Das Zisterzienserkloster hat eine Schlüsselrolle bei der Besiedlung des Kellerwaldes eingenommen und besitzt noch heute viel Land. Im Königshäuser Grund wurden weite Flächen nach Stürmen wieder aufgeforstet, so konnte sich ein vielfältiger Mischwald aus Eichen, Ahornen, Douglasien und anderen Baumarten entwickeln. Besonders gefällt mir, dass stellenweise Bergulmen gepflanzt wurden, die durch das Ulmensterben ab den 70er-Jahren in vielen Wäldern kaum noch vorkommen.

Die Nachmittagssonne färbt das Buchenlaub orange und wirft malerische Lichtflecken in den Wald, während wir uns auf den Weg nach Rosenthal machen. Dort beziehen wir ein gemütliches Zimmer in einem alten Fachwerkhaus. Am nächsten Morgen erwartet uns nämlich etwas Besonderes: Meine Schwester Andrea, die ja schon im Spessart dabei war, ihr Mann Rocco und ihre beiden Freundinnen Kirsten und Sabine wollen mit Anke und mir durch den Burgwald wandern.

Den Burgwald, eines der größten geschlossenen Waldgebiete Hessens, kenne ich schon seit Jahrzehnten sehr gut, daher freut es mich besonders, diesen schönen Wald nun Familie und Freunden präsentieren zu dürfen. Natürlich gibt es auch hier abgestorbene Fichtenbestände, aber es sind auch noch zahlreiche vitale Bereiche vorhanden. An etlichen Stellen zeigt sich der neue gemischte Wald aus Birken, Lärchen, Kiefern, Buchen und Fichten, der hoffentlich den Herausforderungen der Zukunft besser standhalten wird. Mancherorts wachsen Buchen im Schatten alter Fichten, denn in den 90er-Jahren hat man im Burgwald im großen Stil Nadelwaldumbau betrieben, was danach leider kaum fortgesetzt wurde.

Gut gelaunt wandern wir lange auf sandigen Pfaden durch bunte Mischwälder über einen Höhenrücken zu Hundeburg und Stirnhelle. Bei Reddehausen müssen wir uns schließlich voneinander verabschieden. Obwohl ich nicht unbedingt gern in Gruppen wandere, tat die lustige Begleitung heute gut. In dieser Nacht werde ich zusammen mit Anke ein allerletztes Mal das Tarp aufschlagen – morgen ist mein letzter Wandertag!

Als am nächsten Morgen, dem 8. November 2021, die Sonne aufgeht, packen wir ein letztes Mal meine wenigen Habseligkeiten zusammen. Wir wandern los und lassen bald schon den Burgwald hinter uns, überqueren die Lahn und nähern uns langsam Marburg. Vor fast achteinhalb Monaten bin ich dort aufgebrochen, und nun schließt sich nach etwa 6000 Kilometern der Kreis. Eine Mischung widersprüchlicher Gefühle lässt mich mal euphorisch, mal leicht melancholisch werden. Ich kann es kaum fassen, dass die große Wanderung in wenigen Stunden vorbei sein wird.

Und dann erreichen wir auch schon meine alte Wohnung, bei der am 26. Februar alles begann. Wieder sind etliche Medienvertreter da, doch auch Bekannte und Freunde sowie interessierte Bürger erwarten mich. Obwohl hier die große Waldbegeisterungstour beendet ist, halte ich es für angemessen, die Wanderung im Wald abzuschließen, daher wandern wir nun gemeinsam den letzten Kilometer zum Grillplatz Runder Baum, wo ich eine kleine Abschlussrede halte.

Was habe ich auf meiner Wanderung gelernt?

Natürlich hat der Wald vielerorts unter der durch die Klimakrise verursachten Dürre stark gelitten; ich habe teilweise dramatische Bilder gesehen und bin durch regelrechte Katastrophengebiete gewandert. In Gegenden wie Sauerland, Harz und Reinhardswald ist der Fichtenwald borkenkäferbedingt auf großen Flächen abgestorben, und die Landschaft hat sich in kürzester Zeit dramatisch verändert. Beim Abräumen der toten Bäume sind Bodenschäden ungekannten Ausmaßes entstanden, wenngleich der Vormarsch der Harvester, die dafür ursächlich sind, schon vor 30 Jahren begonnen hat. Besonders getroffen hat mich der mancherorts schlechte Zustand der alten Buchen. Von Natur aus wäre die Buche bei uns die bei Weitem häufigste Baumart, daher ist es für mich ein besonderes Alarmzeichen, wenn es ihr schlecht geht. Glücklicherweise gibt es bisher nur sehr kleine Flächen, auf denen viele Buchen abgestorben sind, in der Regel handelt es sich um Einzelbäume.

Auch die Fichtenbestände sind noch in einigen Regionen, vor allem in Süddeutschland, weitgehend intakt. Wie gesagt, spiegelt sich das in zwei Zahlen aus dem Waldbericht der Bundesregierung wider: Danach sind etwa 300 000 Hektar Fichtenwald während der dreijährigen Dürre abgestorben, aber die zehnfache Fläche, etwa drei Millionen Hektar, muss dringend zum Mischwald umgebaut werden. Vielerorts habe ich dahin gehende Ansätze entdeckt, und ich konnte sogar Forstbetriebe besuchen, wie Eibenstock im Erzgebirge oder den Stadtwald Baden-Baden, wo dieser Umbau schon weitgehend umgesetzt wurde. Dennoch bleibt noch viel zu tun, und die Zeit drängt, denn die nächste Dürre kommt bestimmt!

Die Zerstörung der Waldböden durch die Befahrung mit Großmaschinen ist meiner Meinung nach eines der größten Probleme der heutigen Forstwirtschaft, aber auch dazu habe ich in vielen Betrieben Lösungen gesehen. Sie kosten meist zwar etwas mehr, aber das muss uns der Wald wert sein.

Der Zusammenhang zwischen stärkerer Auflichtung von alten Buchenbeständen und höherer Schädigung derselben ist für mich offensichtlich. Dabei habe ich in vielen Forstbetrieben gesehen, wie die alten Wälder bewusst dicht gelassen und dadurch widerstandsfähiger wurden. Stadtwälder wie in Lohr und Lübeck oder auch landeseigene Wälder wie in der Oberförsterei Reiersdorf in Brandenburg sind da vorbildlich.

In der Forstwirtschaft werden immer wieder Stimmen laut, die unseren heimischen Baumarten in der Klimakrise keine große Zukunft verheißen. Allerdings gibt es auch erfahrene Wissenschaftler wie Professor Dr. Erwin Hussendörfer und Dr. Ulrich Matthes, die das ganz anders sehen und mir ausführlich erklärten, warum unsere heimischen Bäume widerstandsfähiger sind, als manch einer denkt. Das sollte nicht nur mir, sondern uns allen Hoffnung geben!

Eine naturnahe Waldbewirtschaftung kann Ökonomie und Ökologie weitgehend vereinen, allerdings nicht alle Charakteristika von Wäldern ohne Holzeinschlag darstellen. Daher brauchen wir ein Netz von Waldflächen, in denen sich Wildnis entwickeln darf. Echte Urwälder gibt es in Deutschland nur noch auf Miniflächen. Auf meiner Wanderung habe ich beeindruckende Beispiele erlebt, wie sich Wälder ohne Nutzung schon nach wenigen Jahrzehnten sehr naturnah entwickeln können – vom Bayerischen Wald über den Hainich bis zu den ehemaligen Truppenübungsplätzen Ostdeutschlands. Allerdings ist das eher bescheidene Ziel der Bundesregierung, Wildnisentwicklung auf zwei Prozent der Landfläche Deutschlands zu ermöglichen, noch lange nicht erreicht. Laubwaldgebiete wie Steigerwald und Spessart sind prädestiniert für neue Nationalparks, doch aus häufig irrationalen Gründen sträuben sich Teile der Bevölkerung dagegen. Das hat Folgen: Der Steigerwald wurde beispielsweise nur nicht in das UNESCO-Weltnaturerbe aufgenommen, weil er noch keinen formalen Schutzstatus genießt.

Bei meinen Besuchen in vielen Forstbetrieben habe ich ganz praktisch erfahren, wie eine Bewirtschaftung aussehen muss, die den Wald nicht weiter schwächt, sondern stabilisiert. Dabei müssen wir uns bewusst sein, dass er beides zugleich ist: Klimaopfer, aber auch Klimaretter. Nirgendwo können so schnell so große Mengen von Treibhausgasen gebunden werden wie im Wald, doch sowohl in Deutschland als auch global hat der Wald etwa die Hälfte seiner potenziellen Speicherkapazität verloren. Diese ließe sich durch eine schonendere Bewirtschaftung in relativ kurzem Zeitraum wieder erheblich steigern, was durch die Aufforstung landwirtschaftlich genutzter Flächen noch unterstützt werden könnte.

Die wichtigste Voraussetzung dafür ist allerdings, dass insgesamt weniger Holz genutzt wird – und das betrifft uns alle, nicht nur die Forstwirtschaft. Dabei geht es nicht um Holzprodukte mit langer Verwendungszeit wie etwa Dachstühle, sondern um den gigantischen Anteil von 50 Prozent der Holzerzeugnisse, die nach sehr kurzfristiger Nutzung verbrannt werden. Durch einen sparsameren Umgang mit unseren Ressourcen können wir alle einen wichtigen Beitrag leisten. Und das gilt nicht nur für Holz. Letzten Endes werden wir die Klima- und Umweltkrise nur bewältigen können, wenn wir uns in allen Lebensbereichen das Motto »Weniger ist das neue Mehr« zu eigen machen!

Obwohl es schon seit 30 Jahren internationale Konferenzen gibt, auf denen es um die Klimakrise geht, ist der Ausstoß von Treibhausgasen in dieser Zeit nicht etwa gesunken, sondern, global gesehen, um ein Drittel gestiegen. Wenn wir so weitermachen, wird sich auch ein noch so naturnah bewirtschafteter Wald nicht an ein sich veränderndes Klima anpassen können. Daher ist es unbedingt notwendig, dass rasch radikal gehandelt wird. Dazu sind persönliche Verhaltensänderungen wichtig, entscheidender wird aber sein, dass sich die Politik ändert, und das wird nur passieren, wenn eine große Anzahl von Menschen entschieden protestiert.

Ich bin mir bewusst, dass mein Projekt, meine Wanderung und meine Berichte nur ein sehr kleiner Beitrag zu einer anderen Sicht auf den Wald oder gar die Welt als Ganzes sein können. Dennoch hoffe ich, dass ich mit meiner Waldbegeisterung den einen oder anderen anstecken konnte. Denn auch wenn die Situation kritisch ist, ist es noch nicht zu spät, etwas zu tun. Noch können wir den Wald und unser Leben erhalten!

DANK

Mein Projekt und dieses Buch wären ohne die Hilfe vieler Menschen nicht zustande gekommen. Meiner Freundin Anke Müller danke ich für Inspiration, Unterstützung, Begleitung und einfach dafür, dass du da bist! Marie Klamer, meine Tochter, hat das Projekt ihres leicht verrückten Vaters von Anfang an mit vielen Anregungen bereichert und mich sehr ermutigt. Verena und Reimund Bender danke ich für die tolle Unterstützung und die Aufnahme nach der Wanderung und Jens Klamer und seinen Kollegen Mario Schütt und Benjamin Reit von Green Vertical für Hosting und Betreuung meines Blogs.

Erst durch die Begegnungen mit den vielen Menschen unterwegs wurde das Projekt wirklich lebendig. In diesem Zusammenhang möchte ich mich in chronologischer Reihenfolge bei folgenden Personen bedanken: Franzi und Nico Kaufmann für ihre fotografische und filmische Begleitung; meinem ehemaligen Chef Dr. Lars Wagner und seiner Frau Tina für Besuch und Bewirtung bei meinem ersten Lager;

Katrin Anders und Christoph Herold für die Begleitung an der Sackpfeife und die tolle Unterstützung; Nico Ochsenfeld und Manuela Debus von TrekOut; Hans von der Goltz, Bundesvorsitzender der ANW; Kaja Heising vom Wisent-Welt-Wittgenstein e. V.; Lucas von Fürstenberg, Waldbesitzer im Rothaargebirge; Dr. Franz

Straubinger, Leiter der Hatzfeldt-Wildenburgschen Forstverwaltung; Carmen Ulmen stellvertretend für die Bürgerinitiative Wald mit Zukunft; Gunnar Krabbe und Familie sowie Joscha Bender und Vera für die nette Begleitung; Florian Krumpen, Leiter Gebietsmanagement Nationalpark Eifel; Tobias Wohlleben, Geschäftsführer Wohllebens Waldakademie; Michael Fohl, Revierleiter Hochpochten; Mark Harthun, Geschäftsführer NABU Hessen, und Uwe Müller, Gebietsbetreuer Wispertaunus; Klaus Kaiser, Revierleiter Alteburg; Claus-Andreas Lessander, Forstamtsleiter Birkenfeld, für die Begleitung im Nationalpark Hunsrück-Hochwald; Carolin und Tino Hans für Bewirtung und Beherbergung; Klaus Borger, Vorsitzender FBG Saar-Hochwald; Roland Wirtz, Revierleiter Eppelborn-Quierschied und Naturschutzfachmann bei SaarForst; Winfried Lappel, Revierleiter Urwaldrevier Saarland; Reinhold Jost, damals saarländischer Umweltminister; Georg Josef Wilhelm, Buchautor und Referent für Waldentwicklung in Rheinland-Pfalz;

Uli Osterheld, Förster bei Schmitz Waldwirtschaft; Sibylla Hege von der Bürgerinitiative Pro Otterberger Wald für Beherbergung und Bewirtung; Michael Leschnig, Leiter Haus der Nachhaltigkeit, Johanniskreuz; Dr. Ulrich Matthes, Leiter Kompetenzzentrum für Klimawandelfolgen RLP; Stefan Asam, Direktor der Zentralstelle der Forstverwaltung RLP; Sylvia Idelberger, Leiterin Luchsauswilderungsprojekt RLP; Bernd Herget, Revierleiter Hermersbergerhof für Begleitung und Beherbergung; Dr. Cornelia Hegele-Raih von der Bürgerinitiative Pro Pfälzerwald;

Armin Osterheld und Walter Herzog von der Bürgerinitiative Queich; Claus Schlink für Bewirtung und Beherbergung; Daniel Becker, Naturschutzgroßprojekt Bienwald; Dr. Fritz Brechtel, Landrat Germersheim; Johannes Becker und Axel Behrend, Forstamt Bienwald; Annabell, Caro, Paula und Utz von Greenpeace Landau für die Begleitung im Bienwald; Monika Bub, Volker Westermann und Ansgar Vogelgesang vom Forstamt Pfälzer Rheinauen; Petra Brune und Volker Westermann für die herzliche Bewirtung und Beherbergung; Jannis Große für seine fotografische Begleitung; Thomas Hauck, Leiter Stadtwald Baden-Baden; Urs Reif, Chefranger Nationalpark Schwarzwald; Susanne Kaulfuß, Leiterin Kreisforstamt Freudenstadt; Helgard Gaiser, Revierleiterin Oberes Wolftal; Filmemacher Eli Roland Sachs und Laurentia Genske für gute Zusammenarbeit, Bewirtung und Beherbergung; Dr. Hermann Rodenkirchen, Waldbesitzer und Professor für Bodenkunde; Caroline und Maja von Greenpeace Freiburg für die Begleitung auf den Feldberg; Andrea Bottaro, Waldinitiative Renningen; Hubert Geiger, Leiter Stadtforst Tuttlingen; Joachim Zeeh für die Begleitung; Christian Bock für die fotografische Begleitung, die Verknüpfung mit den anderen Fotografen und viel Spaß;

Regula und Hubert Endhardt von der Bürgerinitiative für den Nationalpark Ammergebirge; Martina Knott für Begleitung und Gastfreundschaft; Peter Langhammer, Waldbetrieb Eichelberg, für Austausch, Inspiration und Gastfreundschaft; Autorin Eva Werdich, Moderator Eric Mayer und Nationalparkmitarbeiter Jens Schlüter für die Zusammenarbeit beim Dreh für *Pur+;* Matthias Drexler, Revierleiter Bistum Passau, und dem Umweltbeauftragtem Sepp Holzbauer; Astrid und Christian Rank sowie Rainer Kunze für die Begleitung auf den Lusen; Prof. Dr. Jörg Müller, stellvertretender Leiter Nationalpark Bayerischer Wald; Bernd Nachreiner für die Begleitung vom Falkenstein und die Einladung zum Essen; Thomas Jänich, Stiftung Naturschutz Thüringen; Paul aus Massenhausen für das Bier; Uwe Reißenweber, Leiter Forstverwaltung Castell; Prof. Dr. Erwin Hussendörfer für die Einladung zur Exkursion und die interessanten Gespräche; Jochen Schenk, Revierleiter Gerolzhofen; Barbara Ernwein, Leiterin Forstbetrieb Ebrach, und Revierleiterin Ellen Koller; Ulla Reck von Pro Nationalpark Steigerwald; Dr. Georg Sperber, ehemaliger Leiter Forstamt Ebrach; Bernhard Rückert, ehemaliger Betriebsleiter Stadtwald Lohr, und seinem

Nachfolger Michael Neuner; Joachim und Michael Kunkel sowie Joachim Eich und Dr. Bernd Kempf von den Freunden des Spessarts;

Johanna und Joachim Kunkel für die Gastfreundschaft; Silvia Homann für die Gastfreundschaft; meiner Schwester Andrea Urgesi, meinem Schwager Rocco Urgesi und ihrer Familie für Begleitung und Unterstützung; Michael Hollerbach für die nette Begleitung in der Rhön; Pay Numrich für die fotografische Begleitung; Tanja Kempen, Waldpädagogin, und Daniel Kempen, Revierleiter; Ronny Dietzel und Peter Thon, Revierleiter Stadtwald Mühlhausen; Manfred Großmann, Leiter Nationalpark Hainich; Isabell Hüpfner und Jan Tenbrock, Natura-2000-Station Possen; Dr. Dierk Conrady, Naturstiftung David; Angela und Prodip Sengupta von Pro Ettersberg für die tolle Gastfreundschaft und die Unterstützung beim Impfen; Nora Börding für die fotografische Begleitung; Stephan Schusser, Leiter Forstbetrieb Eibenstock; Dietrich Mehl, Leiter Oberförsterei Reiersdorf; Dr. Martin Flade, Leiter Biosphärenreservat Schorfheide-Chorin; Autor Wilhelm Bode für seine Begleitung auf die Insel Vilm; Dr. Hannes Knapp und seiner Frau Doris für die Einladung auf die Insel Rügen und die herzliche Gastfreundschaft; Ulrich Messner, Leiter Müritz Nationalpark; Ulrich Dohle, Bundesvorsitzender BdF; Peter Rabe, Forstamtsleiter Grevesmühlen; Knut Sturm, Leiter Stadtwald Lübeck; Eckhard Kropla, Revierleiter Stadtwald Lübeck; Yvonne Bohr, Loretta Leinen und Eva Blaise von der Naturwald Akademie; Gwen und Dr. Lutz Fähser für Gastfreundschaft und interessante Gespräche; Bernd Looft für die Begleitung in der Lüneburger Heide und die Outdoorkochkunst; Annika Böhm für die Aufnahme im Waldpädagogikzentrum Ehrhorn; Knut Sierk, Pressesprecher der Niedersächsischen Landesforsten für die Region Nordost;

Mathias Aßmann, Sachgebietsleiter und Unternehmenssprecher der Landesforsten Niedersachsen; Dr. Hans-Martin Hauskeller, Abteilungsleiter Wald und Umwelt bei den Landesforsten Nieder-

sachsen; Thomas Göllner, Leiter Stadtwald Uelzen, für die Begleitung und das Hotelzimmer; Revierleiter Michael Cordes und seiner
Frau Josefine für Begleitung und Gastfreundschaft im Barnbruch;
Karl-Friedrich Weber und seiner Frau Heike für die Gastfreundschaft und den interessanten Austausch; Andreas Baderschneider,
Forstamtsleiter Wolfenbüttel; Steffi Rohling für Begleitung und
Unterstützung; Kirsten und Tobias Feller für die Gastfreundschaft
in ihrem Hotel Die Fellerei in Buntenbock; Daniel Zimmermann,
stellvertretender Forstamtsleiter Riefensbeek; Heiner Wendt, Revierleiter Lerbach für Begleitung und Gastfreundschaft; Lena Dzeia,
Leiterin Stadtwald Göttingen; Pia Westermann für die Begleitung
im Bramwald; Dr. Stefan Brückner für die Begleitung im Reinhardswald; Dagmar Löffler, Revierleiterin im Habichtswald, und
ihrem Kollegen Wilfried Bott für den interessanten Austausch und
die Gastfreundschaft; Norbert Panek, Autor und Waldschützer, sowie Markus Schönmüller, Biologe und Waldschützer; Kirsten Kurz-
kurt und Sabine Heemann für die Begleitung im Burgwald; Werner
Rotter für die Kommentare während der Wanderung und die schön
gestaltete Weinflasche.

Des Weiteren danke ich allen Menschen, die mich auf dem letzten Kilometer begleitet haben, den Medienvertretern, die dazu bei-
getragen haben, mein Projekt bekannt zu machen, und allen, die
meine Wanderung finanziell und mit motivierenden Kommenta-
ren unterstützt haben.

Nicht zuletzt gilt mein Dank dem tollen Team vom Malik Verlag: Bettina Feldweg, die mir die Chance zu diesem Buch geboten
hat, meiner großartigen Lektorin Ann-Marie Mecklenburg sowie
Antje Leipsic für die Veranstaltungsorganisation und Stefanie Hoe-
ver für die Pressearbeit.